Der Weg zu einem gesünderen Planeten 3

Erlijn van Genuchten

Der Weg zu einem gesünderen Planeten 3

Wissenschaftliche Erkenntnisse und konkrete Schritte für eine nachhaltige Zukunft

Erlijn van Genuchten
United Nations Economic Commission
for Europe Task Force on Digitalization in
Energy, Sustainable Decisions
Tübingen, Baden-Württemberg
Deutschland

ISBN 978-3-032-14695-3   ISBN 978-3-032-14696-0 (eBook)
https://doi.org/10.1007/978-3-032-14696-0

Die Deutsche Nationalbibliothek verzeichnet diese Publikation in der DeutschenNationalbibliografie; detaillierte bibliografische Daten sind im Internet überhttps://portal.dnb.de abrufbar.

Dieses Buch ist eine Übersetzung des Originals in Englisch „A Guide to a Healthier Planet 3" von Erlijn van Genuchten, publiziert durch Springer Nature Switzerland AG im Jahr 2025. Die Übersetzung erfolgte mit Hilfe von künstlicher Intelligenz (maschinelle Übersetzung). Eine anschließende Überarbeitung im Satzbetrieb erfolgte vor allem in inhaltlicher Hinsicht, so dass sich das Buch stilistisch anders lesen wird als eine herkömmliche Übersetzung. Springer Nature arbeitet kontinuierlich an der Weiterentwicklung von Werkzeugen für die Produktion von Büchern und an den damit verbundenen Technologien zur Unterstützung der Autoren.

Springer ist ein Imprint der eingetragenen Gesellschaft Springer Nature Switzerland AG und ist ein Teil von Springer Nature.
Die Anschrift der Gesellschaft ist: Gewerbestrasse 11, 6330 Cham, Switzerland

Für die Natur

Einleitung

Zu wissen, dass Sie Band 3 von *Der Weg zu einem gesünderen Planeten* lesen, erfüllt mich mit gemischten Gefühlen. Einerseits freue ich mich, dass Sie dabei sind, eine Fülle wertvoller wissenschaftlicher Erkenntnisse zu entdecken, die Ihnen helfen werden, die aktuellen Umweltkrisen besser zu verstehen und zu Lösungen beizutragen. Außerdem bin ich dankbar, dass Sie offen dafür sind, zu lernen, wie Sie zu einer gesünderen Erde beitragen können!

Gleichzeitig bin ich traurig, dass es notwendig ist, eine Serie zu veröffentlichen: Mir wäre es viel lieber, wenn dieser Leitfaden überflüssig wäre, da dies bedeuten würde, dass Lösungen für Umweltprobleme viel schneller und in dem erforderlichen Tempo umgesetzt werden. Stattdessen benötigen wir die in diesen drei Leitfäden vorgestellten Lösungen mehr denn je, denn beispielsweise schreitet die Klimakrise viel schneller voran, als in der Vergangenheit vorhergesagt wurde.

Außerdem verfügt unser Planet über neun planetare Grenzen, von denen bereits sechs überschritten wurden. Diese planetaren Grenzen sind Schwellenwerte, die mit kritischen irdischen Prozessen zusammenhängen. Werden sie überschritten, verändern sich die Wechselwirkungen zwischen lebenden und nicht-lebenden Dingen auf unserem Planeten grundlegend. Diese Veränderungen führen zu einer Störung des aktuellen Systems. Infolgedessen ist unser Planet nicht mehr der sichere Lebensraum, wie wir ihn kennen.

Fünf dieser sechs Grenzen stehen in engem Zusammenhang mit den in diesem Buch behandelten Themen (siehe Abb. 1):

1. Klimawandel: Treibhausgase wie Kohlendioxid (CO_2) und Methan, die wir im Übermaß ausstoßen, verändern Wetter und Wettertrends. Die planetare Grenze im Zusammenhang mit dem Klimawandel wird als „Klimawandel-Grenze" bezeichnet. Treibhausgase sind Gase in der Atmosphäre, die von der Erdoberfläche abgestrahlte Wärme absorbieren.
2. Verschmutzung: Physikalische Verschmutzung wie Lärm, chemische Verschmutzung wie Schwermetalle oder biologische Schadstoffe wie Viren, die durch menschliche Aktivitäten in die Umwelt gelangen, können Boden oder Luft so stark beeinträchtigen, dass sie reguläre Prozesse stören. Die planetaren

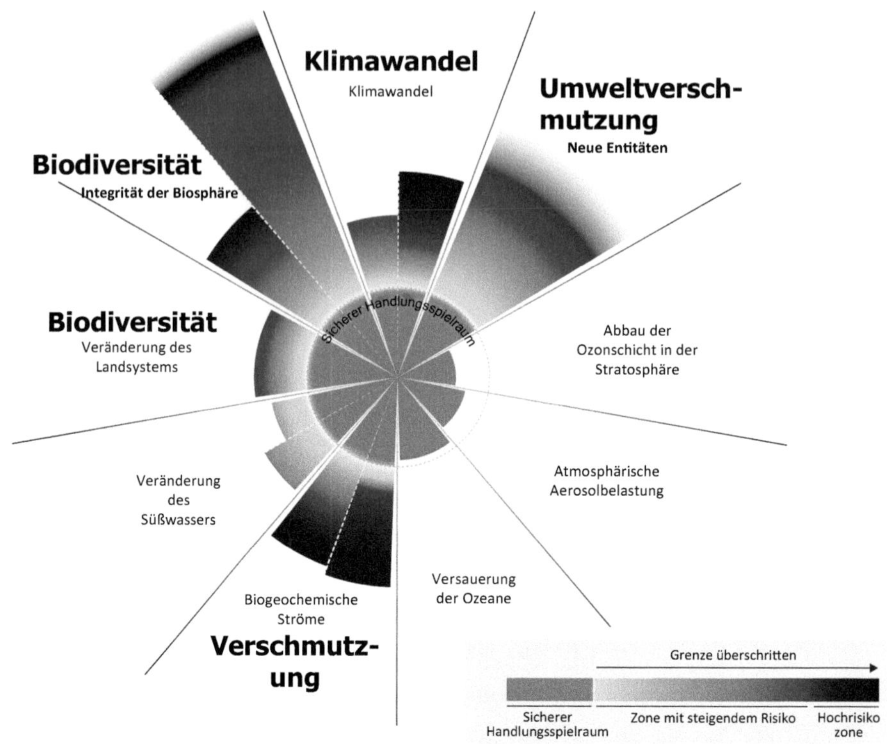

Abb. 1 Sechs von neun planetaren Grenzen sind bereits überschritten

Grenzen im Zusammenhang mit Verschmutzung durch synthetische Stoffe werden als „Grenze für neuartige Entitäten“ bezeichnet, und die durch überschüssigen Stickstoff und Phosphor verursachte Verschmutzung wird als „Grenze für biogeochemische Kreisläufe“ bezeichnet.

3. Verlust der biologischen Vielfalt: Wenn verschiedene Pflanzen- und Tierarten aussterben; derzeit ist die Geschwindigkeit, mit der Arten aussterben, mindestens 100-mal höher als in der Vergangenheit. Die planetare Grenze im Zusammenhang mit dem Artensterben wird als „Grenze der Integrität der Biosphäre“ bezeichnet, und die Grenze im Zusammenhang mit der Entwaldung als „Grenze für Landnutzungsänderungen“.

Die Illustration stellt die planetaren Grenzen dar, mit einer Reihe konzentrischer Kreise, die verschiedene ökologische Schwellenwerte repräsentieren. Die Grenzen für Klimawandel, Verschmutzung und Biodiversität sind hervorgehoben und als überschritten gekennzeichnet, was auf kritische Umweltbelastungen hinweist. Andere Grenzen werden als innerhalb sicherer Bereiche oder weniger stark überschritten dargestellt, was die Dringlichkeit unterstreicht, diese drängenden globalen Herausforderungen anzugehen, um die Gesundheit des Planeten zu erhalten.

Da ich unseren Planeten so sehr liebe und hoffe, dass viele zukünftige Generationen ihn ebenso genießen können, tue ich täglich alles in meiner Macht Stehende, um zur Eindämmung des Klimawandels, der Umweltverschmutzung und des Biodiversitätsverlusts beizutragen. Dennoch erfordert die Lösung dieser Probleme eine kollektive und kontinuierliche Anstrengung, denn – wie ich in der Einleitung von Band 1 erläutert habe – mögen die Handlungen Einzelner klein erscheinen, sind aber von enormer Bedeutung: Sie inspirieren andere dazu, ebenfalls einen positiven Unterschied zu machen. Außerdem summieren sich viele einzelne Maßnahmen.

Deshalb finden Sie auch im Band 3 von *Der Weg zu einem gesünderen Planeten* zahlreiche Anregungen für Maßnahmen, die Sie im Alltag ergreifen können, um Probleme anzugehen und zu den in den einzelnen Kapiteln beschriebenen Lösungen beizutragen. Im Vergleich zu den vorherigen Bänden werden unterschiedliche Themen ausgewählt, um die große Bandbreite der Folgen dieser Umweltkrisen aufzuzeigen und erneut die weitreichenden Konsequenzen zu verdeutlichen. Jedes Kapitel kann unabhängig und ohne Vorkenntnisse aus den ersten beiden Bänden gelesen und verstanden werden.

In Teil I (siehe Tab. 1) liegt der Schwerpunkt auf Fragestellungen und Lösungen im Zusammenhang mit dem Klimawandel. Klimawandel bezeichnet Veränderungen von Temperatur und Wetterbedingungen, die durch steigende Konzentrationen von Treibhausgasen in der Atmosphäre wie Kohlendioxid (CO_2) und Methan verursacht werden. In den ersten beiden Kapiteln betrachten wir, wie sich der Klimawandel durch Dürren (Kap. 1) und durch die Beeinflussung von Pflanzen in städtischen Umgebungen (Kap. 2) auf unsere Gesundheit auswirkt. Anschließend untersuchen wir die nachteiligen Auswirkungen des Klimawandels auf arktische Küsten (Kap. 3). Außerdem betrachten wir, wie der Klimawandel natürliche Schwefelemissionen beeinflusst und wie diese Emissionen wiederum den Klimawandel beeinflussen können (Kap. 4). In den letzten beiden Kapiteln dieses Teils widmen wir uns den Lösungen: wie Umweltbildung unser und das

Tab. 1 Übersicht Teil I

Folgen	Kap. 1: Auswirkungen des Klimawandels auf Dürren und unsere Gesundheit Kap. 2: Auswirkungen des Klimawandels auf Pflanzen in städtischen Umgebungen und auf uns Kap. 3: Auswirkungen des Klimawandels auf arktische Küsten Kap. 4: Auswirkungen des Klimawandels auf natürliche Schwefelemissionen und umgekehrt
Lösungen	Kap. 5: Wirksame Umweltbildung Kap. 6: Erneuerbare Energien

Tab. 2 Übersicht Teil II

Folgen	Kap. 7: Wie Umweltverschmutzung bewertet werden kann Kap. 8: Auswirkungen der Arzneimittelverschmutzung auf aquatische Organismen Kap. 9: Auswirkungen von Erdbebenschutt auf die Umwelt und unsere Gesundheit Kap. 10: Auswirkungen von Mikroplastik auf unseren Körper
Lösungen	Kap. 11: Recycling Kap. 12: Reduzierung der Umweltauswirkungen von Produkten

Wissen sowie die Fähigkeiten von Kindern verbessern kann, um den Klimawandel einzudämmen (Kap. 5) und wie verschiedene erneuerbare Energiequellen genutzt werden können, um schädliche Emissionen zu reduzieren (Kap. 6).

In Teil II (siehe Tab. 2) liegt der Schwerpunkt auf Problemen und Lösungen im Zusammenhang mit Umweltverschmutzung. Umweltverschmutzung bezeichnet physikalische, chemische und biologische Schadstoffe, die die Erde oder die Atmosphäre so beeinträchtigen, dass reguläre Prozesse gestört werden. Zu den physikalischen Verunreinigungen zählen Kunststoffe, chemische Verschmutzungen, Schwermetalle und biologische Kontaminanten wie gefährliche Mikroben. Im ersten Kapitel dieses Teils betrachten wir, wie Umweltverschmutzung bewertet werden kann (Kap. 7). Anschließend untersuchen wir, wie verschiedene Arten der Verschmutzung die Gesundheit aquatischer Organismen und unsere eigene Gesundheit beeinflussen: Arzneimittelverschmutzung (Kap. 8), Erdbebentrümmer (Kap. 9) und Mikroplastik (Kap. 10). Die in den letzten beiden Kapiteln dieses Teils beschriebenen Lösungen konzentrieren sich auf das Recycling von Abfällen (Kap. 11) und die Verringerung der durch verschiedene Produkte verursachten Verschmutzung durch die Veränderung ihrer Materialien und ihres Designs (Kap. 12).

In Teil III (siehe Tab. 3) liegt der Schwerpunkt auf Problemen und Lösungen im Zusammenhang mit dem Verlust der biologischen Vielfalt. Der Begriff „Biodiversität" bezeichnet die Vielzahl an Pflanzen und Tieren auf unserem Planeten. Der Verlust der Biodiversität führt zum Aussterben zahlreicher Arten. Im ersten Kapitel dieses Teils betrachten wir, wie Projekte zur Wiederherstellung von Kelpwäldern weltweit die Biodiversität beeinflussen (Kap. 13). Anschließend untersuchen wir, wie invasive Arten ihre Umgebung, einschließlich der Biodiversität, beeinflussen können (Kap. 14). Außerdem betrachten wir mögliche Folgen der Synthetischen Biologie (Kap. 15) und wie Technologie die Biodiversität beeinflussen kann, indem wir untersuchen, wie Fernerkundung zur Bewertung von Insektenpopulationen beitragen kann (Kap. 16). In den letzten beiden Kapiteln konzentrieren wir uns auf intelligentes Schädlingsmanagement (Kap. 17) und Initiativen zum Schutz der Biodiversität als Möglichkeiten zur Erhaltung der biologischen Vielfalt (Kap. 18).

Abschließend betrachten wir im Fazit dieses Buches die Fortschritte, die wir auf dem Weg zu einem gesünderen Planeten machen. Denn auch wenn es

Tab. 3 Übersicht Teil III

Folgen	Kap. 13: Auswirkungen der Wiederherstellung von Tangwäldern auf die Biodiversität Kap. 14: Auswirkungen invasiver Arten auf die Biodiversität Kap. 15: Auswirkungen der Synthetischen Biologie auf die Biodiversität Kap. 16: Wie Fernerkundung zur Bewertung von Insektenpopulationen eingesetzt werden kann
Lösungen	Kap. 17: Intelligentes Schädlingsmanagement Kap. 18: Initiativen zum Schutz der Biodiversität

manchmal so scheint, als würde niemand etwas unternehmen, geschieht tatsächlich sehr viel! Außerdem betrachten wir, wie wir unsere Fortschritte messen können, was wichtig ist, da viele Initiativen umgesetzt werden, aber um zu wissen, wo wir stehen, ist ein systematisches Vorgehen erforderlich.

Würdigung

Dieses Kapitel basiert auf

Planetare Grenzen:

Richardson, K. et al. (2023). Earth beyond six of nine planetary boundaries. *Science Advances*, *9*(37), eadh2458.

Abbildungsnachweise

Abb. 1 „Aktueller Stand der Kontrollvariablen für alle neun planetaren Grenzen" von Richardson et al. ist lizenziert unter CC BY-NC 4.0; Überschriften zu Klimawandel, Verschmutzung und Biodiversität hinzugefügt und Kategorienamen entfernt
Quelle und Autor: https://www.science.org/doi/pdf/10.1126/sciadv.adh2458
Lizenz: https://creativecommons.org/licenses/by-nc/4.0/deed.en

Tübingen, Baden-Württemberg
Deutschland

Erlijn van Genuchten

Danksagungen

Ich möchte den vielen wunderbaren Menschen in meinem Leben danken, die mich von Anfang an auf meinem Weg zur Nachhaltigkeit unterstützt haben und mir letztlich ermöglichten, dieses Buch zu schreiben. Besonders danken möchte ich meinem großartigen Partner, meiner Familie, meinen Freunden und meinen Coaches Ken Porter (verstorben), Gil McIff, Marci Meyers und Jed Pfaff, die mir in guten wie in schweren Zeiten lange zur Seite standen. Ebenso bin ich sehr dankbar für die Gedanken und Beiträge von Sheryl Larson, Rameen Ashraf Ali, Cristina Solis, Kanchana Peeris, Shreija Nayak, Kristina Zuna, Amy Meleca und Job Brisby Eloja, die den Inhalt dieses Buches bereichert haben. Außerdem danke ich den vielen Wissenschaftlerinnen und Wissenschaftlern, die großartige Arbeit leisten und Erkenntnisse liefern, die uns helfen, eine nachhaltigere Zukunft zu erreichen. Schließlich möchte ich der Natur danken, dass sie mir die notwendigen Ressourcen zur Verfügung stellt, um auf diesem wunderschönen Planeten Erde leben zu können!

Interessenkonflikte Der Autor hat keine konkurrierenden Interessen zu erklären, die für den Inhalt dieses Manuskripts relevant sind.

Inhaltsverzeichnis

Teil IV Schlussfolgerung

Teil I
Klimawandel

Der Klimawandel ist eine der drei drängenden Umweltkrisen, mit denen wir und unser Planet konfrontiert sind. In Kap. 1 von Der Weg zu einem gesünderen Planeten, Band 1, habe ich erläutert, dass sich unser Klima zwar immer langsam verändert, die jüngsten Veränderungen jedoch wesentlich schneller ablaufen: Veränderungen treten innerhalb weniger Jahrzehnte statt über Millionen von Jahren auf.

Diese Veränderungen treten relativ schnell auf, bedingt durch Treibhausgasemissionen. Das am häufigsten diskutierte Treibhausgas ist CO_2. Die CO_2-Konzentrationen werden voraussichtlich bis 2030 auf das Dreifache ansteigen. Diese höheren CO_2-Konzentrationen führen zu einem weiteren Anstieg der globalen Temperaturen. Doch obwohl CO_2 das am häufigsten diskutierte Treibhausgas ist, ist es nur das zweitwichtigste Gas, das zum Klimawandel beiträgt: Das wichtigste Treibhausgas ist Methan (weitere Informationen: Kap. 6 aus Der Weg zu einem gesünderen Planeten Band 1: „Klima-Lösungen: Kontrolle des Methan-Gehalts“). Dies liegt daran, dass der Erwärmungseffekt von Methan deutlich höher ist als der von CO_2.

Überraschenderweise sind noch nicht alle davon überzeugt, dass die jüngsten Klimaveränderungen vom Menschen verursacht werden. Ein Grund dafür ist, dass manche glauben, es gebe keinen Konsens unter Wissenschaftlern. Allerdings sind sich 97 % der Wissenschaftler einig, dass diese raschen Klimaveränderungen vom Menschen verursacht werden. Ein weiterer Grund ist, dass von verschiedenen Personen und Organisationen, wie etwa Denkfabriken und Medien, Falschinformationen verbreitet werden. Ziel dieser Falschinformationen ist es, unser Verständnis und unsere Unterstützung für Minderungsmaßnahmen zu verringern und dadurch das Erreichen der Klimaziele zu verzögern.

Deshalb ist es umso wichtiger, die vielfältigen und weitreichenden Folgen des Klimawandels auf wissenschaftlicher Grundlage zu verstehen. Und die möglichen Lösungen, zu denen wir als Einzelne beitragen können, selbst wenn die Regierung diese nicht proaktiv unterstützt.

1.1 Würdigung

1.1.1 Dieses Kapitel basiert auf

Mendy, L., Karlsson, M. & Lindvall, D. (2024). Counteracting climate denial: A systematic review. *Public Understanding of Science, 33*(4), 504–520.

Većkalov, B. et al. (2024). A 27-country test of communicating the scientific consensus on climate change. *Nature Human Behaviour,* 1–14.

Kapitel 1
Wie der Klimawandel Dürren und unsere Gesundheit beeinflusst

Zusammenfassung Dürren erregen vielleicht nicht so viel Aufmerksamkeit wie Hurrikane oder Tornados, doch ihr schleichender Beginn und ihre langanhaltenden Auswirkungen können ebenso verheerend sein. Sie können über Jahre andauern und alles beeinflussen – von der Wasserversorgung über die Ernährungssicherheit bis hin zur öffentlichen Gesundheit. In diesem Kapitel untersuchen wir die verschiedenen Arten von Dürren – meteorologische, landwirtschaftliche, hydrologische und sozioökonomische – und wie sie unsere Umwelt und unser Wohlbefinden beeinträchtigen. Sie erfahren, wie Dürren die Wasserqualität verschlechtern und dadurch die Ausbreitung von Krankheiten begünstigen, sowie wie sie die Nahrungsmittelproduktion stören und bei gefährdeten Bevölkerungsgruppen zu Mangelernährung und Hunger führen. Außerdem erfahren Sie, wie Dürren zur Verbreitung von Viren beitragen und die Luftqualität mindern, was das Risiko für Gesundheitsprobleme wie Atemwegserkrankungen erhöht. Indem wir diese Auswirkungen verstehen, können wir uns besser auf Dürren vorbereiten und deren Schäden verringern, um unsere Gesundheit und Zukunft zu schützen.

Schlüsselwörter Wissenschaft · Wissenschaftskommunikation · Klimawandel · Folgen des Klimawandels · Extreme Wetterereignisse · Dürrerisiken · Dürrefaktoren · Dürreauswirkungen · Gesundheit des Menschen · Herausforderungen der Ernährungssicherheit · Risiken für die öffentliche Gesundheit · Dürrerisikomanagement · Verwundbarkeit · Dürregime · Dürreindizes

Unabhängig davon, ob wir bestreiten, dass die jüngsten raschen Klimaveränderungen vom Menschen verursacht werden oder nicht, haben diese Veränderungen ein breites Spektrum und weitreichende Folgen für unsere Umwelt und unsere Gesundheit. Eine der Umweltfolgen ist, dass extreme Wetterereignisse häufiger auftreten. Wie ich in Kap. 3 von Der Weg zu einem gesünderen Planeten

---

Würdigung: Dieses Kapitel basiert auf zwei wissenschaftlichen Artikeln von Fernando Maliti Chivangulula und Coral Salvador sowie deren Kolleginnen und Kollegen. (Vollständige Quellenangaben am Ende des Kapitels)

E. van Genuchten, *Der Weg zu einem gesünderen Planeten 3*,
https://doi.org/10.1007/978-3-032-14696-0_1

Band 1 erläutert habe, umfassen extreme Wetterereignisse Hitzewellen, Tornados, Waldbrände, Überschwemmungen und Dürren. Nicht jedes Land ist von diesen Ereignissen in gleicher Weise betroffen, was bedeutet, dass einige Regionen häufiger Tornados erleben, während andere häufiger und länger von Dürren betroffen sind.

Dürren unterscheiden sich von den meisten anderen extremen Wetterereignissen, da sie viel länger andauern können: oft ein Jahrzehnt oder mehr. Dies kann durch natürliche Prozesse wie Wechselwirkungen zwischen Ozean und Atmosphäre, Hitzewellen und El Niño verursacht werden. El Niño tritt auf, wenn tiefes Wasser, das normalerweise im Pazifischen Ozean an die Oberfläche steigt, in der Tiefe verbleibt. Das bedeutet, dass weniger Nährstoffe und weniger kaltes Wasser die Oberfläche erreichen, was zu wärmerem, nährstoffärmerem Wasser führt. Weitere Ursachen für Dürren sind menschliches Verhalten, wie Brände und die durch Kohlendioxid (CO_2)-Emissionen verursachte globale Erwärmung. Die globale Erwärmung beeinflusst Dürren durch steigende Temperaturen, die dazu führen, dass mehr Wasser aus dem Boden verdunstet, wodurch die Bodenfeuchtigkeit und die Menge an fließendem Wasser abnehmen und der Wasserspiegel in Speicherbereichen wie Bächen, Seen und Feuchtgebieten sinkt.

Ob eine Trockenperiode als Dürre gilt, kann mithilfe von Dürreindizes gemessen und bestimmt werden. Dürreindizes sind eine Reihe von Zahlenwerten in chronologischer Reihenfolge, die – je nach verwendetem Index – Informationen über den Beginn der Dürre, die Dauer und andere Merkmale liefern. Diese Zahlenwerte können im betroffenen Gebiet oder mittels Fernerkundung, beispielsweise mit Satelliten, ermittelt werden und lassen sich nach Intensität kategorisieren:

- **Meteorologische Dürre:** bezieht sich auf Niederschlagsmangel wie Regen und Schnee und hängt davon ab, wie viel Wasser in einem bestimmten Gebiet verdunstet (siehe Abb. 1.1)
- **Landwirtschaftliche Dürre:** bezieht sich auf Wassermangel im Boden, was zu geringer Bodenfeuchte und Wassermangel für Pflanzen führt
- **Hydrologische Dürre:** bezeichnet eine Periode ungewöhnlich niedriger Oberflächen- oder Grundwasserstände und eines verringerten Wasserflusses unter und über der Erde. Diese Dürre folgt in der Regel auf meteorologische und landwirtschaftliche Dürren
- **Sozioökonomische Dürre:** bezeichnet die Unfähigkeit, menschliche Bedürfnisse aufgrund von Wassermangel zu erfüllen

Da sich diese Dürretypen in ihrer Intensität unterscheiden, variiert auch ihre Auswirkung. Während beispielsweise meteorologische Dürren Ökosysteme an Land und im Wasser beeinträchtigen, führen sie in der Regel nicht zu Trinkwassermangel für uns. Und diese Dürreart hat meist nur geringe Auswirkungen auf die Energieproduktion. Am anderen Ende der Skala können sozioökonomische Dürren beispielsweise zu Krankheiten und Konflikten und im schlimmsten Fall zum Tod führen. Auch die Auswirkungen unterscheiden sich zwischen Ländern, innerhalb von Ländern und innerhalb der Bevölkerung, insbesondere wenn ein Gebiet nicht auf Dürren vorbereitet ist. So können Dürren unsere Gesundheit beeinflussen:

Abb. 1.1 Verschiedene Dürretypen haben unterschiedliche Schweregrade, wobei meteorologische Dürren die geringsten Auswirkungen haben

1.1 Wasserbezogene Auswirkungen

Die erste Art, wie Dürren unsere Gesundheit beeinflussen, sind wasserbezogene Auswirkungen. Auch wenn bei einer Dürre weniger Wasser zur Verfügung steht, was das Risiko eines Todes durch Trinkwassermangel erhöht, steigt auch das Risiko, dass durch Wasser Krankheiten übertragen werden. Das liegt daran, dass Dürren nicht nur die Wasserverfügbarkeit, sondern auch die Wasserqualität beeinflussen. Wie die Wasserqualität durch Dürren beeinträchtigt wird, ist ein komplexer Mechanismus, der vom Klima, anderen Umweltbedingungen und den Eigenschaften des Einzugsgebiets abhängt. Ein Einzugsgebiet ist ein Gebiet, das Regenwasser oder geschmolzenen Schnee in Bäche, Seen oder Feuchtgebiete ableitet (siehe Abb. 1.2).

Wenn beispielsweise während einer Dürre weniger Wasser fließt, bleibt das Wasser länger an derselben Stelle. Dadurch können sich Schadstoffe wie Chemikalien, Metalle und andere Feststoffe in diesem stehenden Wasser ansammeln. Und schädliche Mikroorganismen haben die Möglichkeit, sich zu vermehren. Das erhöht die Wahrscheinlichkeit, dass wir von Krankheiten betroffen sind. Leider wird erwartet, dass der Klimawandel diese Effekte verschärft, da sich schädliche Organismen in wärmerem und salzhaltigerem Wasser leichter ausbreiten (siehe auch Kap. 2).

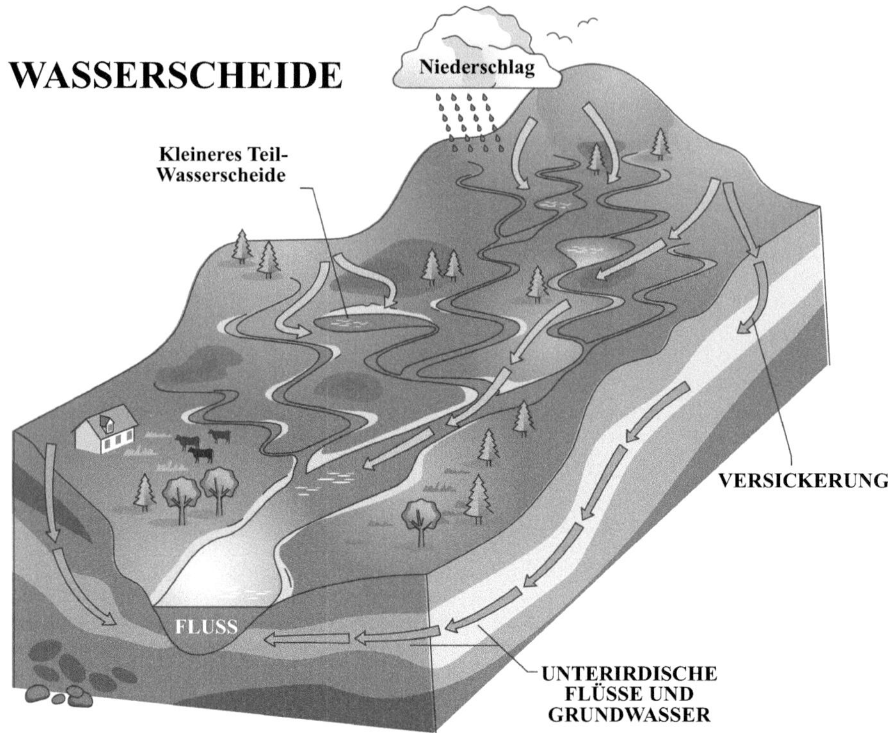

Abb. 1.2 Ein Einzugsgebiet

Auch die Menge an Nährstoffen nimmt während einer Dürre ab und das Wasser kann weniger klar werden. Das liegt daran, dass weniger Nährstoffe in andere Gebiete transportiert werden können, der Boden durch verdunstendes Wasser leichter erodiert und interne Prozesse wie der Nährstoffkreislauf beeinträchtigt werden können. Der Nährstoffkreislauf umfasst den Austausch von Nährstoffen zwischen Lebewesen, der Umwelt und unbelebten Komponenten, um das Leben und Wachstum von Organismen zu unterstützen. Dies kann zu einem Rückgang von Nährstoffen und Sauerstoff im Wasser führen, wodurch Pflanzen und Tiere ums Überleben kämpfen und das Wasser ungenießbar werden kann.

Während Wasserverfügbarkeit und -qualität während Dürren abnehmen, kann der Wasserbedarf steigen, zum Beispiel um Pflanzen zu bewässern. Das ist kritisch, da wir dadurch eher gezwungen sind, unsicheres Wasser zu nutzen. Dies wiederum erhöht die Wahrscheinlichkeit, krank zu werden. Besonders betroffen sind arme Bevölkerungsgruppen mit begrenztem Zugang zu Wasser und sanitären Einrichtungen (siehe Abb. 1.3).

Abb. 1.3 Wasserknappheit zwingt uns, möglicherweise unsicheres Wasser zu nutzen

1.2 Nahrungsmittelbezogene Auswirkungen

Die zweite Art, wie Dürren unsere Gesundheit beeinflussen, sind nahrungsmittelbezogene Auswirkungen. Diese stehen in engem Zusammenhang mit abnehmender Ernährungssicherheit und -qualität – im schlimmsten Fall sogar Hunger – während einer Dürre. Besonders Länder mit niedrigem und mittlerem Einkommen sind betroffen, da sie weniger Möglichkeiten haben, Nahrungsmittelknappheit auszugleichen, etwa wegen schlechter Transportnetze und begrenztem Zugang zu anderen Märkten.

Es wird erwartet, dass der Klimawandel durch Dürren die Ernährungsunsicherheit und Mangelernährung verschärft – was kritisch ist, da bereits etwa jeder dritte Mensch weltweit keinen Zugang zu ausreichender Nahrung hat. Dürren führen dazu, dass weniger Feldfrüchte wachsen, die Verfügbarkeit von Vieh eingeschränkt ist (siehe Abb. 1.4) und die Fischerei beeinträchtigt wird. Das bedeutet, dass sich sowohl die Menge als auch die Qualität der Nahrung in dürrebetroffenen Gebieten verändert. Außerdem werden die Lebensmittelpreise aufgrund der begrenzten Verfügbarkeit steigen, was sich auf die Menge und Qualität der Nahrung auswirkt, die sich Menschen leisten können.

Die Folgen von eingeschränkter Nahrungsmenge und -qualität – und der daraus resultierenden Unterernährung – sind weitreichend. Kinder, die Unterernährung überleben, leiden beispielsweise häufig unter langfristigen kognitiven Schäden,

Abb. 1.4 Kuh stirbt aufgrund von Dürre und Futtermangel

körperlicher Unterentwicklung und einem erhöhten Infektionsrisiko, etwa für Malaria. Auch unterernährte Schwangere haben ein höheres Risiko für Frühgeburten und Babys mit niedrigem Geburtsgewicht. Und bei uns allen kann Unterernährung zu psychischen Problemen führen, darunter mehr Stress, Angst und Depressionen. In extremen Fällen können diese psychischen Probleme Suizid auslösen.

1.3 Virusbedingte Auswirkungen

Die dritte Art und Weise, wie Dürren unsere Gesundheit beeinflussen, sind virusbedingte Auswirkungen. Wie Dürren diese Effekte verursachen, ist komplex, da mehrere Veränderungen gleichzeitig auftreten können. Beispielsweise kann die Anzahl der von Mücken übertragenen Viren steigen, wenn Behälter mit dem begrenzt verfügbaren Wasser gefüllt werden (siehe Abb. 1.5).

Gleichzeitig kann die Anzahl der Brutstätten abnehmen, da Dürren die natürlichen Brutplätze für Mücken verringern. Auch andere Tiere, die Viren übertragen, wie Zecken, sind von Dürren betroffen. Zecken gedeihen in feuchten Umgebungen, was bedeutet, dass ihre Zahl während Dürren abnimmt.

Abb. 1.5 Mückenlarven; Behälter zur Wassersammlung können zu Brutstätten für Mücken werden

1.4 Luftbezogene Auswirkungen

Die vierte Art und Weise, wie Dürren unsere Gesundheit beeinflussen, sind luftbezogene Auswirkungen. Diese entstehen, weil Dürren die Luftqualität verschlechtern, indem sie die Konzentration von Luftschadstoffen erhöhen. Zum Beispiel durch häufigere und heftigere Waldbrände sowie durch Staub. Das Einatmen dieser Schadstoffe kann unsere Atemwege blockieren, Entzündungen verursachen und das Blut anfälliger für die Bildung von Gerinnseln machen. Dies kann zu Problemen mit Herz und Blutgefäßen führen. Im schlimmsten Fall kann es sogar zum Tod führen. Diese Risiken sind besonders hoch in Städten, die zusätzlich unter anderen Verschmutzungsquellen leiden, wie Partikeln aus der Verbrennung von Kraftstoffen in Fahrzeugen (siehe auch Kap. 9).

Im Video in Abb. 1.6. sieht man eine riesige Staubwolke in Parkes (Vereinigtes Königreich), die durch ein starkes Tiefdruckgebiet verursacht wurde und viel Staub vom sehr trockenen Boden aufwirbelte.

Neben anorganischen Partikeln können Luftschadstoffe auch organische Stoffe wie schädliche Mikroorganismen, Allergene und Pilzsporen enthalten. Sie können nach dem Einatmen die Lunge reizen und das Risiko für Krankheiten, Allergien und Infektionen erhöhen. Solche Erkrankungen verbreiten sich während Dürren leichter, da sie einfacher durch den Wind transportiert werden können.

Abb. 1.6

1.5 Fazit

Der vom Menschen verursachte Klimawandel hat weitreichende und umfassende Folgen – ob wir es glauben oder nicht –, zum Beispiel durch die Entstehung von Dürren. Diese Dürren können unterschiedlich schwer ausfallen: Meteorologische Dürren sind milder als landwirtschaftliche Dürren, die wiederum milder sind als hydrologische Dürren. Die Schwere wird durch die Menge an Regen und Schnee sowie durch höhere Temperaturen beeinflusst, die zu einer stärkeren Verdunstung führen. Im schlimmsten Fall haben Dürren auch für uns gravierende kurzfristige Folgen, wenn sie in eine sozioökonomische Dürre übergehen: In diesem Fall steht uns nicht genug Wasser zur Verfügung, um unseren Bedarf zu decken.

Abgesehen davon, dass bei sozioökonomischen Dürren nicht genug Trinkwasser vorhanden ist, wirkt sich die begrenzte Wasserverfügbarkeit auch auf vielfältige andere Weise auf unsere Gesundheit aus. Denn Wassermangel kann verschiedenste wasser-, nahrungs-, virus- und luftbezogene Auswirkungen haben. Diese Effekte beeinträchtigen unsere Gesundheit und können sogar zu Krankheiten und – im schlimmsten Fall – zum Tod führen.

1.6 Wie wir handeln können

Da Dürren so gravierende und langfristige Auswirkungen auf unsere Gesundheit haben können, ist es wichtig, sie so weit wie möglich zu verhindern und die negativen Folgen für unsere Gesundheit zu verringern, wenn sie doch auftreten. Hier sind praktische Ideen, was Sie und ich tun können, um Dürren vorzubeugen:

- Eine Regentonne installieren, um Regenwasser aufzufangen
- Schadstoffe aus Wasser entfernen, zum Beispiel mithilfe von Pflanzen und Mikroorganismen (weiterführende Literatur: Kap. 11 aus Der Weg zu einem gesünderen Planeten Band 1: „Lösungen für Umweltverschmutzung: Entfernung von Schadstoffen aus Boden und Wasser“)

- Abwasser wiederverwenden
- Wasserverbrauch reduzieren, zum Beispiel durch Waschen am Waschbecken oder kürzeres Duschen
- Wasser gewinnen, wenn das Trinkwasser ausgeht
- Sich in widerstandsfähiger und nachhaltiger Landwirtschaft weiterbilden
- Eine Partei wählen, die den Klimawandel ernst nimmt und Lösungen umsetzt

Hier sind praktische Ideen, was Regierungen tun können, um die negativen Auswirkungen von Dürren zu verringern:

- Frühwarnsysteme installieren
- Den Wasserkreislauf steuern, zum Beispiel durch die Renaturierung von Flüssen und Bächen
- Zugang zu sicherem Wasser, nachhaltigen Lebensmitteln und Gesundheitsdiensten gewährleisten
- Das Landmanagement verbessern
- Niedrigemissionszonen durch Verkehrsbeschränkungen einrichten
- In Forschung zu Klimawandel und Gesundheit investieren
- Bildung und Umweltbewusstsein fördern
- Ökosysteme wie Tangwälder erhalten und wiederherstellen (siehe auch Kap. 13)
- Anlagen bauen, die Salzwasser in Trinkwasser umwandeln

Würdigung

Dieses Kapitel basiert auf

Chivangulula, F. M., Amraoui, M. & Pereira, M. G. (2023). The drought regime in Southern Africa: A systematic review. *Climate*, *11*(7), 147.

Salvador, C., Nieto, R., Vicente-Serrano, S. M., García-Herrera, R., Gimeno, L. & Vicedo-Cabrera, A. M. (2023). Public health implications of drought in a climate change context: A critical review. *Annual review of public health*, *44*, 213–232.

Abbildungsnachweise

Abb. 1.1 Bild von Infinity Eight Productions; veröffentlicht mit Genehmigung
Abb. 1.2 VectorMine auf Shutterstock
Abb. 1.3 boonchoke auf Shutterstock
Abb. 1.4 Garreth Brown auf Shutterstock
Abb. 1.5 CEW auf Shutterstock

Kapitel 2
Wie der Klimawandel Pflanzen in städtischen Umgebungen und uns betrifft

Zusammenfassung Städtische Pflanzen stehen vor einem zunehmenden Überlebenskampf, da der Klimawandel biotische und abiotische Stressfaktoren verstärkt. Von Dürren bis zu Hitzewellen werden Pflanzen in Städten ständig durch sich verändernde Umweltbedingungen herausgefordert. In diesem Kapitel untersuchen wir, wie diese Stressoren das Pflanzenwachstum behindern, essenzielle Prozesse wie Photosynthese und Nährstoffaufnahme stören und sogar urbane Ökosysteme verändern. Sie erfahren, wie höhere Temperaturen und Salzkonzentrationen das Überleben von Pflanzen beeinflussen und warum städtische Vegetation entscheidend für die Verbesserung unserer körperlichen und geistigen Gesundheit ist. Indem wir diese Herausforderungen und die bedeutende Rolle städtischer Pflanzen in unserem Leben verstehen, können wir daran arbeiten, die grünen Räume zu schützen, die uns unterstützen.

Schlüsselwörter Wissenschaft · Wissenschaftskommunikation · Klimawandel · Folgen des Klimawandels · Städtische Ökosysteme · Stadtpflanzen · Wohlbefinden des Menschen · Psychische Gesundheit · Biodiversität · Ökosystemdienstleistungen · Öffentliche Gesundheit · Städtisch · Züchtung · Stress · Resistenz · Abiotisch

Während von Klimawandel verursachte Dürren scheinbar vor allem Pflanzen in der Landwirtschaft betreffen, ist leider auch die Gesundheit vieler Stadtpflanzen gefährdet. Dies liegt daran, dass der Klimawandel in städtischen Gebieten verschiedene biotische und abiotische Stressfaktoren verursacht (siehe Abb. 2.1). Biotischer Stress wird durch Angriffe lebender Organismen wie Schädlinge, Unkräuter und schädliche Mikroorganismen verursacht. Abiotischer Stress entsteht durch widrige Bedingungen und Schäden, die von unbelebten Faktoren wie

---

Würdigung: Dieses Kapitel basiert auf zwei wissenschaftlichen Artikeln von Melissa R. Marselle und Szilvia Kisvarga sowie deren Kolleginnen und Kollegen. (Die vollständige Quellenangabe befindet sich am Ende des Kapitels).

E. van Genuchten, *Der Weg zu einem gesünderen Planeten 3*,
https://doi.org/10.1007/978-3-032-14696-0_2

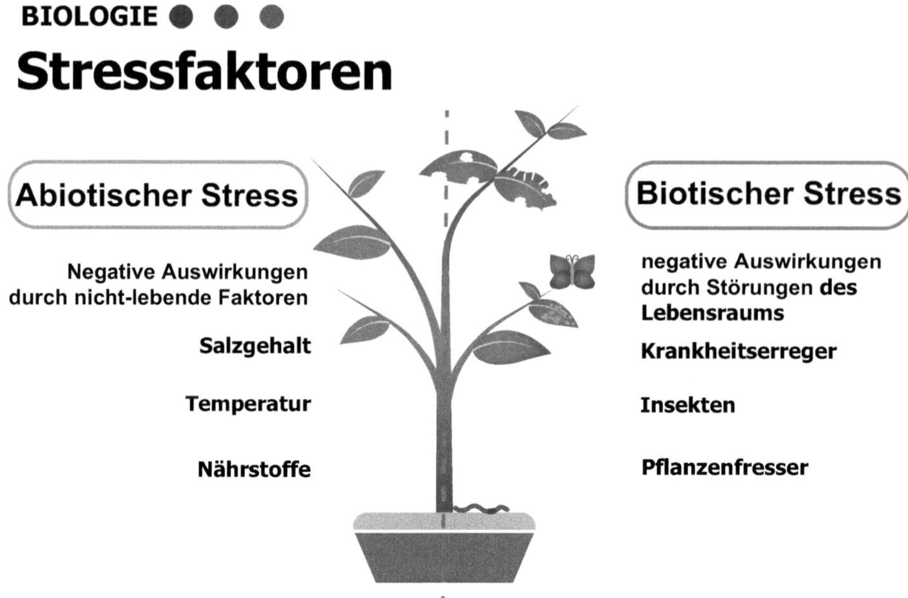

Abb. 2.1 Unterschied zwischen biotischem und abiotischem Stress

steigenden Temperaturen und Kohlendioxid-(CO_2)-Konzentrationen sowie einer Zu- oder Abnahme der Niederschläge verursacht werden. Viele Pflanzenarten haben Schwierigkeiten, sich an die zunehmende Zahl dieser Stressfaktoren anzupassen, insbesondere in urbanen Umgebungen.

Die höhere Anzahl an Stressfaktoren behindert das Wachstum und das Überleben von Pflanzen. Da unser Klima zudem komplex und dynamisch ist und Umweltveränderungen durch den Klimawandel sowohl biotische als auch abiotische Stressfaktoren beeinflussen, müssen Pflanzen mit ständig wechselnden Bedingungen zurechtkommen. So wirkt sich der Klimawandel auf Pflanzen in städtischen Gebieten und auf uns aus:

2.1 Dürre

Die erste Art, wie der Klimawandel Stadtpflanzen beeinflusst, ist durch Dürren. Eine Dürre ist eine ungewöhnlich lange Periode mit wenig Niederschlag, die zu Wassermangel führt. Dieser Wassermangel hat große Auswirkungen auf Boden, Tiere und Pflanzen. Er führt nicht nur zu geringeren Erträgen und weniger Nahrung, sondern betrifft auch die städtische Vegetation (siehe Abb. 2.2). Dies geschieht zum Beispiel, weil:

Abb. 2.2 Stadtbaum, der von Dürre betroffen ist

- sich die Zusammensetzung der Pflanzen, aus denen städtische Wälder bestehen, verändert
- sich das Wachstum der Pflanzen verändert, da sich ihre Wachstumsphasen verkürzen
- Pflanzen weniger CO_2 in Energie umwandeln können
- die Funktion der Stomata nachlässt, sodass Pflanzen Wasser weniger effizient nutzen können. Stomata sind kleine Poren in den Blättern, die den Gasaustausch ermöglichen
- mehr oxidativer Stress die Pflanzen schädigt. Oxidativer Stress ist ein Ungleichgewicht zwischen der Menge toxischer Moleküle in Zellen und Geweben und der Fähigkeit, diese Moleküle zu entgiften
- Samen es schwerer haben zu keimen und zu einer Pflanze heranzuwachsen
- die Produktion ätherischer Öle bei einigen Pflanzen beeinträchtigt wird

2.2 Höhere Temperaturen

Die zweite Art, wie der Klimawandel Stadtpflanzen beeinflusst, sind höhere Temperaturen. Höhere Temperaturen entstehen durch den globalen Temperaturanstieg, häufigere Hitzewellen und Wärmeinseln. Eine Wärmeinsel ist ein Gebiet,

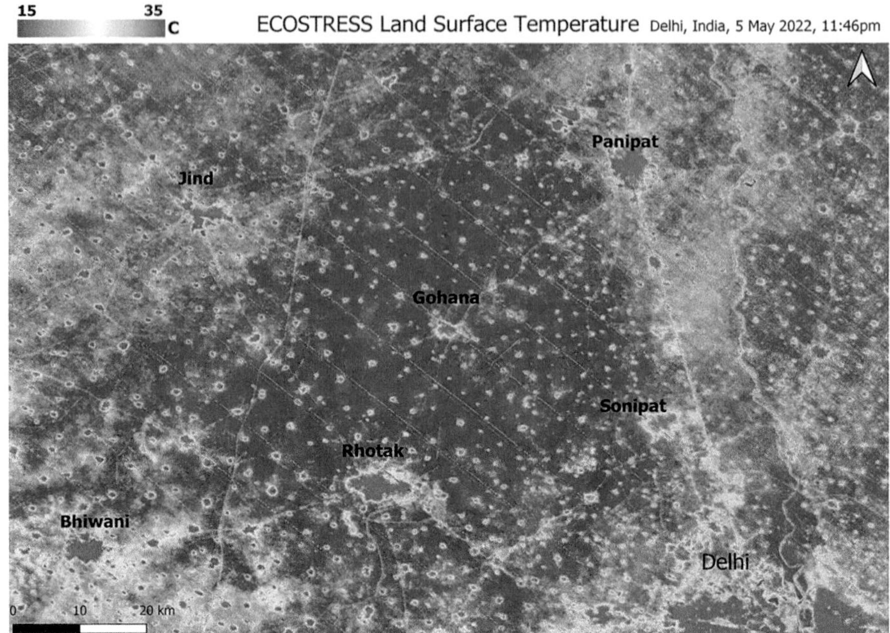

Abb. 2.3 Wärmeinseln in Rot während einer Hitzewelle in Indien

das deutlich wärmer ist als die umliegende Umgebung (siehe Abb. 2.3). Diese höhere Temperatur ist möglich, weil Infrastrukturen wie Gebäude und Straßen mehr Wärme aufnehmen und wieder abgeben als Vegetation. Dies wirkt sich beispielsweise folgendermaßen auf die Vegetation aus:

- Hitzestress verringert die Wachstumsraten der Pflanzen und verändert die Stoffwechselregulation. Die Stoffwechselregulation umfasst die Steuerung der chemischen Prozesse innerhalb der Zellen
- Hitzestress reduziert den Gehalt an Chlorophyll, dem Pigment, das Pflanzen grün erscheinen lässt und für die Photosynthese verantwortlich ist, bei der CO_2 aus der Atmosphäre, Wasser und Sonnenlicht in Sauerstoff und Nährstoffe umgewandelt werden
- Hitzestress führt zur vermehrten Bildung phenolischer Verbindungen, also Molekülen, die Zellen schädigen
- Hitzestress kann zur Denaturierung von Proteinen führen. Protein-Denaturierung bedeutet, dass sich die Struktur eines Proteinmoleküls verändert und das Protein dadurch weniger stabil wird
- Hitzestress kann dazu führen, dass Enzyme inaktiv werden. Enzyme sind Stoffe, die chemische Reaktionen beschleunigen, ohne selbst Teil dieser Reaktionen zu sein. Werden sie inaktiv, bleiben die chemischen Prozesse, die sie beschleunigen sollen, langsam

- Hitzestress kann zur Bildung reaktiver Sauerstoffspezies führen. Reaktive Sauerstoffspezies sind hochreaktive Moleküle, die oxidativen Stress verursachen
- häufigere Hitzewellen schränken die Entwicklung von Pflanzen stärker ein als die Temperatur während der Hitzewelle selbst

2.3 Höhere Salzkonzentration

Die dritte Art, wie der Klimawandel Stadtpflanzen beeinflusst, ist durch hohe Salzkonzentrationen. Die Salzkonzentration im Boden steigt, wenn Wasser verdunstet und wenn städtische Küstengebiete mit Meerwasser überflutet werden. Diese erhöhte Salinität beeinträchtigt das Wachstum der Pflanzen und stört weitere Prozesse, zum Beispiel:

- höhere Salzkonzentrationen stören die osmotischen Funktionen. Osmose ist die Bewegung von Wassermolekülen aus einer Lösung mit hoher Konzentration zu einer Lösung mit niedrigerer Konzentration an Wassermolekülen (siehe Abb. 2.4). Die beiden Lösungen sind durch eine Membran getrennt, die Wassermoleküle durchlässt, aber Salzteilchen zurückhält. Das bedeutet, dass osmotische Funktionen in Pflanzen die Regulierung des Konzentrationsgleichgewichts in den Zellen umfassen, was für Prozesse wie Wachstum und Nährstoffaufnahme entscheidend ist
- hohe Salzkonzentrationen können bei manchen Pflanzen verhindern, dass Salzionen von den Wurzeln in den oberirdischen Teil gelangen. Ein Ion ist ein Atom

Abb. 2.4 Osmose bedeutet, dass Wassermoleküle eine Membran von einem Bereich niedrigerer zu einem Bereich höherer Teilchenkonzentration passieren. Die Teilchenkonzentration, dargestellt durch die roten Kreise, ist in diesem Fall Salz. Diese Bewegung führt dazu, dass die Konzentration der gelösten Stoffe auf beiden Seiten der Membran ausgeglichen wird

oder Molekül mit positiver oder negativer elektrischer Ladung, weil es ein oder mehrere Elektronen verloren oder aufgenommen hat. Pflanzen benötigen diese Ionen, um Osmose zu ermöglichen, Wasser aufzunehmen und einen gesunden Innendruck in den Zellen aufrechtzuerhalten, damit die Pflanzen stabil bleiben. Ein Mangel an gesundem Innendruck ist auch der Grund, warum die Blätter unserer Zimmerpflanzen hängen, wenn wir sie zu wenig gegossen haben.

2.4 Auswirkungen auf uns

Die Auswirkungen des Klimawandels auf Stadtpflanzen durch Dürren, höhere Temperaturen und erhöhte Salzgehalte betreffen auch uns. Das liegt daran, dass Stadtpflanzen für unser Wohlbefinden, sowohl körperlich als auch geistig, von großer Bedeutung sind.

Pflanzen in städtischen Gebieten kommen uns *körperlich* zugute, zum Beispiel weil Stadtpflanzen:

- Luftschadstoffe entfernen, was bedeutet, dass sie die Luftqualität in Städten verbessern
- kühle Bereiche in heißen Städten schaffen
- uns dazu anregen, mehr Zeit mit Sport im Freien zu verbringen, was gut für unser körperliches Wohlbefinden ist
- Nahrung in Stadtgärten, auf Balkonen und auf begrünten Dächern bereitstellen (siehe Abb. 2.5)

Abb. 2.5 Begrüntes Dach

Pflanzen in städtischen Gebieten kommen uns *geistig* zugute, zum Beispiel weil Stadtpflanzen:

- uns dazu inspirieren, mehr Zeit mit Sport im Freien zu verbringen, was nicht nur gut für unser körperliches Wohlbefinden, sondern auch für unsere psychische Gesundheit ist
- uns ruhiger und entspannter fühlen lassen, da es angenehmer ist, Pflanzen anzusehen als eine leere Wand
- es uns ermöglichen, uns zu entspannen und zu erholen, indem sie uns erlauben, unsere Aufmerksamkeit von alltäglichen Aufgaben und Anforderungen abzulenken

2.5 Fazit

Während Dürren, die durch den Klimawandel verursacht werden, Pflanzen in ländlichen Gebieten, zum Beispiel Kulturpflanzen, beeinträchtigen, betreffen sie auch Pflanzen in städtischen Gebieten. Und neben Dürren schaden auch andere abiotische Stressfaktoren, darunter höhere Temperaturen und erhöhte Salzkonzentrationen im Boden, Stadtpflanzen, da diese veränderten Bedingungen das Wachstum der Pflanzen einschränken und andere Pflanzenprozesse stören.

Wenn Pflanzen durch diese Stressfaktoren beeinträchtigt werden, schadet das indirekt auch uns. Wir können körperlich beeinträchtigt werden, wenn weniger Pflanzen Luftverschmutzung entfernen oder uns abkühlen. Wir können körperlich und geistig beeinträchtigt werden, wenn wir dadurch weniger Sport im Freien treiben oder weniger Obst, Gemüse und Kräuter anbauen. Und wir können psychisch beeinträchtigt werden, da Pflanzen uns beruhigen und entspannen.

2.6 Wie wir handeln können

Da Stadtpflanzen sowohl für unser körperliches als auch für unser geistiges Wohlbefinden so wichtig sind, hier einige praktische Ideen, was Sie und ich tun können, um die Auswirkungen des Klimawandels auf die städtische Vegetation zu begrenzen:

- Widerstandsfähigere und klimaresistente Pflanzen auswählen und anbauen
- Beitrag zur Begrenzung des Klimawandels leisten (weiterführende Literatur: Teil I von „Der Weg zu einem gesünderen Planeten", Band 1 und 2: „Klimawandel")
- Biostimulanzien zur Erhöhung der Stressresistenz von Pflanzen einsetzen. Biostimulanzien regen natürliche Prozesse in Pflanzen an und helfen ihnen, Nährstoffe aus ihrer Umgebung zu nutzen. Dies gilt für Nährstoffe, die ohne diese Hilfe nicht verfügbar wären, um Pflanzen widerstandsfähiger gegen abiotischen Stress zu machen

- Eine versiegelte Fläche durch Pflanzen ersetzen, um die Entstehung von Hitzeinseln zu begrenzen und das Gebiet abzukühlen
- Mulch anstelle von Pflastersteinen verwenden, um einen Weg im eigenen Garten zu gestalten
- Das eigene Dach in ein Gründach verwandeln
- Pflanzen auf dem eigenen Balkon anbauen
- Grüne Wände schaffen, um Schatten zu spenden und die Wärmeaufnahme von Gebäuden wie dem eigenen Haus zu begrenzen

Würdigung

Dieses Kapitel basiert auf

Kisvarga, S., Horotán, K., Wani, M. A. & Orlóci, L. (2023). Plant Responses to Global Climate Change and Urbanization: Implications for Sustainable Urban Landscapes. *Horticulturae*, *9*(9), 1051.

Marselle, M. R. et al. (2021). Pathways linking biodiversity to human health: A conceptual framework. *Environment International*, *150*, 106.420.

Abbildungsnachweise

Abb. 2.1 BigBearCamera auf Shutterstock

Abb. 2.2 OksBut auf Shutterstock

Abb. 2.3 „ECOSTRESS der NASA erkennt 'Wärmeinseln' während extremer Hitzewelle in Indien" von NASA/JPL-Caltech ist lizenziert unter CC0 1.0 Public Domain.
Quelle: https://climate.nasa.gov/news/3176/nasas-ecostress-detects-heat-islands-in-extreme-indian-heat-wave/.
Autor: https://climate.nasa.gov/.
Lizenz: https://creativecommons.org/publicdomain/zero/1.0/deed.en

Abb. 2.4 petrroudny43 auf Shutterstock

Abb. 2.5 Hana Kolarova auf Shutterstock

Kapitel 3
Wie der Klimawandel arktische Küsten beeinflusst

Zusammenfassung Die arktischen Küsten mit ihren vielfältigen Landschaften aus Eis, Fels und Sediment sind in besonderem Maße vom Klimawandel betroffen. Da sich die Arktis mehr als doppelt so schnell erwärmt wie der Rest der nördlichen Hemisphäre, sind die Folgen gravierend. Dieses Kapitel untersucht fünf zentrale Auswirkungen der globalen Erwärmung auf diese empfindlichen Ökosysteme: Permafrostdegradation, thermische Denudation, thermische Abrasion, längere eisfreie Meeresperioden und Gletscherrückzug. Diese Prozesse beschleunigen die Erosion, setzen Treibhausgase wie Methan frei, verändern Küstenlandschaften und stören Ökosysteme, was sowohl lokale Gemeinschaften als auch globale Systeme betrifft. Das Kapitel zeigt zudem auf, wie der Rückgang des Meereises die Erwärmung verstärkt und wie sich durch den Rückzug der Gletscher die Küstenlinien verändern und neue Landformen freigelegt werden. Anhand anschaulicher Beispiele und detaillierter Abbildungen beleuchtet dieses Kapitel das komplexe Zusammenspiel zwischen Klimawandel und arktischer Küstendynamik und regt die Leser dazu an, diese drängenden Herausforderungen zu verstehen und anzugehen.

Schlüsselwörter Wissenschaft · Wissenschaftskommunikation · Klimawandel · Folgen des Klimawandels · Globale Erwärmung · Arktische Küsten · Gletscher · Permafrost · Permafrostdegradation · Thermische Denudation · Thermische Abrasion · Meereisfreie Perioden · Schmelzende Gletscher · Küstenentwicklung · Gletscherrückzug

Während Dürren infolge des Klimawandels häufiger auftreten können, sind schmelzende Eisberge nach wie vor das geläufigere Bild, um die Folgen der globalen Erwärmung zu veranschaulichen. Typisch ist ein riesiges Stück Eis, das von einer erodierenden Küstenlinie ins Wasser stürzt. Oder ein Eisbär auf einer Eisscholle (siehe

---

Würdigung: Dieses Kapitel basiert auf zwei wissenschaftlichen Artikeln von Anna M. Irrgang und Jan Kavan sowie deren Kolleginnen und Kollegen. (Vollständige Quellenangaben am Ende des Kapitels)

E. van Genuchten, *Der Weg zu einem gesünderen Planeten 3*,
https://doi.org/10.1007/978-3-032-14696-0_3

Abb. 3.1 Typische Darstellung der globalen Erwärmung: ein Eisbär auf einer Eisscholle

Abb. 3.1). Diese Bilder sind passend, da sowohl das land- als auch das meerseitige Eis die arktischen Küsten besonders empfindlich gegenüber der globalen Erwärmung machen.

Arktische Küsten sind sehr empfindlich gegenüber der globalen Erwärmung, da viele Umweltfaktoren auf sie einwirken. Die arktischen Küsten weisen unterschiedliche Formen auf, darunter Gebiete mit Eishängen und -wänden, Felsgebiete und Sedimentbereiche. Viel, aber nicht der gesamte Boden, ist Permafrost, was bedeutet, dass der Boden länger als zwei Jahre in Folge gefroren ist. Zu den Faktoren zählen Luft- und Wassertemperatur, Volumen und Verteilung des Meereises, Wellenenergie, Intensität und Zeitpunkt von Stürmen sowie Veränderungen des Meeresspiegels.

Zudem wirken sich steigende Temperaturen auf arktische Küsten stärker aus als auf andere Regionen der Welt: Zwischen 1971 und 2017 stiegen die Oberflächenlufttemperaturen in der Arktis im Durchschnitt um 2,7 °C (4,9 °F) an, was 2,4-mal schneller ist als der durchschnittliche Temperaturanstieg auf der übrigen Nordhalbkugel. Und außergewöhnliche Temperaturen mit einer Differenz von mehr als 1 °C (1,8 °F) wurden in 9 der Jahre zwischen 2010 und 2020 gemessen.

Während Umweltfaktoren die Küsten verändern, wandelt sich auch das gesamte Küstensystem. Dies ist ein weiteres Beispiel für die weitreichenden Folgen der globalen Erwärmung. So verändern sich arktische Küsten infolge des Klimawandels und das sind die möglichen Konsequenzen:

3.1 Permafrostdegradation

Die erste Art, wie der Klimawandel arktische Küsten beeinflusst, ist die Permafrostdegradation. Permafrostdegradation bedeutet, dass Boden, der länger als zwei Jahre in Folge gefroren war, zu tauen beginnt. Dieses Tauen kann durch steigende Lufttemperaturen verursacht werden, die zu erhöhten Bodentemperaturen führen. Wenn das Bodeneis schmilzt, kann der darüberliegende Boden absacken, was zur Bildung von Thermokarsten führt (siehe Abb. 3.2). Thermokarste sind Senken, die durch selektives Schmelzen von Permafrost entstehen.

Eine Folge der Permafrostdegradation ist, dass Salzwasser eindringen und die Erosion beschleunigen kann. Deshalb ist der Landverlust bei Permafrostdegradation dreimal so hoch wie bei Küstenerosion. Zudem hat die Permafrostdegradation weitreichende Auswirkungen auf Wasserbewegung, Feuchtigkeitsaustausch, Vegetationswachstum, Küstenerosion und Küstenüberflutungen. Beispielsweise kann dadurch ein Ökosystem durch Salz absterben.

Außerdem wird beim Schmelzen von Permafrost Methan freigesetzt. Methan ist ein Treibhausgas, das wesentlich schädlicher ist als Kohlendioxid und den Klimawandel sowie die globale Erwärmung beschleunigt (weiterführende Literatur: Kap. 6 aus Der Weg zu einem gesünderen Planeten Band 1: „Klima-Lösungen: Kontrolle des Methan-Gehalts“).

Abb. 3.2 Beispiel für einen Thermokarst

3.2 Thermische Denudation

Die zweite Art, wie der Klimawandel arktische Küsten beeinflusst, ist die thermische Denudation. Thermische Denudation bedeutet, dass die Oberseite der Steilküste durch warme Luft und Sonneneinstrahlung auftaut (siehe Abb. 3.3). Eine Steilküste ist ein steiler, dem Meer zugewandter Hang (siehe Abb. 3.4).

Wenn das Bodeneis in der Steilküste schmilzt und zuvor im Eis gebundene Sedimente gelöst werden, bewegen sich diese Sedimente die Steilküste hinab und können schließlich von Wellen und Strömungen abgetragen werden. Schmilzt das Eis an der Oberseite der Steilküste schneller als am Fuß, entstehen Terrassen aus Schlamm. Diese Terrassen bewegen sich den Hang hinab in Richtung Ozean, sodass viel Land verloren geht und Gebäude sowie Straßen zerstört werden können.

Abb. 3.3 Das Ergebnis thermischer Denudation

Abb. 3.4 Beispiel für eine Steilküste: ein steiler, dem Meer zugewandter Hang

3.3 Thermische Abrasion

Die dritte Art, wie der Klimawandel arktische Küsten beeinflusst, ist die thermische Abrasion. Thermische Abrasion ist das Gegenteil der thermischen Denudation, da hier nicht die Oberseite, sondern der Fuß der Steilküste schneller schmilzt (siehe Abb. 3.5). Dies geschieht, wenn wärmeres Meerwasser das Bodeneis in der Steilküste schmilzt und durch die Kraft der aufprallenden Wellen abgetragen wird. Mit steigendem Meeresspiegel wird dieser Effekt zunehmen, da Meerwasser und Wellen auch höhere, zuvor unerreichbare Teile der Steilküste erreichen können.

Eine Folge der thermischen Abrasion ist die Bildung von thermo-erosiven Nischen. Diese Nischen können entstehen, wenn der Permafrost aufreißt. Je nach Höhe der Steilküste, Bodenfestigkeit und Lage des Risses kann dies dazu führen, dass ganze Blöcke aus der Steilküste herausbrechen und ins Meer stürzen (siehe Abb. 3.6). Anfangs schützen die abgebrochenen Blöcke die verbleibende Steilküste, doch da diese Blöcke innerhalb von Tagen bis Wochen erodieren, hält dieser Schutz nicht lange an. Diese Art der Erosion verursacht den schnellsten Landverlust und kann es erforderlich machen, dass Bewohner umgesiedelt werden müssen.

Eine weitere Folge der thermischen Abrasion ist, dass Nährstoffe und Schadstoffe in die küstennahen und offenen Meeresbereiche gelangen. Diese können die

Abb. 3.5 Das Ergebnis thermischer Abrasion

Abb. 3.6 Die Bildung thermo-erosiver Nischen führte dazu, dass dieser Block abbrach

küstennahen Ökosysteme beeinflussen, was wiederum die Offshore-Ökosysteme aus dem Gleichgewicht bringen und lokale Gemeinschaften, die auf Meeresnahrung angewiesen sind, zu Anpassungen zwingen kann.

3.4 Längere eisfreie Zeiträume

Die vierte Art und Weise, wie der Klimawandel arktische Küsten beeinflusst, besteht darin, längere eisfreie Zeiträume zu verursachen. Aufgrund höherer Meeresoberflächentemperaturen ist das arktische Meereis seit 1979 um 75 % zurückgegangen, gemessen jeweils im September, wenn die Meereisausdehnung ihr Minimum erreicht. Während eisfreier Zeiträume kann der Wind längere Strecken zurücklegen, wodurch extreme Windgeschwindigkeiten häufiger auftreten. Außerdem führen stärkere Winde dazu, dass mehr und höhere Wellen die Küste erreichen. Ohne Eis, das sie bricht, treffen mehr Wellen auf die Küste. Dies macht die Küste anfälliger für Erosion und Überschwemmungen und kann dazu führen, dass sich die Küstenlinie verschiebt und sich das Strand- und Nahbereichsprofil verändert.

Es ist hier auch wichtig zu beachten, dass längere eisfreie Zeiträume die globale Erwärmung verschärfen können. Dies liegt daran, dass weiße Oberflächen, zum Beispiel von Schnee und Eis bedeckte Flächen, Sonnenlicht in die Atmosphäre reflektieren. Ohne Eis, das das Meer bedeckt, wird das Sonnenlicht nicht reflektiert und kann stattdessen die Atmosphäre und das Meerwasser erwärmen.

3.5 Schmelzende Gletscher

Die fünfte Art und Weise, wie der Klimawandel arktische Küsten beeinflusst, ist das Schmelzen der Gletscher. Durch wärmere Luft wird das Eis, aus dem der Gletscher besteht, zu Wasser. Dieses Wasser transportiert Sedimente zum Ende des Gletschers. Dort lagern sie sich häufig ab, wodurch das Flussdelta wächst (siehe Abb. 3.7).

Außerdem kann ein Gletscher, der zuvor im Meer endete (siehe Abb. 3.8), zu einem Gletscher werden, der nur noch an Land existiert. Dies wird als Gletscherrückzug bezeichnet und hat ebenfalls große Auswirkungen auf die Küstenlinie. Zum Beispiel sind auf Svalbard / Spitzbergen 14 Gletscher betroffen, was zu etwa 923 km (574 Meilen) neuer Küstenlinie führt, und der südliche Teil von Spitzbergen wird wahrscheinlich zu einer neuen Insel werden. Durch diese sich zurückziehenden Gletscher wird das Land zudem instabiler und ist direkt Wellen, Gezeiten und Strömungen ausgesetzt. Das Ergebnis sind Erosion und neue Küstenformen, darunter neue Strände, Lagunen und Wattflächen. Auch Strukturen wie Felsklippen und Fjorde können freigelegt werden. Ein Fjord ist eine schmale, tiefe und lange Meeresbucht zwischen hohen Klippen.

Abb. 3.7 Gletscherdelta in Island

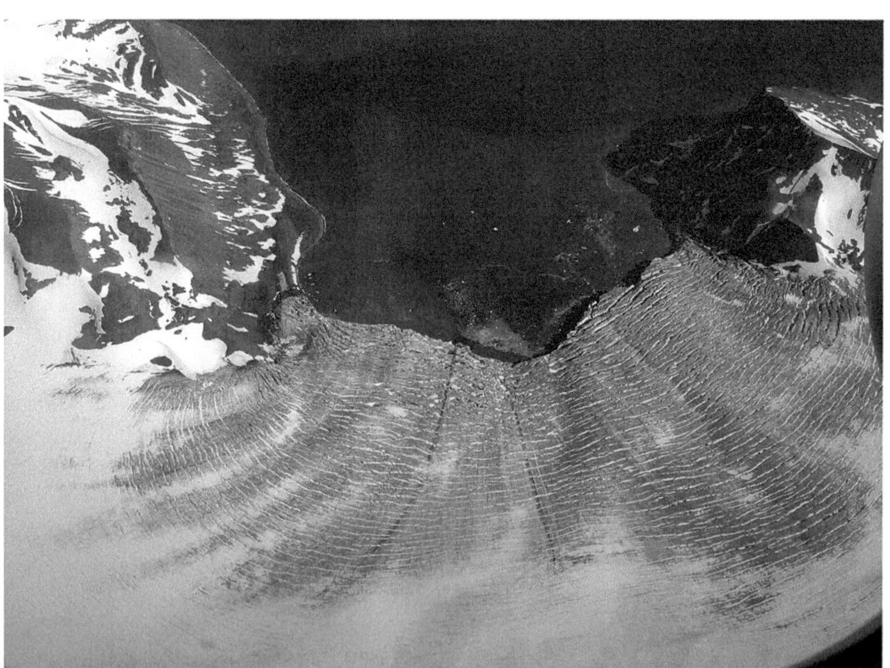

Abb. 3.8 Der Markhambreen-Gletscher auf Spitzbergen endete 2007 im Meer. Auch dieser Gletscher zieht sich zurück, wodurch kleine Buchten entstehen

3.6 Fazit

Auch wenn die Folgen des Klimawandels in der physischen Welt nicht immer offensichtlich sind, so sind die Auswirkungen auf die arktischen Küsten sehr deutlich sichtbar. Dies liegt daran, dass auftauender Boden die Küstenlinien auf vielfältige Weise verändert, was beispielsweise zu Löchern im Boden, abgetragenem Sediment, weggespültem Land und abbrechenden Blöcken führt. Dies kann auch dazu führen, dass Küstenlinien wachsen und Menschen umgesiedelt werden müssen.

Außerdem können höhere Temperaturen zu eisfreien Zeiträumen führen. Da Meereis Sonnenstrahlung reflektiert, bedeutet weniger Meereis, dass mehr Wärme aufgenommen werden kann. Wenn mehr Wärme aufgenommen wird, kann dies dazu beitragen, den Klimawandel und die Veränderungen an den Küsten zu verschärfen. Das bedeutet, dass auch wenn arktische Küsten weit entfernt von unserem Wohnort liegen, die Bedingungen in diesem Gebiet Auswirkungen auf unseren gesamten Planeten haben.

3.7 Wie wir handeln können

Da der Klimawandel große Auswirkungen auf arktische Küsten hat und schmelzendes Eis dies noch verschärft, ist es wichtig, Maßnahmen zur Eindämmung der globalen Erwärmung zu ergreifen. Hier sind praktische Ideen, was Sie und ich tun können, um die globale Erwärmung durch geringeren Energieverbrauch zu begrenzen:

- So wenig wie möglich heizen, indem man warme Kleidung trägt
- Urlaub in der Nähe des Wohnorts machen
- Fahrgemeinschaften bilden, anstatt mit mehreren Autos zu fahren
- Energieeffiziente Geräte und Fahrzeuge nutzen
- Licht und Bildschirme ausschalten, wenn man einen Raum verlässt
- Für zwei Teile derselben Mahlzeit denselben Topf verwenden
- Für mehrere Tage auf einmal kochen, statt jeden Tag einzeln
- Nur so viel Wasser kochen, wie tatsächlich benötigt wird

Und Ideen, was Sie und ich tun können, indem wir weniger Produkte und Materialien verwenden:

- Produkte nur kaufen, wenn wir sie wirklich brauchen
- Gebrauchte Kleidung, Spielzeug und andere Gegenstände statt neuer kaufen
- Gebrauchte Geräte statt neuer kaufen
- Produkte mit übermäßiger Verpackung vermeiden, um Abfall zu reduzieren

Würdigung

Dieses Kapitel basiert auf

Irrgang, A. M., et al. (2022). Drivers, dynamics and impacts of changing Arctic coasts. *Nature Reviews Earth & Environment*, *3*(1), 39–54.
Kavan, J., & Strzelecki, M. C. (2023). Glacier decay boosts the formation of new Arctic coastal environments—Perspectives from Svalbard. *Land Degradation & Development*.

Abbildungsnachweise

Abb. 3.1 Amanita Silvicora auf Shutterstock
Abb. 3.2 inEthos Design auf Shutterstock
Abb. 3.3 National Park Service Auftauender Permafrost von NPS Climate Change Response ist lizenziert unter CC BY 2.0).
Quelle: https://commons.wikimedia.org/wiki/File:National_Park_Service_Thawing_permafrost_(27759123542).jpg.
Autor: https://www.flickr.com/people/125029725@N07.
Lizenz: https://creativecommons.org/licenses/by/2.0/deed.en
Abb. 3.4 Andrei Stepanov auf Shutterstock
Abb. 3.5 Permafrost auf Herschel Island von Boris Radosavljevic ist lizenziert unter CC BY 2.0.
Quelle: https://commons.wikimedia.org/wiki/File:Permafrost_in_Herschel_Island_001.jpg.
Autor: https://www.flickr.com/photos/139918543@N06/.
Lizenz: https://creativecommons.org/licenses/by/2.0/deed.en
Abb. 3.6 Klimafolgen für arktische Küsten von Benjamin Jones ist gemeinfrei veröffentlicht.
Quelle: https://commons.wikimedia.org/wiki/File:Climate_Impacts_to_Arctic_Coasts_(32682616471).jpg.
Autor: https://www.flickr.com/people/27784370@N05.
Lizenz: https://www.usgs.gov/information-policies-and-instructions/copyrights-and-credits
Abb. 3.7 salajean auf Shutterstock
Abb. 3.8 "Spitzbergen-1 hg" von Hannes Grobe ist lizenziert unter CC BY-SA 2.5 DEED.
Quelle: https://commons.wikimedia.org/wiki/File:Spitzbergen-1_hg.jpg.
Autor: https://commons.wikimedia.org/wiki/User:Hgrobe.
Lizenz: https://creativecommons.org/licenses/by-sa/2.5/deed.en

Kapitel 4
Wie der Klimawandel natürliche Schwefelemissionen beeinflusst und umgekehrt

Zusammenfassung Schwefeldioxid (SO_2) ist ein Treibhausgas, das den Planeten kühlt, indem es Sonnenstrahlung ins All reflektiert. Dieser Kühleffekt resultiert aus natürlichen Prozessen wie Vulkanausbrüchen und dem Schwefelkreislauf der Ozeane, bei denen Meeresorganismen wie Phytoplankton und Korallen eine entscheidende Rolle spielen. Der Klimawandel stört jedoch diese Prozesse. Steigende Meerestemperaturen und Versauerung schädigen Phytoplankton-Gemeinschaften und Korallen, was die Schwefelemissionen verringert und den Kühleffekt abschwächt. Innovationen wie die Injektion von Aerosolen in die Stratosphäre zielen darauf ab, Vulkanausbrüche nachzuahmen, indem künstlich Aerosole zur Klimakühlung verteilt werden. Obwohl vielversprechend, birgt diese Strategie ungewisse Risiken. Das Verständnis des Zusammenspiels zwischen Schwefelemissionen, marinen Ökosystemen und Klima-Interventionen verdeutlicht das komplexe Gleichgewicht natürlicher und künstlicher Prozesse bei der Abschwächung der globalen Erwärmung.

Schlüsselwörter Wissenschaft · Wissenschaftskommunikation · Klimawandel · Folgen des Klimawandels · Schwefeldioxid · Treibhausgas · Klimakühlung · Mariner Kreislauf · Klimaschutzmaßnahmen · Schwefelfluss der Ozeane · Phytoplankton · Stratosphärische Aerosolinjektion · Ozeanversauerung. Dimethylsulfid · Mikrobielle Gemeinschaft · Negative Emissionstechnologien

Neben CO_2 und Methan gibt es auch andere Treibhausgase, die nicht unterschätzt werden sollten. Eines dieser Treibhausgase ist Schwefeldioxid (SO_2). Ein wichtiger Unterschied besteht jedoch darin, dass Schwefeldioxidemissionen den gegenteiligen Effekt haben: Sie tragen zur Abkühlung unseres Planeten bei! Dies liegt daran, dass dieses Gas in der Stratosphäre mit anderen Molekülen reagiert

Würdigung: Dieses Kapitel basiert auf zwei wissenschaftlichen Artikeln von Rebecca Jackson und Samer Fawzy. (Vollständige Quellenangaben finden Sie am Ende des Kapitels)

E. van Genuchten, *Der Weg zu einem gesünderen Planeten 3*,
https://doi.org/10.1007/978-3-032-14696-0_4

Abb. 4.1 Die verschiedenen Schichten der Atmosphäre unseres Planeten

(siehe Abb. 4.1) und winzige Tröpfchen bildet, die die einfallende Sonnenstrahlung ins All reflektieren und so die Erdoberfläche kühl halten.

Schwefeldioxidemissionen entstehen auf natürliche Weise, wenn Vulkane ausbrechen. Auch unsere Ozeane sind eine wichtige Quelle und machen 80 % der weltweiten Schwefelemissionen aus. Sie tragen durch den sogenannten Schwefelfluss zu diesen Emissionen bei. Der Schwefelfluss ist der natürliche Prozess, bei dem im Ozean gespeicherter Schwefel mit der Luft ausgetauscht wird. Dies ist möglich, weil viele Meeresorganismen, darunter Phytoplankton und Korallen, Schwefel in Form einer chemischen Verbindung (Dimethylsulfoniopropionat, $C_5H_{10}O_2S$, DMSP) freisetzen, die von Mikroorganismen in eine andere chemische Verbindung umgewandelt wird (Dimethylsulfid, CH_3SCH_3, DMS). Einige dieser Moleküle werden in die Atmosphäre abgegeben, wo sie mit Sauerstoff reagieren und so zu Schwefeldioxidemissionen führen.

Dieser Schwefelfluss ist ein natürlicher Prozess, der von Umweltbedingungen beeinflusst wird. Da sich die Umweltbedingungen durch den Klimawandel verändern, wird sich auch dieser Fluss verändern. Zwei Veränderungen, die unsere Ozeane betreffen, sind steigende Temperaturen und eine höhere Wasseracidität (siehe auch Kap. 15 von Der Weg zu einem gesünderen Planeten Band 2: „Wie der Klimawandel die Biodiversität der Ozeane beeinflusst"). So wirken sich diese veränderten Umweltbedingungen auf die Schwefelemissionen aus:

4.1 Steigende Temperaturen

Die erste Art und Weise, wie Schwefelemissionen durch den Klimawandel beeinflusst werden, ist der Temperaturanstieg. Steigende Temperaturen können das Wachstum von Phytoplankton sowohl positiv als auch negativ beeinflussen. Ein Beispiel für einen *positiven* Einfluss auf Phytoplankton ist, dass höhere Temperaturen dazu führen, dass sie Sonnenlicht schneller in Energie umwandeln und dadurch schneller wachsen. Ein Beispiel für einen *negativen* Einfluss ist, dass wärmeres Wasser dazu führt, dass sich das Oberflächenwasser weniger gut mit tieferen Schichten vermischt, wodurch weniger Nährstoffe für das Phytoplankton verfügbar sind und es langsamer wächst (siehe auch Kap. 16 von Der Weg zu einem gesünderen Planeten Band 2: „Wie Wale unsere Welt verändern").

Da 25.000 verschiedene Phytoplanktonarten bekannt sind und vermutlich 100.000 verschiedene Arten existieren (siehe Abb. 4.2), kann der Effekt steigender

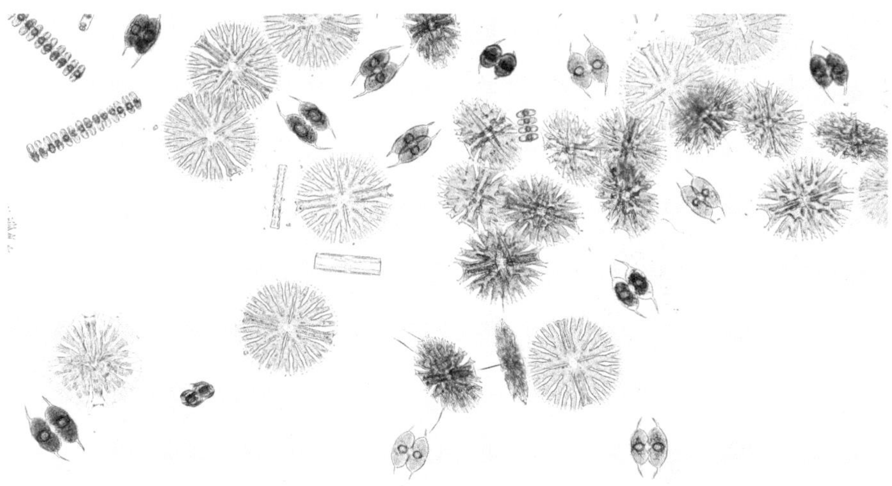

Abb. 4.2 Verschiedene Phytoplanktonarten unter dem Mikroskop

Temperaturen zwischen und innerhalb der Arten unterschiedlich ausfallen. Dies liegt daran, dass nicht nur Umweltveränderungen, sondern auch die Temperaturempfindlichkeit des Phytoplanktons eine Rolle bei der Veränderung ihrer Anzahl spielt. Da Phytoplankton zur Bildung von Schwefelverbindungen beiträgt, die in die Luft abgegeben werden können, können steigende Temperaturen die Schwefelemissionen unserer Ozeane durch veränderte Phytoplanktongemeinschaften beeinflussen.

Auch die Erwärmung der Ozeane führt dazu, dass Korallenriffe ausbleichen. Farben auf Riffen sind ein Zeichen von Lebendigkeit; das Gegenteil – das Ausbleichen der Korallen – ist ein Zeichen für sterbende Riffe. Dies liegt daran, dass das wärmere Wasser Mikroorganismen abtötet, die auf den Korallen leben und ihnen ihre Farbe verleihen. Diese Mikroorganismen leben in einer wechselseitigen Beziehung mit den Korallen, das heißt, sie profitieren voneinander. Wenn diese Mikroorganismen absterben, sterben auch die Korallen mit größerer Wahrscheinlichkeit. Da der von Korallen tolerierte Temperaturbereich sehr eng ist, haben bereits geringe Temperaturänderungen verheerende Auswirkungen. Da Korallen ebenfalls wichtige Schwefelquellen sind und die Schwefelkonzentration an Riffen bis zu doppelt so hoch ist wie im übrigen Ozean, führt das Absterben der Korallenriffe zu einer Verringerung der Schwefelemissionen und begrenzt den Kühleffekt.

4.2 Versauerung

Die zweite Art und Weise, wie Schwefelemissionen durch den Klimawandel beeinflusst werden, ist die Versauerung. Versauerung bedeutet, dass der Säuregehalt der Ozeane steigt und der pH-Wert sinkt (siehe Abb. 4.3). Dies wird dadurch verursacht, dass CO_2 aus der Atmosphäre vom Ozean aufgenommen wird und wirkt sich auf Arten aus, die auf Karbonat angewiesen sind, darunter Korallen. Wie

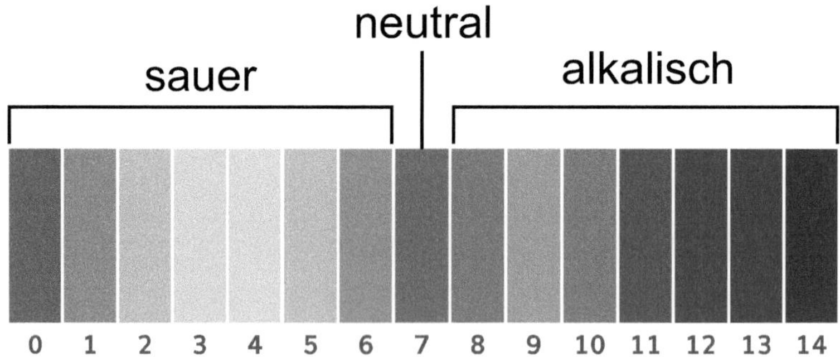

Abb. 4.3 pH-Skala

bereits erwähnt, setzen Korallen Schwefelverbindungen frei, was bedeutet, dass abnehmende Riffe infolge der Versauerung zu geringeren Schwefelemissionen führen und somit einen kleineren Kühleffekt bewirken.

Dieser Effekt ist in den Polarmeeren noch deutlicher, da kälteres Wasser mehr CO_2 aufnehmen kann als wärmeres Wasser. Hier kann die Versauerung das Wachstum von Algen und die Schwefelproduktion während der saisonalen Phytoplanktonblüte begrenzen. Da einige Gebiete in der Arktis stärker betroffen sind als andere, scheinen auch regionale Faktoren eine Rolle für die Menge der Schwefelemissionen zu spielen.

4.3 Stratosphärische Aerosolinjektion

Da Schwefelemissionen den gegenteiligen Effekt auf den Klimawandel haben wie beispielsweise CO_2- und Methanemissionen, werden Strategien erforscht, um dies zu unserem Vorteil zu nutzen. Eine dieser Strategien ist die stratosphärische Aerosolinjektion. Aerosole sind Gase, die winzige feste oder flüssige Partikel enthalten. Bekannte Beispiele sind Wolken und Nebel. Stratosphärische Aerosolinjektion bedeutet, dass Aerosole künstlich in die Stratosphäre eingebracht werden, um einen Kühleffekt zu erzielen. Die Stratosphäre ist die zweite Schicht der Atmosphäre; die erste Schicht, in der wir leben, ist die Troposphäre (siehe Abb. 4.1).

Diese Strategie ist inspiriert von einem Vulkanausbruch im Jahr 1991 auf den Philippinen. Während dieses Ausbruchs wurden viele Aerosole in die Atmosphäre freigesetzt, was dazu führte, dass die globale Temperatur um 0,4–0,5 °C (0,7–0,9 °F) sank. Wird dies jedoch künstlich durchgeführt, ist ungewiss, welche möglichen schädlichen Nebenwirkungen auftreten können. Im Video in Abb. 4.4 wird die stratosphärische Aerosolinjektion einschließlich möglicher Konsequenzen erklärt. Diese Konsequenzen verdeutlichen, warum diese Strategie nicht in großem Maßstab angewendet wird.

Abb. 4.4

4.4 Fazit

Während CO_2- und Methanemissionen eine Erwärmung bewirken, haben Schwefelemissionen den gegenteiligen Effekt: eine Abkühlung. Die aktuellen klimatischen Veränderungen führen dazu, dass sich die natürlichen Schwefelemissionen verändern, da höhere Meerwassertemperaturen und Versauerung dazu führen, dass schwefelproduzierende Organismen je nach verschiedenen Faktoren verstärkt wachsen oder absterben. Wenn sich die Veränderungen positiv auf Meeresorganismen auswirken und diese daher verstärkt wachsen, führt dies zu mehr schwefelproduzierenden Organismen, was letztlich zu mehr Schwefelemissionen und einem stärkeren Kühleffekt führt. Wenn sich die Veränderungen jedoch negativ auf Meeresorganismen auswirken und diese daher absterben, tritt der gegenteilige Effekt ein: ein geringerer Kühleffekt, der die globale Erwärmung weiter voranschreiten lässt.

Leider sind Korallenriffe eine wichtige Quelle natürlicher Schwefelemissionen, und die derzeitigen negativen Auswirkungen des Klimawandels auf Korallenriffe begrenzen diese Emissionen, sodass ein Teufelskreis in Gang gesetzt wurde. Dieser Kreislauf führt zu mehr globaler Erwärmung, was die Korallenriffe weiter beeinträchtigt und die Schwefelemissionen weiter verringert.

4.5 Wie wir handeln können

Da sich dieser Teufelskreis unkontrolliert verstärken könnte, ist es wichtig, alles in unserer Macht Stehende zu tun, um die Erwärmung und Versauerung der Ozeane durch die Reduzierung der CO_2-Emissionen zu begrenzen. Hier sind einige Ideen, was Sie und ich im Alltag tun können:

- CO_2-Emissionen begrenzen durch Nutzung erneuerbarer Energien anstelle der Verbrennung fossiler Brennstoffe
- Energieverbrauch reduzieren
- Fahrgemeinschaften bilden, anstatt mit einzelnen Autos zu fahren
- Mit dem Zug statt mit dem Auto reisen
- Einen Urlaub in der Region buchen, anstatt ans andere Ende der Welt zu fliegen
- Ein vegetarisches Restaurant besuchen, anstatt ein Steakhaus

Würdigung

Dieses Kapitel basiert auf

Schwefelemissionen:

Jackson, R., & Gabric, A. (2022). Climate change impacts on the marine cycling of biogenic sulfur: a review. *Microorganisms*, *10*(8), 1581.

Stratosphärische Aerosolinjektion:

Fawzy, S., Osman, A. I., Doran, J., & Rooney, D. W. (2020). Strategies for mitigation of climate change: a review. *Environmental Chemistry Letters*, *18*(6), 2069–2094.

Abbildungsnachweise

Abb. 4.1 Macrovector auf Shutterstock
Abb. 4.2 Ekky Ilham auf Shutterstock
Abb. 4.3 AlexVector auf Shutterstock

Kapitel 5
Klima Lösungen: Umweltbildung

Zusammenfassung Mit dem Anwachsen globaler Umweltprobleme wie dem Klimawandel wächst auch das Bewusstsein für die Notwendigkeit einer effektiven Bildung, um zum Handeln zu motivieren. Umweltbildung, die für die Gestaltung nachhaltiger Zukünfte unerlässlich ist, sieht sich Herausforderungen wie Fehlvorstellungen bei Lernenden, sich rasant entwickelnden wissenschaftlichen Erkenntnissen und der Komplexität von Lehrmethoden gegenüber. Dieses Kapitel untersucht, wie Lehrkräfte diese Herausforderungen durch drei transformative Ansätze überwinden können: die Vermittlung persönlich relevanter Informationen, die Aufklärung von Fehlvorstellungen und die aktive Einbindung der Lernenden. Es werden Strategien vorgestellt, wie die Verknüpfung von Klimathemen mit lokalen Kontexten, das Fördern von praktischem Lernen durch Experimente und Projekte sowie der Einsatz kreativer Methoden wie Kunst und Gamification. Diese Methoden verbessern nicht nur das Verständnis, sondern befähigen die Lernenden auch zum Handeln, indem sie sie dazu inspirieren, ihr Wissen über das Klassenzimmer hinaus anzuwenden und ihre Gemeinschaften positiv zu beeinflussen.

Schlüsselwörter Wissenschaft · Wissenschaftskommunikation · Klimawandel · Lösungen für den Klimawandel · Umweltbildung · Bildung für nachhaltige Entwicklung · Künstlerische Methoden · Gamifizierung · Lehrstrategien · Transformation · Jugend · Serious Game · Spielen · Sozialer Wohnungsbau · Energieeffizienz · Energiesparen

Während globale Umweltprobleme wie der Klimawandel Besorgnis über die Gesundheit unseres Planeten hervorrufen, wächst das Bewusstsein für die Notwendigkeit zu handeln, und staatliche Vorschriften werden erlassen. Gleichzeitig fühlen sich immer mehr Lehrkräfte dazu inspiriert, Umweltbildung zu einem

---

Würdigung: Dieses Kapitel basiert auf drei wissenschaftlichen Artikeln von Martha C. Monroe, Julia Bentz und Miquel Casals sowie deren Kolleginnen und Kollegen. (Vollständige Quellenangaben am Ende des Kapitels)

E. van Genuchten, *Der Weg zu einem gesünderen Planeten 3*,
https://doi.org/10.1007/978-3-032-14696-0_5

wichtigen Bestandteil von Bildungsprogrammen zu machen. Das ist eine gute Nachricht, denn wie ein niederländisches Sprichwort sagt: „Was man in der Jugend lernt, das kann man im Alter."

Beim Unterrichten von Umweltthemen stehen Lehrkräfte vor mehreren Herausforderungen. Beispielsweise fehlt vielen Schülerinnen und Schülern ein grundlegendes Verständnis und Wissen über die grundlegende Klimawissenschaft, und sie haben Fehlvorstellungen, etwa über die Ursachen des Klimawandels. Zudem werden jedes Jahr zahlreiche neue Erkenntnisse von Klimawissenschaftlerinnen und -wissenschaftlern zur Klimawandelbildung veröffentlicht: Von 2010 bis 2015 erschienen im Durchschnitt etwa 250 neue Artikel pro Jahr! Das macht es für Lehrkräfte schwierig zu entscheiden, wie sie Informationen am besten präsentieren und welche Kompetenzen sie vermitteln sollen. Sie sind sich zum Beispiel unsicher, ob sie sich nur auf theoretische Fakten konzentrieren oder die Lernenden auch in Projekte einbinden sollen. Glücklicherweise zeigen Zusammenfassungen der wissenschaftlichen Literatur zur Umweltbildung auch, wie Umweltbildung wirksam gestaltet werden kann. Das können Lehrkräfte tun:

5.1 Vermittlung persönlich relevanter Informationen

Die erste Initiative, die Lehrkräfte ergreifen können, um Umweltbildung wirksam zu gestalten, ist die Vermittlung persönlich relevanter Informationen. Für viele ist der Klimawandel eine entfernte, globale und schwer fassbare Bedrohung. Indem Informationen persönlich relevant gemacht werden, können Lernende einen Bezug dazu herstellen und sie als nützlich empfinden. Dies ist hilfreicher, als Lernenden lediglich einen allgemeinen historischen oder weltweiten Kontext zu vermitteln. So kann beispielsweise Klimawandelwissen in eine Unterrichtseinheit zum Thema Wasser eingebettet werden: Das Bewusstsein für die Bedeutung von sauberem Wasser ist ein guter Ausgangspunkt, um die Auswirkungen des Klimawandels auf die heutige Wasserverfügbarkeit zu vermitteln.

Auch das Ansprechen von Klimawandelproblemen, die für die geografische Region der Schülerinnen und Schüler relevant sind oder auf Ressourcenmangel in dieser Region eingehen, weckt deren Interesse und Motivation für das Thema (siehe Abb. 5.1). So können Lernende beispielsweise Wissenschaftlerinnen und Wissenschaftler in einem nahegelegenen Labor besuchen, um Wetter und Klima am lokalen Berg zu erforschen und Daten zu sammeln.

Es ist jedoch wichtig zu beachten, dass es nicht ausreicht, nur die Auswirkungen des Klimawandels auf Menschen zu vermitteln. Vielmehr sollte das Thema an die Probleme der Lernenden angepasst werden, etwa indem Schülerinnen und Schüler in Kalifornien über die Gefahr steigender Meeresspiegel und Waldbrände in ihrer Region unterrichtet werden.

Abb. 5.1 Das Ansprechen von für die Lernenden relevanten Klimawandelproblemen weckt ihr Interesse und ihre Motivation

5.2 Fehlvorstellungen aufklären

Die zweite Initiative, die Lehrkräfte ergreifen können, um Umweltbildung wirksam zu gestalten, ist das Aufklären von Fehlvorstellungen – besonders wichtig, wenn das Thema kontrovers ist. Es gibt viele Fehlvorstellungen zu Umweltthemen, insbesondere zum Klimawandel und zur Rolle des Menschen dabei. So glauben beispielsweise viele Menschen aller Altersgruppen fälschlicherweise, dass Ozonlöcher zum Klimawandel beitragen, anstatt zu erkennen, dass menschliche Emissionen von Kohlendioxid den Klimawandel verursachen. Diese Fehlvorstellung kann zum Beispiel durch Laborversuche ausgeräumt werden, die die wärmespeichernden Eigenschaften von Kohlendioxid nachweisen. Die Betrachtung der Versuchsergebnisse hilft, die Rolle von Kohlendioxid in der Atmosphäre besser zu verstehen.

Beim Erstellen von Inhalten zur Aufklärung von Fehlvorstellungen ist es wichtig, das Vorwissen der Lernenden zu verstehen. Nachdem dies geklärt ist, sollten komplexe Prozesse auf leicht verständliche Schritte ohne komplizierte Fachbegriffe reduziert werden. Wo es sinnvoll ist, können viele Schritte auf die wichtigsten Ideen reduziert werden, die notwendig sind, um die Fehlvorstellung aufzulösen und ein neues Verständnis aufzubauen.

5.3 Lernende aktiv einbinden

Die dritte Initiative, die Lehrkräfte ergreifen können, um Umweltbildung wirksam zu gestalten, ist die aktive Einbindung der Lernenden, denn Interaktion der Lernenden untereinander oder mit der Lehrkraft ist für den Lernerfolg förderlich. Dies wird durch die allgemein gültige Lernpyramide gestützt, die zeigt, dass sich Lernende weniger merken, wenn sie passiv lernen, als wenn sie aktiv lernen (siehe Abb. 5.2). So lernen Schülerinnen und Schüler, die im Unterricht präsentierte Materialien hören und dabei aktiv Fragen stellen und diskutieren, mehr als solche, die nur zuhören.

Aktivierende Methoden sind besonders hilfreich, wenn kontroverse Themen wie der Klimawandel behandelt werden:

- Respektvolle *deliberative Diskussionen* helfen Lernenden, ihre eigenen und die Perspektiven anderer besser zu verstehen, wenn sie Standpunkte und Interessen zum kontroversen Thema austauschen. In einer deliberativen Diskussion sprechen die Teilnehmenden über die Kosten und Konsequenzen verschiedener Lösungen für ein öffentliches Problem und wägen diese ab. Auch das Äußern und Besprechen unterschiedlicher Ideen sowie deren kritischer und objektiver Vergleich hilft den Lernenden, Wissenslücken zu erkennen und zu schließen. So können sie persönliche Überzeugungen in begründete Ansichten umwandeln.
- *Die Interaktion mit Wissenschaft und Wissenschaftlerinnen und Wissenschaftlern* weckt das Interesse der Lernenden an Naturwissenschaften. Schülerinnen und Schüler können zum Beispiel ein Labor besuchen, an Diskussionen teilnehmen, Daten aus verschiedenen Quellen sammeln und Hypothesen austauschen. Eine Hypothese ist eine Aussage, die mit wissenschaftlichen Methoden überprüft wird. Diese aktivierenden Methoden helfen den Lernenden, Klimawandelkonzepte leichter zu verstehen. So konnten Schülerinnen und

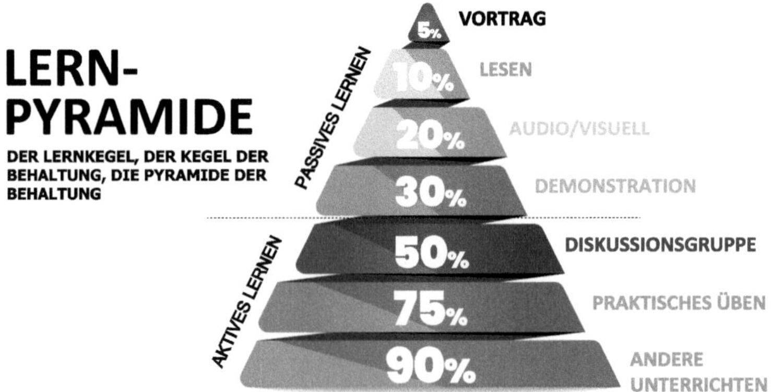

Abb. 5.2 Die Lernpyramide zeigt, dass sich Lernende nach aktivem Lernen mehr merken als nach passivem Lernen

Fig. 5.3 Wenn Lernende an Schul- oder Gemeindeprojekten teilnehmen, lernen und wenden sie Wissen in einem Kontext außerhalb des Klassenzimmers an

Schüler, die sich mit Schneebedeckung und Entwaldung in bestimmten Gebieten beschäftigten, den globalen Wandel selbst beobachten – auch Veränderungen, die dem menschlichen Auge aufgrund langer Zeiträume verborgen bleiben. Ein weiterer Vorteil der Interaktion mit Wissenschaft und Wissenschaftlerinnen und Wissenschaftlern ist, dass Lehrkräfte mehr Sicherheit darin gewinnen, die Erkundung durch die Lernenden zu unterstützen.

- Wenn Lernende *an Schul- oder Gemeindeprojekten teilnehmen*, lernen und wenden sie Wissen in einem Kontext außerhalb des Klassenzimmers an, was ihnen hilft, mehr zu behalten (siehe Abb. 5.3). Außerdem ist es wahrscheinlicher, dass sie ihr Wissen über das Klassenzimmer hinaus weitergeben, etwa an ihre Eltern, und andere dazu inspirieren, ebenfalls umweltfreundlicher zu handeln. So gaben Schülerinnen und Schüler, die gelernt hatten, den Energieverbrauch in ihren Schulen zu senken, dieses Wissen auch an ihre Eltern weiter. Oder das Pflanzen von Bäumen, während sie lernten, wie wichtig Bäume sind, veränderte die Vorstellungen der Lernenden über den Klimawandel und stärkte sie.

Auch Interaktion und Engagement spielen bei verschiedenen Unterrichtsmethoden eine wichtige Rolle:

- **Forschendes Lernen** Forschende Lernaktivitäten helfen den Lernenden, eigenes Wissen zu entwickeln, dieses besser zu verstehen und zu integrieren, sodass sie eigene Schlussfolgerungen ziehen können (siehe Abb. 5.4).
- **Rollenspiele und Simulationen** Rollenspiele und Simulationen helfen den Lernenden, andere Perspektiven zu verstehen, zeigen, was in der Zukunft passieren könnte, und machen das Lernen interessanter und unterhaltsamer.

Fig. 5.4 Forschende Lernaktivitäten helfen den Lernenden, eigenes Wissen zu entwickeln

- **Diskussionen mit Arbeitsblättern** Diskussionen mit Arbeitsblättern verbessern das konzeptuelle Verständnis und das umweltfreundliche Verhalten, da Lernende, die beim gemeinsamen Arbeiten Ideen und Beobachtungen austauschen, zu neuen Erkenntnissen gelangen.
- **Musik und Grafiken** Musik und Grafiken verbessern das Wissen der Lernenden über Klimawissenschaft und die meisten umweltfreundlichen Verhaltensweisen.
- **Kunst** Kunst hilft den Lernenden, Inhalte auszudrücken und Diskussionen zu beginnen, um ihre Gedanken und Gefühle über das Gelernte zu teilen. Dies fördert die Entwicklung kreativer und kritischer Denkfähigkeiten. Diese Methode wird in Abschn. 5.3.1 näher erläutert.
- **Gamification** Gamification fördert die intrinsische Motivation, stärkt das Selbstvertrauen und die soziale Bindung, regt die Kreativität an und erleichtert umweltfreundliches Verhalten. Diese Methode wird in Abschn. 5.3.2 näher erläutert.

5.3.1 Kunst

Eine Unterrichtsmethode, bei der Interaktion und Engagement eine wichtige Rolle spielen, ist der Einsatz von Kunst. Kunst ist eine kraftvolle Form der Kommunikation, um Kindern zu helfen, komplexe Themen wie den Klimawandel besser zu verstehen (siehe Abb. 5.5). Klimawandel *im, mit* und *durch* Kunst zu unterrichten, ist ein wirkungsvolles Werkzeug für Lehrkräfte, um Kindern dieses globale Thema

Abb. 5.5 Kunst ist ein Weg, Kindern den Klimawandel zu vermitteln

näherzubringen, ihnen Lösungen aufzuzeigen und ihnen Ausdrucksmöglichkeiten zu geben. So funktioniert es:

- ***Unterrichten im Kunstunterricht*** Klimawandel *im* Kunstunterricht zu behandeln bedeutet, dass das Thema Klimawandel im Kunstunterricht vermittelt wird. Kunst dient hier dazu, Kindern den Klimawandel näherzubringen, Grundkonzepte zu erklären und ihnen zu helfen, mehr über das Thema zu erfahren. Kreative Medien wie Comics, Infografiken, Dokumentarfilme und andere Kunstwerke können genutzt werden, um Lernenden verschiedene Perspektiven zu eröffnen. Da Kunst unterschiedliche Zielgruppen anspricht, können Lehrkräfte verschiedene Lernstile unterstützen und Kindern helfen, die vielfältigen Probleme des Klimawandels besser zu verstehen.
- ***Unterrichten mit Kunst*** Beim Unterrichten *mit* Kunst nutzen Kinder Kunst, um Inhalte auszudrücken und Diskussionen zu beginnen, in denen sie ihre Gedanken und Gefühle zu dem, was sie gelernt haben, teilen. Dies fördert die Entwicklung kreativer und kritischer Denkfähigkeiten (siehe Abb. 5.6). Es ist eine sinnvolle Ergänzung zum Unterrichten *im* Kunstunterricht, da die Kinder nicht nur zuhören, sondern auch mit den Lerninhalten interagieren, zum Beispiel in Kunst-und-Wissenschafts-Laboren. In solchen Laboren können sie Konzepte für ihr finales Kunstwerk entwickeln. Dies führt zu einem tieferen Verständnis,

Abb. 5.6 Beim künstlerischen Gestalten hören Kinder nicht nur zu, sondern setzen sich auch aktiv mit den Lerninhalten auseinander

sodass sie Lösungen entwickeln und über das Klassenzimmer hinaus aktiv werden können.

- ***Unterrichten durch Kunst*** Beim Unterrichten *durch* Kunst teilen Kinder ihre Kunstwerke, um für die Betrachter ein Erlebnis zu schaffen. Manche Lernende präsentieren beispielsweise ein Gemälde, andere führen ein Theaterstück auf, um die Zuschauer dazu anzuregen, ihr Wissen über den Klimawandel zu hinterfragen. So können Lernende aus ihrer Perspektive eine Geschichte über den Klimawandel erzählen und Ideen teilen, die einen positiven Unterschied machen können.

5.3.2 Gamification

Eine weitere Unterrichtsmethode, bei der Interaktion und Engagement eine wichtige Rolle spielen, ist die Gamification. Gamification bezeichnet den Einsatz von Spielen in einem Nicht-Spiel-Kontext. Durch Gamification, einschließlich Wettbewerb, können Lehrkräfte und Lernende motiviert werden. So kann diese Methode beispielsweise genutzt werden, um Kinder dazu zu inspirieren, Wege zu finden, im Alltag Energie zu sparen und diese auch umzusetzen. Deshalb macht die Teilnahme an einem fairen und ethischen Wettbewerb energiesparendes Verhalten lohnender:

Fig. 5.7 Die Teilnahme an einem Wettbewerb macht Spaß

- ***Auslösen intrinsischer Motivation*** Ein Wettbewerb löst intrinsische Motivation aus. Intrinsische Motivation ist eine Motivation, die von innen heraus entsteht, zum Beispiel weil etwas Spaß macht (siehe Abb. 5.7). Im Gegensatz dazu steht die extrinsische Motivation, die etwa durch äußere Belohnungen oder Druck entsteht. Solche intrinsische Motivation kann ausgelöst werden, wenn Lernende, die solche Bildungsspiele spielen, die Lerninhalte interessant und nützlich finden, weil sie merken, dass sie etwas Neues lernen. Sie kann auch entstehen, wenn Lernende begeistert sind, besser abzuschneiden als Schüler anderer Schulen.
- ***Stärkung des Selbstvertrauens*** Ein Wettbewerb stärkt das Selbstvertrauen. Lernende, die erfahren, dass sie an einem solchen Wettbewerb teilnehmen, sind zunächst vielleicht zurückhaltend, wenn sie die Aktivität als schwierig oder ehrgeizig empfinden. Doch wenn sie das Spiel kennenlernen und merken, dass die Aktivitäten auch kleine Schritte sein können, gewinnen sie an Selbstvertrauen. Teil einer Gemeinschaft zu sein, motiviert zusätzlich, sich anzustrengen.
- ***Stärkung des sozialen Zusammenhalts*** Ein Wettbewerb stärkt den sozialen Zusammenhalt. Gemeinsam an einem Wettbewerb teilzunehmen, verbessert die Beziehungen zu den Mitschülerinnen und Mitschülern (siehe Abb. 5.8). Auch der Teamgeist in der Klasse wird gestärkt, da die Lernenden erkennen, dass ihre Arbeit auch für die Arbeit anderer Gruppen relevant ist und sie sich als Teil einer Gemeinschaft wahrnehmen.
- ***Förderung von Kreativität*** Ein Wettbewerb fördert Kreativität. So hatten beispielsweise Schülerinnen und Schüler einer Schule in Italien die Idee, unnötige Lichter auszuschalten, und stellten fest, dass dadurch täglich 21 kWh eingespart werden. Mit diesem Wissen entwickelten sie weitere Ideen, etwa Schilder

Fig. 5.8 Die Teilnahme an einem Wettbewerb stärkt den Teamgeist in der Klasse

anzubringen, um andere zum Ausschalten der Lichter zu motivieren. Sie konnten das Gelernte auch auf andere Kontexte übertragen, indem sie beispielsweise ein Poster gestalteten, das daran erinnert, Computer und Beamer nach Gebrauch auszuschalten. Sie produzierten sogar ein Video mit einfachen Tipps zum Energiesparen und zur Verringerung der Umweltverschmutzung.

- ***Energiesparendes Verhalten erleichtern*** Ein Wettbewerb erleichtert die Umsetzung von Lösungen. Manche Lösungen sind schwer umzusetzen, weil sie zunächst viel Geld kosten, wie etwa die Verbesserung der Dämmung oder der Austausch von Beleuchtung. Durch das Entwickeln anderer Ideen können Lösungen vorgeschlagen werden, die einfach umzusetzen sind.

5.4 Fazit

Da globale Umweltprobleme wie der Klimawandel Besorgnis um die Gesundheit unseres Planeten hervorrufen, ist Bewusstseinsbildung durch effektive Bildung unerlässlich. Effektive Bildung bedeutet, persönlich relevante Informationen zu vermitteln, Missverständnisse aufzuklären und Lernende durch Aktivitäten wie Exkursionen, Debatten, Projekte und den Austausch mit Wissenschaft und Wissenschaftlerinnen und Wissenschaftlern einzubinden. Die aktive Beteiligung der Lernenden ist wichtig, denn sie behalten deutlich mehr, wenn sie aktiv lernen, als wenn sie passiv lernen.

Lernende können auf verschiedene Weise aktiv eingebunden werden. Ein Beispiel ist der Einsatz von Kunst. Kunst kann genutzt werden, um Kindern im Kunstunterricht den Klimawandel und verwandte Themen zu vermitteln. Wenn Kinder in diesen Stunden auch selbst Kunstwerke schaffen, entwickeln sie ein tieferes Verständnis. Und wenn sie ihre Kunstwerke anschließend mit anderen teilen, können sie auch für andere einen positiven Unterschied machen.

Ein weiteres Beispiel ist Gamification. Die Teilnahme an einem Wettbewerb macht umweltfreundliches Verhalten lohnender, da sie intrinsische Motivation und Kreativität fördert, das Selbstvertrauen und den sozialen Zusammenhalt stärkt und energiesparendes Verhalten erleichtert.

5.4.1 Wie wir aktiv werden können

Da Bildung wichtig ist, um Kinder frühzeitig über Umweltthemen und Möglichkeiten zum Umweltschutz aufzuklären, hier einige Beispiele, was Sie und ich tun können, um die Umweltbildung zu verbessern:

- Schulen unterstützen, indem man spannende Aktivitäten wie Exkursionen organisiert
- Spannende Aktivitäten auch nach dem Unterricht organisieren
- Schulen unterstützen, indem man Kontakte zu Wissenschaftlerinnen, Wissenschaftlern und anderen herstellt, die spannende Aktivitäten anbieten können
- Umweltfreundliche Aktionen auch zu Hause spielerisch gestalten
- Sich um einen Schulgarten kümmern
- Das eigene Wissen in Schulklassen mit spannenden Aktivitäten teilen
- Ein gutes Vorbild für die eigenen und andere Kinder sein, indem man umweltfreundliche Entscheidungen trifft

Würdigung

Dieses Kapitel basiert auf

Effektiver Unterricht:

Monroe, M. C., Plate, R. R., Oxarart, A., Bowers, A. & Chaves, W. A. (2019). Identifying effective climate change education strategies: A systematic review of the research. *Environmental Education Research*, *25*(6), 791–812.

Kunst:

Bentz, J. (2020). Learning about climate change in, with and through art. *Climactic Change*, *162*, 1595–1612.

Gamification:

Casals, M., Gangolells, M., Macarulla, M., Forcada, N., Fuertes, A. & Jones, R. V. (2020). Assessing the effectiveness of gamification in reducing domestic energy consumption: Lessons learned from the EnerGAware project. *Energy and Buildings*, *210*, 109,753.

Abbildungsnachweise

Abb. 5.1 nassoomz1 auf Pixabay
Abb. 5.2 Wal Design auf Shutterstock
Abb. 5.3 Rawpixel.com auf Shutterstock
Abb. 5.4 Photodiem auf Shutterstock
Abb. 5.5 Benjavisa Ruangvaree Art auf Shutterstock
Abb. 5.6 Yarkovoy auf Shutterstock
Abb. 5.7 Syda Productions auf Shutterstock
Abb. 5.8 New Africa auf Shutterstock

Kapitel 6
Klima-Lösungen: Erneuerbare Energien

Zusammenfassung Erneuerbare Energien sind eine entscheidende Lösung zur Reduzierung der CO_2-Emissionen und zur Bekämpfung des Klimawandels, da sie auf natürlich nachwachsende Quellen wie Sonnen-, Wind- und Wellenenergie zurückgreifen. Dieses Kapitel befasst sich mit den Mechanismen und Fortschritten der Solarenergie, von kristallinen Solarzellen der ersten Generation bis hin zu innovativen Technologien der dritten und vierten Generation, die auf Effizienzsteigerung abzielen. Es beleuchtet zudem das enorme Potenzial der Wellenenergie, hebt deren Zuverlässigkeit und weltweite Verfügbarkeit hervor, trotz der bestehenden Herausforderungen. Darüber hinaus betont das Kapitel die Bedeutung von Energiespeicherlösungen, um das Gleichgewicht zwischen Angebot und Nachfrage erneuerbarer Energien herzustellen. Verschiedene Speichertechnologien, wie mechanische, elektrische und elektrochemische Systeme, werden untersucht und bieten vielversprechende Optionen für eine nachhaltige Energiezukunft. Diese Betrachtung soll zu Maßnahmen für die Nutzung sauberer, erneuerbarer Energien anregen.

Schlüsselwörter Wissenschaft · Wissenschaftskommunikation · Klimawandel · Lösungen für den Klimawandel · Erneuerbare Energien · Energiespeicherung · Solarenergietechnologie · Wellenenergietechnologie · Solarenergie · Ozeanische Wellenenergie · Dekarbonisierung · Solar-Photovoltaik · Farbstoffsolarzellen · Quantenpunkt-Solarzellen · Tandem-Solarzellen · Hybride Perowskit-Solarzelle · Wellenenergiewandler · Wellenenergiegerät · Intermittierende Energiequellen · Direktantrieb · Lineargenerator

Eine weitere wichtige Lösung, die derzeit häufig diskutiert wird – auch in den Nachrichten –, ist die Nutzung erneuerbarer Energiequellen. Erneuerbar bedeutet, dass diese Quelle sich im Vergleich zu fossilen Brennstoffen, die Millionen von

Würdigung: Dieses Kapitel basiert auf fünf wissenschaftlichen Artikeln von Mugdha V. Dambhare, Fatima Rehman, Omar Farrok, Wei He und Henok Ayele Behabtu sowie deren Kolleginnen und Kollegen. (Vollständige Zitationen am Ende des Kapitels verfügbar)

E. van Genuchten, *Der Weg zu einem gesünderen Planeten 3*,
https://doi.org/10.1007/978-3-032-14696-0_6

Jahren benötigen, innerhalb relativ kurzer Zeit auf natürliche Weise erneuert. Diese erneuerbaren Energiequellen ersetzen Energiequellen wie fossile Brennstoffe aufgrund der erhöhten CO_2-Konzentration in der Atmosphäre. Welche erneuerbaren Energiequellen genutzt werden können und sinnvoll sind, hängt von der geografischen Region ab. Die derzeit am weitesten verbreiteten sind Solar-, Wind-, Wasserkraft- und Geothermieenergie. Es gibt jedoch noch weitere, darunter Energie aus Meereswellen. Hier sind Beispiele für erneuerbare Energiequellen und wie sie in Strom umgewandelt werden können:

6.1 Solarenergie

Eine wichtige erneuerbare Energiequelle ist die Solarenergie. Sie ist wertvoll, weil wir große Energiemengen erhalten, sie kostenlos ist und kein CO_2 ausstößt. Und obwohl sie eine großartige Alternative darstellt, wird nur ein sehr kleiner Teil der verfügbaren Energie genutzt.

Um Sonnenlicht in Strom umzuwandeln, wurde die Photovoltaik-Technologie entwickelt. Diese Technologie basiert auf dem photoelektrischen Effekt (siehe Abb. 6.1). Dieser Effekt bedeutet, dass Photonen aus dem Sonnenlicht von Elektronen absorbiert werden können, die dadurch freigesetzt werden und Teil eines elektrischen Stroms werden. Ein Photon ist ein winziges Energiepaket im Licht und ein Elektron ist ein Teilchen in einem Atom, das sich um das Zentrum

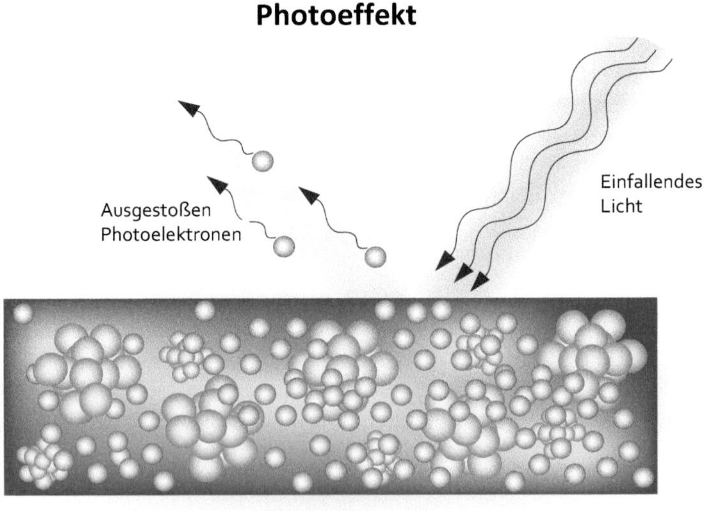

Abb. 6.1 Elektronen werden durch Photonen im Sonnenlicht freigesetzt

Abb. 6.2

dieses Atoms bewegt. Wenn Elektronen zu einem anderen Atom wandern, transportieren sie elektrische Energie.

Im Video in Abb. 6.2 wird erklärt, wie dieser Effekt in einer Solarzelle genutzt wird (von 2:42 bis 6:41).

Dieser photoelektrische Effekt wurde genutzt, um verschiedene Solartechnologien zu entwickeln. So funktionieren verschiedene Generationen von Solartechnologien und werden immer effizienter; Effizienter bedeutet in diesem Zusammenhang, dass mit der gleichen Menge Sonnenlicht mehr Strom erzeugt werden kann:

6.1.1 Solarzellentechnologien der ersten Generation

Die erste Generation der Solartechnologie sind kristalline Solarzellen, die aus reinen Siliziumkristallen bestehen und mit einem Marktanteil von 80 % derzeit die am häufigsten eingesetzte Technologie sind. Es gibt zwei Typen kristalliner Solarzellen: mono- und polykristalline Solarzellen. Bei monokristallinen Solarzellen ist die Kristallreinheit der Zellen höher als bei polykristallinen Solarzellen. Das macht monokristalline Solarzellen teurer, aber auch effizienter. Ihr Wirkungsgrad liegt knapp über bzw. unter 20 %. Im Video in Abb. 6.3 werden die Unterschiede zwischen beiden Typen erklärt.

Abb. 6.3

6.1.2 *Solarzellentechnologien der zweiten Generation*

Da die Gewinnung von reinem Silizium aufwendig und teuer ist, verwendet die zweite Generation von Solarzellentechnologien stattdessen eine sehr dünne Schicht (1 µm oder 39,4 µin) Silizium. Deshalb wird sie auch Dünnschicht-Solarzellentechnologie genannt. Ein großer Vorteil ist, dass für die Herstellung von Dünnschicht-Solarzellen deutlich weniger Energie benötigt wird als für Zellen der ersten Generation, sodass sich die energetische Amortisationszeit erheblich verkürzt.

Ein Beispiel für eine Solarzelle, die Dünnschichttechnologie nutzt, ist die Kupfer-Indium-Gallium-Diselenid-(CIGS)-Solarzelle. Diese Dünnschicht-Solarzelle wird hergestellt, indem eine dünne Schicht aus Kupfer, Indium, Gallium und Selen auf Glas oder Kunststoff aufgebracht wird, mit vorder- und rückseitigen Elektroden zur Stromabnahme. Der Wirkungsgrad beträgt 20,8 %. Diese Technologie wird im Video in Abb. 6.4 erläutert.

Ein weiteres Beispiel ist die Cadmium-Tellurid-Solarzellentechnologie, die einen Wirkungsgrad von 21 % erreicht. Im Video in Abb. 6.5 wird diese Technologie einschließlich ihrer Vor- und Nachteile ausführlicher erklärt.

Abb. 6.4

Abb. 6.5

6.1.3 Solarzellentechnologien der dritten Generation

Da der Wirkungsgrad der Technologien der ersten und zweiten Generation bei etwa 20 % liegt, mit einem theoretischen Maximum zwischen 31 und 41 %, konzentriert sich die dritte Generation darauf, den Wirkungsgrad durch die Absorption von mehr einfallenden Photonen zu erhöhen.

Ein Beispiel für Solarzellen mit höherem Wirkungsgrad sind Mehrfachsolarzellen oder Tandemsolarzellen. Sie nutzen mehrere Schichten mit unterschiedlichen Eigenschaften, die verschiedene Teile des Lichtspektrums absorbieren können. Mit diesen Zellen wird der Wirkungsgrad auf 26 % gesteigert, mit einem theoretischen Limit von 86,8 %. Im Video in Abb. 6.6 wird erklärt, wie die Kombination von Schichten funktioniert.

Ein weiteres Beispiel sind Farbstoffsolarzellen (DSSC). Die Funktionsweise dieser Zellen ist vom Photosyntheseprozess in Pflanzen inspiriert. Durch die Integration verschiedener Farbstoffe in eine Zelle können Photonen aus einem breiteren Sonnenspektrum zur Stromerzeugung genutzt werden. Im Video in Abb. 6.7 wird erklärt, wie diese Zellen funktionieren.

Ein drittes Beispiel sind Perowskit-Solarzellen. Diese Zellen verwenden ein Material namens Perowskit anstelle von Silizium. Der Vorteil dieses Materials

Abb. 6.6

Abb. 6.7

Abb. 6.8

Abb. 6.9

besteht darin, dass es so angepasst werden kann, dass verschiedene Teile des Sonnenspektrums absorbiert werden. Durch die Kombination verschiedener Varianten dieses Materials in unterschiedlichen Schichten kann mehr Licht absorbiert werden. Im Video in Abb. 6.8 werden Perowskit-Solarzellen ausführlicher erklärt (von 6:42 bis 12:50).

Ein viertes Beispiel sind Quantenpunkt-Solarzellen (QDSC). Diese Zellen bestehen aus winzigen Partikeln von nur wenigen Nanometern Größe, die Photonen absorbieren können. Da diese Partikel unterschiedliche Eigenschaften wie Größe, Form und Material aufweisen können, sind sie in der Lage, ein breites Sonnenspektrum zu absorbieren und einen theoretischen Wirkungsgrad von 44 % zu erreichen. Im Video in Abb. 6.9 erläutern Forschende, woran sie forschen und welche Vorteile diese Technologie bietet.

6.1.4 Solarzellentechnologien der vierten Generation

Die Technologie der vierten Generation vereint alle Vorteile der ersten drei Generationen. Das bedeutet, dass bestehende Technologien verbessert werden, was häufig zu Hybridsystemen führt, die Materialien kombinieren, um beispielsweise den Wirkungsgrad zu erhöhen. Sie sind günstiger, flexibel und sehr stabil.

Ein Beispiel für eine neue Technologie der vierten Generation sind Solarzellen auf Basis zweidimensionaler Materialien. Diese Zellen lassen sich sehr gut biegen, was ihren Einsatz in verschiedensten Alltagssituationen ermöglicht, etwa auf Kleidung oder auf Autodächern.

6.2 Wellenenergie

Eine weitere wichtige erneuerbare Energiequelle ist die Wellenenergie. Energie aus Meereswellen wird erzeugt, indem zunächst die unregelmäßige mechanische Energie des strömenden Wassers mittels elektromagnetischer Induktion in eine regelmäßige Bewegung umgewandelt wird. Diese Bewegung kann linear oder rotierend sein, je nachdem, ob es sich um Wellen- oder Gezeitenenergie handelt (siehe Abb. 6.10).

Diese regelmäßige Bewegung kann zur Stromerzeugung genutzt werden und bietet viele Vorteile, auch wenn zahlreiche Herausforderungen zu berücksichtigen sind. Deshalb ist die Energie aus Meereswellen eine hervorragende erneuerbare Energiequelle:

6.2.1 Zuverlässigkeit

Der erste Grund, warum Wellenenergie eine hervorragende erneuerbare Energiequelle ist, liegt in der Zuverlässigkeit der Energiegewinnung aus Meereswellen. Sie

Abb. 6.10 Strom kann durch Wellenbewegungen (linear; links) und Gezeitenbewegungen (rotierend; rechts) erzeugt werden

Abb. 6.11 Die Stromgeneratoren können direkt an das Stromnetz angeschlossen werden, ohne dass eine Energiespeicherung erforderlich ist

wird zu 90 % der Zeit erzeugt, Tag und Nacht, an jedem Tag. Das bedeutet, dass neun von zehn Wellen stark genug sind, um Energie zu erzeugen. Nur gelegentlich sind die Wellen nicht kräftig genug, um die Turbinen anzutreiben. Das ist vergleichbar mit Windkraftanlagen: Manchmal ist der Wind nicht stark genug, um die Rotorblätter zu drehen. Wie beim Wind variiert auch die Gezeitenstärke.

Da die Energie aus Meereswellen so zuverlässig ist, wird kein Energiespeichersystem wie eine Batterie benötigt (siehe Abb. 6.11). Viele andere erneuerbare Energiequellen, wie Solar- und Windenergie, benötigen solche Speicher, da sie nur zu bestimmten Zeiten oder unter bestimmten Bedingungen verfügbar sind. Die Speicherung von Energie ermöglicht es, auch dann Strom bereitzustellen, wenn kein Wind weht oder keine Sonne scheint.

6.2.2 Verfügbarkeit

Der zweite Grund, warum Wellenenergie eine hervorragende erneuerbare Energiequelle ist, liegt in ihrer weiten Verfügbarkeit. Das unterscheidet sie von geothermischen und Wasserkraftquellen, die nur an bestimmten Standorten verfügbar sind: Geothermie benötigt unterirdische Wärmetaschen und Wasserkraft ist auf Flüsse angewiesen. Schätzungen zufolge können Wellen weltweit zwischen 8000 und 80.000 Terawattstunden Strom pro Jahr erzeugen, abhängig von den Wellenbedingungen und dem Wetter. Das entspricht einem großen Teil oder sogar mehr als dem weltweiten Energieverbrauch. Zum Vergleich: Der weltweite Stromverbrauch lag 2019 bei etwa 24.000 Terawattstunden.

6.2.3 Anwendbarkeit

Der dritte Grund, warum Wellenenergie eine hervorragende erneuerbare Energiequelle ist, besteht darin, dass sie in unterschiedlichen Umgebungen erzeugt werden kann. Da sich Wellen in Küstennähe anders verhalten als weiter draußen, werden offshore und in Küstennähe unterschiedliche Technologien eingesetzt.

Offshore sind die Wellen stärker, da sie noch nicht an der Küste gebrochen sind. Weiter entfernt von der Küste kann daher ein großer Pfahl mit einem Schwimmer eingesetzt werden. Dieser Schwimmer hebt und senkt sich mit den Wellen (siehe Abb. 6.12). Ein anderes Design ähnelt aufgeblasenen Würsten, die auf der Oberfläche schwimmen, wobei ein beweglicher Teil unter Wasser zur Energieerzeugung beiträgt (siehe linken Teil von Abb. 6.1).

In Küstennähe konzentriert sich die Wellenenergie direkt unter der Oberfläche. Die Art des eingesetzten Wellenenergiegenerators hängt vom Standort ab. Wenn

Abb. 6.12 *Technologie zur Stromerzeugung offshore*

der Meeresboden ansteigt, ist eine schwere rotierende Turbine oft am besten geeignet (siehe Abbildung in der Einleitung). Am Fuß einer Felsklippe eignet sich ein Austernschalen-Design mit großen, flachen Blättern, die sich hin und her bewegen, besonders gut.

6.2.4 Herausforderungen

Obwohl die Wellenenergie viele Vorteile bietet, müssen auch zahlreiche Herausforderungen berücksichtigt werden. Da viele Projekte in der Vergangenheit die vielfältigen Herausforderungen nicht bewältigen konnten, ist die Wellenenergie (noch) nicht unsere wichtigste erneuerbare Energiequelle. Zu den Herausforderungen zählen:

- technologische Herausforderungen, darunter die Funktionsfähigkeit bei unterschiedlichen Wetterbedingungen und eine geeignete Infrastruktur zur Anbindung der Anlagen an das Stromnetz
- ökologische Herausforderungen, darunter Naturgefahren wie Stürme sowie der Schutz von Korallenriffen und Meereslebewesen
- politische Herausforderungen, wie die staatliche Unterstützung von Forschung und Entwicklung sowie die politische Stabilität, die für wirksame Maßnahmen und Investitionen erforderlich ist
- gesellschaftliche Herausforderungen, wie die Beeinträchtigung von Tourismus und Schifffahrtsrouten
- rechtliche Herausforderungen, wie der bürokratische Aufwand bei der Einführung von Vorschriften und Einschränkungen durch militärische Sperrzonen
- wirtschaftliche Herausforderungen, wie die Gesamtkosten für die Energieerzeugung während des Lebenszyklus einer Anlage

Die gute Nachricht: Mehrere neue Projekte sind im Gange, um diese Probleme anzugehen. Mindestens ein Projekt scheint diese Herausforderungen erfolgreich zu bewältigen und steht kurz vor der großflächigen Umsetzung. Es handelt sich um das Eco Wave Power Project, das Schwimmkörper einsetzt, wie im Video in Abb. 6.13 und 6.14 gezeigt.

Abb. 6.13

Abb. 6.14 Eco Wave Power Schwimmkörper

6.3 Speicherung erneuerbarer Energie

Um den Übergang zu erneuerbaren Energiequellen erfolgreicher zu gestalten, ist neben der Erzeugung auch die Speicherung erneuerbarer Energie von Bedeutung. Dies ist wichtig, weil erneuerbare Energiequellen wie Solar- und Windenergie unvorhersehbar sein können: Die erzeugte Strommenge ist nicht immer konstant, da die Sonne nicht immer scheint und der Wind nicht immer gleich stark weht. Um Angebot und Nachfrage im Stromnetz auszugleichen, ist die Energiespeicherung unerlässlich. Wird mehr Strom erzeugt als benötigt, kann dieser gespeichert werden; wird mehr Energie benötigt als erzeugt, kann gespeicherte Energie genutzt werden.

Die erste Technologie, die einem in den Sinn kommt, sind Batterien. Sie können tatsächlich eingesetzt werden, aber es gibt noch viele weitere Möglichkeiten. So kann überschüssige Energie aus erneuerbaren Quellen gespeichert werden, unterteilt in mechanische, thermomechanische, elektrische, elektrochemische, thermische und chemische Energiespeichertechnologien:

6.3.1 Mechanisch

Die erste Technologieart, mit der überschüssige Energie aus erneuerbaren Quellen gespeichert werden kann, sind mechanische Energiespeichertechnologien.

Mechanisch bedeutet, dass Energie als potenzielle Energie oder rotierende kinetische Energie gespeichert wird. Potenzielle Energie ist gespeicherte Energie, die von der relativen Position verschiedener Teile eines Systems abhängt, wie zum Beispiel hoch gegenüber niedrig. Kinetische Energie ist in Bewegung gespeicherte Energie.

Ein Beispiel für eine mechanische Technologie ist die *Pumpspeichertechnologie,* die potenzielle Energie nutzt. Das System besteht aus zwei Wasserbecken, von denen eines höher liegt als das andere. Wenn weniger Energie verbraucht wird als verfügbar ist, wird Wasser aus dem unteren Becken mit der überschüssigen Energie in das obere Becken gepumpt. Im umgekehrten Fall, wenn mehr Energie verbraucht wird als erzeugt, fließt Wasser vom oberen Becken in das untere. Auf dem Weg nach unten treibt das Wasser eine Turbine an, die Strom erzeugt. Das Video in Abb. 6.15 zeigt, wie dies funktioniert.

Ein zweites Beispiel ist die *Gravitationsenergiespeicherung,* die ebenfalls potenzielle Energie nutzt. Das Prinzip ist ähnlich wie bei der Pumpspeichertechnologie, jedoch wird anstelle von Wasser eine feste Masse verwendet. Wenn weniger Energie verbraucht wird als verfügbar ist, wird die Masse mit der überschüssigen Energie nach oben gezogen. Im umgekehrten Fall, wenn mehr Energie verbraucht wird als erzeugt, wird die Masse wieder abgesenkt, um Strom zu erzeugen. Das Video in Abb. 6.16 zeigt ein Beispiel, wie dies funktioniert.

Abb. 6.15

Abb. 6.16

Abb. 6.17

Abb. 6.18

Ein drittes Beispiel sind *Druckluftenergiespeicher,* die ebenfalls potenzielle Energie nutzen. Das System besteht aus einem unterirdischen Luftspeicher. Wenn weniger Energie verbraucht wird als verfügbar ist, wird mit der überschüssigen Energie Luft komprimiert und in dieser Kaverne gespeichert. Im umgekehrten Fall, wenn mehr Energie verbraucht wird als erzeugt, wird die gespeicherte Luft freigesetzt. Die Luft strömt durch eine Turbine, die Strom erzeugt. Das Video in Abb. 6.17 zeigt, wie dies funktioniert.

Ein viertes Beispiel ist die *Schwungradspeicherung,* die kinetische Energie nutzt. Das System besteht aus einem schweren, rotierenden Rad. Wenn weniger Energie verbraucht wird als verfügbar ist, wird die Drehung des Rades mit der überschüssigen Energie beschleunigt. Im umgekehrten Fall, wenn mehr Energie verbraucht wird als erzeugt, erzeugt das sich verlangsamende Schwungrad Strom. Das Video in Abb. 6.18 zeigt, wie dies funktioniert.

6.3.2 *Thermomechanisch*

Die zweite Technologieart, mit der überschüssige Energie aus erneuerbaren Quellen gespeichert werden kann, sind thermomechanische Energiespeichertechnologien.

Abb. 6.19

Thermomechanisch bedeutet, dass die Mechanik von einer Temperaturerhöhung oder -senkung abhängt.

Ein Beispiel für eine thermomechanische Technologie ist die *Flüssigluft-energiespeicherung*. Wenn weniger Energie verbraucht wird als verfügbar ist, wird Luft mit der überschüssigen Energie verflüssigt und in großen Tanks gespeichert. Im umgekehrten Fall, wenn mehr Energie verbraucht wird als erzeugt, wird die Flüssigluft unter hohem Druck erhitzt, sodass sie sich ausdehnt. Das entstehende Hochdruckgas kann genutzt werden, um Turbinen anzutreiben, die Strom erzeugen. Das Video in Abb. 6.19 zeigt, wie dies funktioniert.

6.3.3 Elektrisch

Die dritte Technologieart, mit der überschüssige Energie aus erneuerbaren Quellen gespeichert werden kann, sind elektrische Energiespeichertechnologien. Elektrisch bedeutet, dass ein Ladungsunterschied besteht.

Ein Beispiel für eine elektrische Technologie sind Kondensatoren und *Superkondensatoren*. Wenn weniger Energie verbraucht wird als verfügbar ist, wird mit der überschüssigen Energie elektrische Ladung im Kondensator aufgebaut. Im umgekehrten Fall, wenn mehr Energie verbraucht wird als erzeugt, wird die elektrische Ladung wieder abgebaut und dabei Strom erzeugt. Das Video in Abb. 6.20 zeigt, wie Kondensatoren und Superkondensatoren funktionieren (1:17–3:39).

6.3.4 Elektrochemisch

Die vierte Technologieart, mit der überschüssige Energie aus erneuerbaren Quellen gespeichert werden kann, sind elektrochemische Energiespeichertechnologien. Elektrochemisch bedeutet, dass nicht nur ein Ladungsunterschied besteht, sondern

Abb. 6.20

auch chemische Prozesse beteiligt sind. Dies ist die Technologie, mit der Sie vermutlich am vertrautesten sind, da sie Batterien umfasst.

Ein Beispiel für eine elektrochemische Technologie sind *Lithium-Ionen-Batterien*. Sie werden beispielsweise in Laptops, Smartphones und Elektrofahrzeugen eingesetzt. Wenn weniger Energie verbraucht wird als verfügbar ist, werden diese Batterien geladen, indem Lithium-Ionen von einer Seite der Batterie, der sogenannten Kathode, zur anderen Seite, der sogenannten Anode, wandern. Ein Ion ist ein Atom oder Molekül mit einer positiven oder negativen elektrischen Ladung, weil es ein oder mehrere Elektronen verloren oder aufgenommen hat. Ein Elektron ist ein subatomares Teilchen mit negativer Ladung, das Elektrizität transportieren kann. Im umgekehrten Fall, wenn mehr Energie verbraucht wird als erzeugt, wird die gespeicherte Energie genutzt, indem die Lithium-Ionen von der Anode zurück zur Kathode wandern. Das Video in Abb. 6.21 zeigt, wie dies funktioniert (0:20–1:17).

Ein weiteres Beispiel sind *Flüssigmetallbatterien*. Das Prinzip ist das gleiche wie bei Lithium-Ionen-Batterien, mit einem wichtigen Unterschied: Die inneren Komponenten, einschließlich Anode und Kathode, befinden sich in einem flüssigen statt festen Zustand. Um diesen flüssigen Zustand aufrechtzuerhalten, müssen

Abb. 6.21

Abb. 6.22

sie bei höheren Temperaturen betrieben werden. Das Video in Abb. 6.22 zeigt, wie dies funktioniert (2:18–4:30).

Ein drittes Beispiel sind *Redox-Flow-Batterien.* Ein wichtiger Unterschied zu anderen Batterien besteht darin, dass die Energie in zwei separaten Tanks gespeichert wird, die mit Flüssigkeit gefüllt sind. Diese Flüssigkeiten sind unterschiedlich geladen. Wenn weniger Energie verbraucht wird als verfügbar ist, werden diese Batterien geladen, indem die überschüssige Energie genutzt wird, um Elektronen von der positiv geladenen Flüssigkeit in die negativ geladene Flüssigkeit zu bewegen. Im umgekehrten Fall, wenn mehr Energie verbraucht wird als erzeugt, wandern gespeicherte Elektronen von der negativ geladenen Flüssigkeit zur positiv geladenen Flüssigkeit. Das Video in Abb. 6.23 zeigt, wie dies funktioniert und welche Vorteile es im Vergleich zu Lithium-Ionen-Batterien bietet (1:31–4:35).

6.3.5 Thermisch

Die fünfte Technologieart, mit der überschüssige Energie aus erneuerbaren Quellen gespeichert werden kann, sind thermische Energiespeichertechnologien. Thermisch bedeutet, dass Energie als Wärme oder Kälte gespeichert wird.

Abb. 6.23

Abb. 6.24

Ein Beispiel für eine thermische Technologie ist *gepumpte thermische Energiespeicherung*. Wärme oder Kälte wird in großen Tanks in Form von Gas gespeichert. Wenn weniger Energie verbraucht wird als verfügbar ist, werden mit der überschüssigen Energie Wärme und Kälte in den Tanks aufgebaut. Im umgekehrten Fall, wenn mehr Energie verbraucht wird als erzeugt, wird die Wärme oder Kälte entweder direkt genutzt oder die Wärme als Wärmekraftmaschine zur Stromerzeugung eingesetzt. Das Video in Abb. 6.24 zeigt, wie dies funktioniert (2:12–3:19).

6.3.6 *Kraftstoff*

Die sechste Technologieart, mit der überschüssige Energie aus erneuerbaren Quellen gespeichert werden kann, sind Kraftstoff-Energiespeichertechnologien. Das bedeutet, dass mit überschüssigem Strom eine Substanz erzeugt wird, die später als Kraftstoff verwendet werden kann.

Ein Beispiel für eine Kraftstofftechnologie ist *Wasserstoff-Energiespeicherung*. Wenn weniger Energie verbraucht wird als verfügbar ist, wird Wasserstoffgas erzeugt, indem Wassermoleküle mit der überschüssigen Energie in Wasserstoff- und Sauerstoffgas gespalten werden. Im umgekehrten Fall, wenn mehr Energie verbraucht wird als erzeugt, wird dieser Prozess umgekehrt, sodass Strom erzeugt wird, während Wasserstoff und Sauerstoff wieder zu Wasser verschmelzen. Das Video in Abb. 6.25 zeigt, wie dies funktioniert.

Ein weiteres Beispiel ist *Metall-Kraftstoff-Energiespeicherung*, die noch erforscht wird, um sie in großem Maßstab praktisch einsetzen zu können. In diesem Fall ist der Kraftstoff Metall, zum Beispiel Eisenpulver. Wenn das Pulver zur Stromerzeugung verbrannt wird, bleibt nur Rost übrig. Dieser Prozess kann umgekehrt werden, indem überschüssige erneuerbare Energie auf den Rost angewendet wird, wodurch er wieder in Metallpulver umgewandelt wird. Das Video in Abb. 6.26 zeigt, wie dies funktioniert (0:41–1:18).

Abb. 6.25

Abb. 6.26

6.4 Fazit

Die Verbrennung fossiler Brennstoffe trägt maßgeblich zum Klimawandel bei, da CO_2, das über Tausende von Jahren gespeichert wurde, plötzlich in die Atmosphäre freigesetzt wird. Da wir die verheerenden Auswirkungen bemerken, ist es sehr wichtig, fossile Brennstoffe durch erneuerbare Alternativen zu ersetzen.

Es stehen verschiedene erneuerbare Energiequellen zur Verfügung, mit denen Strom erzeugt werden kann. Eine bereits häufig genutzte Quelle ist die Solarenergie. Derzeit kann bereits die vierte Generation von Solarzellen eingesetzt werden, wobei jede Generation neue Verbesserungen bietet: Die zweite Generation macht die Produktion von Solarzellen günstiger, die dritte Generation nutzt das verfügbare Sonnenlicht besser, indem sie Energie aus einem breiteren Sonnenspektrum einfängt, und die vierte Generation verbessert die Zellen weiter, indem sie Vorteile aus den vorherigen Generationen kombiniert.

Eine erneuerbare Energiequelle, die bisher noch nicht weit verbreitet ist, sind Meereswellen. Obwohl Wellenenergie eine hervorragende erneuerbare Energiequelle ist, da sie zuverlässig erzeugt wird, an vielen Orten verfügbar ist und in unterschiedlichen Umgebungen genutzt werden kann, muss sich diese Technologie mit einer Vielzahl von Herausforderungen auseinandersetzen. Diese Herausforderungen sind technologischer, ökologischer, politischer, sozialer, rechtlicher und wirtschaftlicher Natur. Während viele Projekte in der Vergangenheit daran scheiterten, diese Herausforderungen zu bewältigen, scheint zumindest ein aktuelles Projekt vielversprechend zu sein.

Um erneuerbare Energiequellen effizient nutzen zu können, ist auch die Speicherung erneuerbarer Energie wichtig. Überschüssige Energie aus erneuerbaren Quellen kann mit mechanischen, thermomechanischen, elektrischen, elektrochemischen, thermischen und chemischen Energiespeichertechnologien gespeichert werden. Durch die Speicherung von Energie kann diese erneuerbare Quelle auch dann genutzt werden, wenn sie vorübergehend nicht verfügbar ist.

6.5 Wie wir handeln können

Da die Nutzung erneuerbarer Energien sehr hilfreich ist, um CO_2-Emissionen zu reduzieren und den Klimawandel zu begrenzen, finden Sie hier praktische Ideen, was Sie und ich tun können, um den Bedarf an fossilen Brennstoffen zu verringern:

- Diesel verwenden, der zu einem Viertel aus Biodiesel besteht
- Biokraftstoff für Fahrzeuge verwenden anstelle von Kraftstoff auf fossiler Basis
- Ein kleineres statt eines größeren Autos fahren
- Ein Elektro- oder Wasserstoffauto mit erneuerbarer Energie fahren anstelle eines benzin- oder dieselbetriebenen Autos
- Schnee vom Fahrzeug entfernen, bevor losgefahren wird
- Mit konstanter Geschwindigkeit fahren
- Den Fuß vom Gaspedal nehmen, anstatt zu bremsen

Würdigung

Dieses Kapitel basiert auf

Solarenergie:

Dambhare, M. V., Butey, B., & Moharil, S. V. (2021, May). Solar photovoltaic technology: A review of different types of solar cells and its future trends. In *Journal of Physics: Conference Series* (Bd. 1913, Nr. 1, S. 012053). IOP Publishing.

Rehman, F., et al. (2023). Fourth-generation solar cells: a review. *Energy Advances, 2*(9), 1239–1262.

Wellenenergie:

Farrok, O., Ahmed, K., Tahlil, A. D., Farah, M. M., Kiran, M. R., & Islam, M. (2020). Electrical power generation from the oceanic wave for sustainable advancement in renewable energy technologies. *Sustainability, 12*(6), 2178.

Energiespeicherung:

He, W., King, M., Luo, X., Dooner, M., Li, D., & Wang, J. (2021). Technologies and economics of electric energy storages in power systems: Review and perspective. *Advances in Applied Energy, 4,* 100060.

Behabtu, H. A., Messagie, M., Coosemans, T., Berecibar, M., Anlay Fante, K., Kebede, A. A. & Mierlo, J. V. (2020). A review of energy storage technologies' application potentials in renewable energy sources grid integration. *Sustainability, 12*(24), 10511.

Abbildungsnachweise

Abb. 6.1	Smart Vectors auf Shutterstock
Abb. 6.10	Jemastock auf Shutterstock
Abb. 6.11	Olha1981 auf Shutterstock
Abb. 6.12	Olha1981 auf Shutterstock
Abb. 6.14	„Gibraltar Wave Farm devices“ von Clairemartin96 ist lizenziert unter CC BY-SA 4.0. Quelle: https://commons.wikimedia.org/wiki/File:Gibraltar_Wave_Farm_devices.jpg. Autor: https://commons.wikimedia.org/w/index.php?title=User:Clairemartin96. Lizenz: https://creativecommons.org/licenses/by-sa/4.0/deed.en

Teil II
Umweltverschmutzung

Umweltverschmutzung ist ebenfalls eine der dringendsten Herausforderungen unserer Zeit, angetrieben durch Bevölkerungswachstum, Urbanisierung, industrielle Entwicklung und intensive Landwirtschaft. Diese menschlichen Aktivitäten, die zwar für das moderne Leben unerlässlich sind, schaden häufig nicht nur der Umwelt, sondern auch der Menschheit selbst.

Verschmutzung tritt in vielen Formen auf, wie in den Bänden 1 und 2 von *Der Weg zu einem gesünderen Planeten* untersucht wird. Schadstoffe wie Plastikmüll, Licht, Schwermetalle, Rückstände von Sonnenschutzmitteln und Stickstoff sind nur einige Beispiele. Leider gibt es auch andere Formen der Verschmutzung, wie etwa die Kontamination durch Arzneimittel, die aus verschiedenen Quellen stammen. So entsteht beispielsweise Lichtverschmutzung durch künstliche Lichtquellen, Stickstoffverschmutzung durch Autoabgase und Arzneimittelverschmutzung durch unsachgemäße Entsorgung von Abfällen.

Da Verschmutzung per Definition unserem Planeten schadet, sind Prävention und Sanierung unerlässlich. Um Lösungen zu priorisieren, müssen wir zunächst die schädlichsten Schadstoffe sowie deren Auswirkungen auf die Umwelt identifizieren und bewerten. Dieser entscheidende erste Schritt ebnet den Weg für wirksame Maßnahmen und einen gesünderen Planeten.

Kapitel 7
Wie Umweltverschmutzung bewertet werden kann

Zusammenfassung Umweltverschmutzung ist ein drängendes globales Problem, das sofortiges Handeln erfordert. Um diesem zu begegnen, müssen wir zunächst die Auswirkungen von Schadstoffen auf Ökosysteme verstehen, insbesondere auf lebenswichtige Ressourcen wie Wasser. Über 1,2 Mrd. Menschen leiden unter Wasserknappheit, einem zunehmenden Problem, das durch Verschmutzung verschärft wird. Dieses Kapitel untersucht fortschrittliche Methoden zur Erkennung und Quantifizierung von Schadstoffen, darunter optische Biosensoren, Fernerkundung und Biomarker. Optische Biosensoren ermöglichen eine schnelle, empfindliche und spezifische Identifizierung verschiedener Schadstoffe wie Pestizide, Arzneimittel und Schwermetalle im Wasser. Die Fernerkundung bietet einen umfassenderen Überblick, indem sie Vegetation, Mikrohabitate und Habitatstrukturen misst. Biomarker, einschließlich Biomarker der Exposition, Anfälligkeit und Wirkung, liefern Einblicke in den Zustand von Ökosystemen. Zusammen ermöglichen diese Werkzeuge die Überwachung von Verschmutzung, die Bewertung ihrer Auswirkungen und rechtzeitiges Handeln zum Schutz unseres Planeten.

Schlüsselwörter Wissenschaft · Wissenschaftskommunikation · Verschmutzung · Folgen der Verschmutzung · Umwelt-Biomonitoring · Biomarker · Umweltschadstoffe · Radar · Optische Biosensoren · Fernerkundung · Ökosystemgesundheit · Umweltüberwachung · Lichtverschmutzung · Wärmebildgebung · Verschmutzungsüberwachung · Optische Biosensoren · Wasserüberwachung · Wasserschadstoffe

Da die Umweltverschmutzung eine globale Krise darstellt, ist es unerlässlich, dass wir unsere Gewohnheiten ändern, die Nachhaltigkeit verbessern und wieder beginnen, unsere Umwelt gut zu pflegen. Um dies effektiv tun zu können, ist es wichtig

Würdigung: Dieses Kapitel basiert auf vier wissenschaftlichen Artikeln von Marcela Herrera-Domínguez, Marcus W. Rhodes, Mary Chandana und Maria G. Lionetto sowie deren Kolleginnen und Kollegen. (Vollständige Zitationen am Ende des Kapitels verfügbar)

E. van Genuchten, *Der Weg zu einem gesünderen Planeten 3*,
https://doi.org/10.1007/978-3-032-14696-0_7

zu verstehen, was genau geschieht und wie unsere Umwelt durch Schadstoffe beeinflusst wird.

Sauberes Trinkwasser ist beispielsweise ein Grundbedürfnis, da wir ohne Wasser nur etwa drei Tage überleben können! Dennoch leidet jeder fünfte Mensch weltweit (etwa 1,2 Mrd. Menschen) unter Wasserknappheit. Und diese Zahl wächst aufgrund von Umweltproblemen wie Verschmutzung. Da sauberes Wasser sowohl für die Umwelt als auch für unser Überleben von entscheidender Bedeutung ist, muss (Wasser-)Verschmutzung bekämpft werden. Doch bevor Strategien zur Bekämpfung dieser Art von Verschmutzung entwickelt und umgesetzt werden können, muss sie zunächst erkannt und die Menge der Schadstoffe quantifiziert werden.

Die Gesundheit unserer Umwelt kann auf verschiedene Weise gemessen werden. So lässt sich die Auswirkung von Verschmutzung auf Ökosysteme analysieren:

7.1 Optische Biosensoren

Die erste Möglichkeit, die Auswirkungen von Verschmutzung auf Ökosysteme zu analysieren, ist der Einsatz optischer Biosensoren. Biosensoren sind Geräte, die die chemische Reaktion zwischen zwei Elementen messen können. Ob und wie oft diese Reaktion stattfindet, hängt von der Konzentration chemischer Elemente im Wasser ab: Je mehr Reaktionen, desto höher die Schadstoffkonzentration. Sie tun dies, indem sie ausgestrahlte oder reflektierte elektromagnetische Strahlung messen. Beispiele für elektromagnetische Strahlung sind sichtbares Licht, Radiowellen, Gammastrahlen und Röntgenstrahlen. Biosensoren können beispielsweise eingesetzt werden, um Schadstoffe im Wasser zu erkennen und zu quantifizieren (siehe Abb. 7.1).

Der Einsatz von Biosensoren zur Erkennung von Schadstoffen bietet mehrere Vorteile. Obwohl sich die Vorteile je nach Art des Biosensors unterscheiden können, gehören dazu:

- Vor der Messung ist nur eine minimale Probenvorbereitung erforderlich
- Die Messung der Schadstoffe nimmt wenig Zeit in Anspruch
- Sie liefern detaillierte Informationen über die Schadstoffe, etwa über deren Bewegungen, Konzentration und die Wechselwirkungen der Moleküle
- Es handelt sich um eine empfindliche Methode, das heißt, bereits geringe Mengen an Schadstoffen können nachgewiesen werden
- Sie sind vielseitig einsetzbar und können verschiedene Arten von Schadstoffen analysieren
- Die Messungen sind hochspezifisch, das heißt, diese Sensoren können genau bestimmen, welche Schadstoffe vorhanden sind

Folgende Schadstoffe können mit optischen Biosensoren nachgewiesen werden:

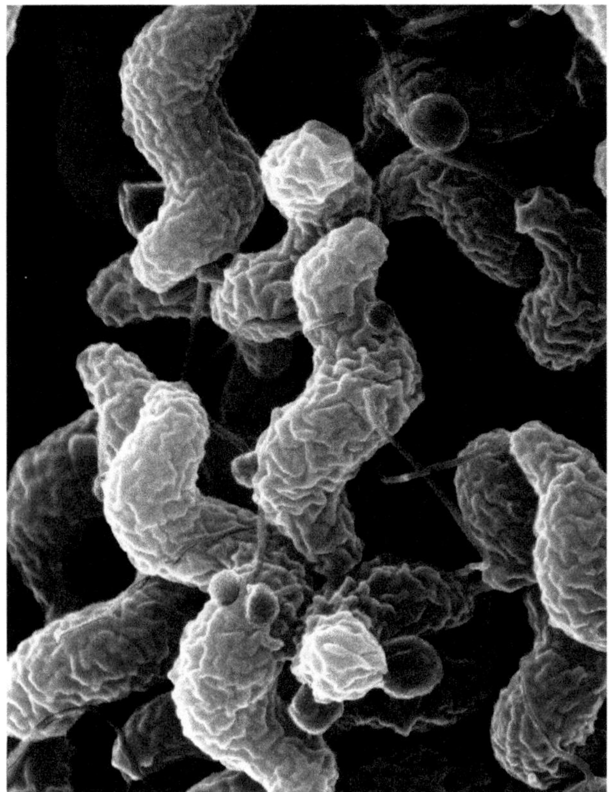

Abb. 7.1 Optische Biosensoren können mikroskopisch kleine Mengen an Verschmutzung im Wasser nachweisen, wie beispielsweise Mikroorganismen der Art Campylobacter jejuni

7.1.1 Pestizide

Die erste Art von Schadstoffen, die optische Biosensoren identifizieren können, sind Pestizide. Pestizide sind Chemikalien, die in der Landwirtschaft eingesetzt werden, um Organismen zu bekämpfen, die Pflanzen schädigen und Erträge mindern. Diese Pestizide gelangen jedoch häufig nicht nur zu den Pflanzen, sondern durch Bewässerung und Regen auch an die Oberfläche und schließlich ins Grundwasser.

Pestizidbelastungen im Wasser können beispielsweise mit Interferometrie nachgewiesen werden. Bei der Interferometrie sendet der Biosensor einen Lichtstrahl aus, der in zwei Strahlen aufgeteilt wird. Einer der Strahlen bleibt unverändert, während der andere durch die Wechselwirkung mit Schadstoffen im Wasser verändert wird. Beide Strahlen werden zum Biosensor zurückreflektiert, der den Unterschied zwischen den Strahlen erkennen kann. Dieser Unterschied liefert Informationen über das Vorhandensein von Pestiziden.

7.1.2 *Pharmazeutika*

Die zweite Art von Schadstoffen, die optische Biosensoren identifizieren können, sind Pharmazeutika. Pharmazeutika sind chemische Substanzen, die durch unsachgemäße Entsorgung von Medikamenten oder durch Ausscheidung ins Wasser gelangen. Wie Pestizide verbleiben sie in der Umwelt und reichern sich mit der Zeit an. Dies ist kritisch, da sie die Umwelt und Organismen schädigen können. Außerdem können Antibiotika im Wasser dazu beitragen, dass Bakterien resistent gegen Antibiotika werden.

Pharmazeutische Verschmutzungen im Wasser können beispielsweise mit Methoden der Oberflächenplasmonenresonanz nachgewiesen werden. Bei diesen Methoden wird ein Lichtstrahl auf eine dünne Metallschicht, typischerweise aus Gold oder Silber, auf einer Glasoberfläche gerichtet. Der Lichtstrahl interagiert mit der Metallschicht und versetzt die Elektronen im Metall in Bewegung. Diese Elektronen werden auch als Oberflächenplasmonen bezeichnet. Der Lichtstrahl wird zudem unter einem bestimmten Winkel reflektiert. Wenn Pharmazeutika an die Metallschicht binden, verändern sie die Wechselwirkung des Lichts mit der Metalloberfläche. Dies führt zu Veränderungen im Reflexionswinkel. Durch die Messung dieser Veränderungen im Reflexionswinkel kann das Vorhandensein und die Bindung von Pharmazeutika nachgewiesen werden. Das Video in Abb. 7.2 erklärt dies ausführlicher (0:31–1:43).

7.1.3 *Organische Verbindungen*

Die dritte Art von Schadstoffen, die optische Biosensoren identifizieren können, sind organische Verbindungen. Organische Verbindungen sind große Moleküle mit unterschiedlichen Anzahlen von Kohlenstoff- und Wasserstoffatomen. Sie kommen beispielsweise in Kunststoffen, Kraftstoffen, Reinigungsmitteln oder

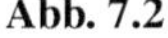

Abb. 7.2

Körperpflegeprodukten vor. Eine schädliche organische Verbindung, die in einigen Kunststoffen enthalten ist, ist Bisphenol A (BPA), das aus 15 Kohlenstoff-, 16 Wasserstoff- und 2 Sauerstoffatomen besteht.

BPA-Belastungen im Wasser können beispielsweise mit Fluoreszenz nachgewiesen werden. Bei dieser Methode werden fluoreszierende Materialien eingesetzt, die mit Schadstoffen interagieren. Wenn diese Wechselwirkung stattfindet, verändern sich die Fluoreszenzeigenschaften. Diese Veränderungen können mit Wandlern (Transducern) erfasst werden. Ein Wandler ist ein Gerät, das die Helligkeit des fluoreszierenden Lichts in ein elektrisches Signal umwandelt. Je mehr Schadstoffe im Wasser vorhanden sind, desto größer ist die Veränderung.

7.1.4 Mikroorganismen und Toxine

Die vierte Art von Schadstoffen, die optische Biosensoren identifizieren können, sind Mikroorganismen und Toxine. Mikroorganismen können Krankheitserreger sein, und einige Mikroorganismen enthalten schädliche Toxine. Der Nachweis beider ist wichtig, um eine hohe Trinkwasserqualität zu gewährleisten.

Mikroorganismen und Toxinbelastungen im Wasser können beispielsweise mit Gittern (Gratings) nachgewiesen werden. Gitter sind spezielle Muster auf einer Oberfläche, die mit Licht auf eine bestimmte Weise interagieren. Diese Wechselwirkung führt zu Unterschieden in der Geschwindigkeit, mit der Licht durch verschiedene Bereiche des Gitters läuft. Dadurch wird das Licht gebogen oder gestreut. Wie das Licht gebogen oder gestreut wird, hängt auch vom Vorhandensein von Mikroorganismen und Toxinen im untersuchten Wasser ab. Die Messung dieser Veränderungen liefert Informationen über die durch Mikroorganismen verursachte Wasserverschmutzung.

Im Video in Abb. 7.3 ist zu sehen, wie ein einzelner Lichtstrahl gebogen und gestreut wird, wenn er durch ein Gitter geschickt wird.

Abb. 7.3

7.1.5 Schwermetalle

Die fünfte Art von Schadstoffen, die optische Biosensoren identifizieren können, sind Schwermetalle. Zu diesen Schadstoffen zählen beispielsweise Kupfer, Quecksilber, Blei und Cadmium. Diese Schadstoffe sind gefährlich, da sie sich nicht abbauen und sich daher im Wasser anreichern. Sie können schwere Krankheiten verursachen, darunter die Parkinson-Krankheit (weitere Informationen: Kap. 10 aus Der Weg zu einem gesünderen Planeten Band 1: „Wie Schwermetallverschmutzung Parkinson-Krankheit verursachen kann").

Schwermetallbelastungen im Wasser können beispielsweise mit optischen Resonatoren nachgewiesen werden. Optische Resonatoren sind spezielle Geräte, die Lichtteilchen, sogenannte Photonen, in einem bestimmten Raum einschließen können. Dieser Raum ist wie ein Behälter, der das Licht einfängt und hält. Innerhalb dieses Raums bewegen sich die eingeschlossenen Photonen mit bestimmten Frequenzen und interagieren miteinander. Diese Wechselwirkungen führen dazu, dass bestimmte Lichtfrequenzen verstärkt und andere unterdrückt werden. Dieses Muster aus Verstärkung und Unterdrückung ändert sich, wenn Schwermetalle im selben Raum vorhanden sind. Durch die Analyse der Veränderungen in den verbleibenden Frequenzen lässt sich das Vorhandensein und die Konzentration von Schwermetallen im Wasser nachweisen.

7.2 Fernerkundung

Die zweite Möglichkeit, die Auswirkungen von Verschmutzung auf Ökosysteme zu analysieren, ist die Nutzung der Fernerkundung. Fernerkundung bedeutet, ausgesandte oder reflektierte elektromagnetische Strahlung aus der Distanz zu messen. Sie kann eingesetzt werden, um Daten effizient und hochautomatisiert zu erfassen, sodass eine große Menge räumlicher Daten mit Zeitstempeln gesammelt werden kann. Und das über viel größere Flächen und mit höherer Frequenz. In der Regel wird diese enorme Datenmenge in ein Geoinformationssystem (GIS) eingespeist. In einem Geoinformationssystem werden Daten gespeichert, verwaltet und kartiert, sodass verschiedene Datentypen integriert und analysiert werden können.

Diese Daten können mittels aktiver und passiver Fernerkundung erfasst werden. Zu den Arten der Fernerkundungstechnologien gehören:

- Sensoren, die passive Fernerkundung betreiben, da sie Strahlung passiv detektieren. Beispielsweise erfassen optische Sensoren reflektiertes sichtbares oder infrarotes Licht und thermische Sensoren detektieren Infrarotstrahlung zur Messung von Wärme (siehe Abb. 7.4).
- Laser, die aktive Fernerkundung betreiben, indem ein Laserstrahl auf ein Objekt gesendet und die Reflexion gemessen wird. Zum Beispiel kann Light Detection and Ranging (LIDAR) eingesetzt werden, um den Abstand zu Objekten zu bestimmen und eine dreidimensionale Karte zu erstellen.

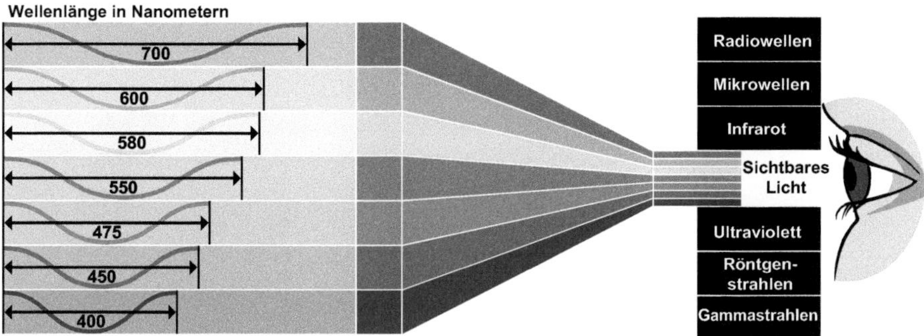

Abb. 7.4 Verschiedene Wellenarten, die in der Fernerkundung der Umwelt verwendet werden, einschließlich sichtbaren Lichts und Infrarot-(IR)-Fernerkundung

- Radar, das aktive Fernerkundung betreibt, indem Mikrowellen ausgesendet und die zurückgeworfenen Wellen gemessen werden. Radar ist ein Akronym für Radio Detection and Ranging und liefert Informationen beispielsweise über die Struktur und Entfernung eines Objekts. Auch die Erfassung von Wasser ist möglich. Beispielsweise wird Synthetic Aperture Radar auf bewegten Plattformen wie Satelliten, Flugzeugen und Drohnen eingesetzt, um die Vegetationsstruktur eines bestimmten Gebiets auch bei Bewölkung zu kartieren. Der Vorteil des Radareinsatzes auf luftgestützten Geräten im Vergleich zu Satelliten ist die höhere räumliche Auflösung aufgrund der geringeren Entfernung zur Erde, wobei Drohnen eine noch höhere Auflösung als Flugzeuge ermöglichen. Der Vorteil von Satelliten ist, dass größere Flächen kartiert werden können.

Mit diesen Fernerkundungstechnologien können verschiedene Aspekte der Umwelt gemessen werden, um deren Zustand zu bestimmen. Bei wiederholter Anwendung können damit auch Veränderungen in Gebieten erfasst werden. So kann der Zustand der Umwelt mittels Fernerkundung bestimmt werden:

7.2.1 Vegetationsmerkmale

Die erste Möglichkeit, die Fernerkundung zur Bestimmung des Umweltzustands einzusetzen, besteht darin, Vegetationsmerkmale zu betrachten. Zu diesen Merkmalen gehören:

- Die Anzahl der Pflanzen in einem Gebiet und ob diese zu- oder abgenommen hat. Ein Maß hierfür basiert auf der Erfassung der Menge an rotem sichtbarem Licht und nahinfrarotem Licht. Nahinfrarot ist Infrarotlicht mit einer Wellenlänge nahe der des roten sichtbaren Lichts. Dies ist möglich, weil Pflanzen, die Photosynthese betreiben, rotes Licht absorbieren, aber nahinfrarote Wellen reflektieren.

Abb. 7.5 Mittels Fernerkundungsaufnahmen wurde die Vegetationsmenge im Vereinigten Königreich und anderen europäischen Ländern im Oktober 2003 dargestellt. Ein Wert von 0 bedeutet keine grünen Blätter, höhere Werte stehen für eine größere Dichte an Grün

- Der Zustand der Pflanzen. Die gleiche Sensortechnologie, die zur Erfassung der Pflanzenanzahl verwendet wird, kann auch zur Messung der Größe von Pflanzen und der Anzahl der Blätter eingesetzt werden. Sie kann auch genutzt werden, um kranke Pflanzen zu erkennen.
- Wo verschiedene Arten wachsen (siehe Abb. 7.5). Dies ist möglich, weil ein zu kartierendes Gebiet in kleinere Quadrate von 2 × 2 m (6,6 × 6,6 Fuß) unterteilt werden kann.

7.2.2 Mikrohabitat-Merkmale

Die zweite Möglichkeit, die Fernerkundung zur Bestimmung des Umweltzustands einzusetzen, besteht darin, Mikrohabitat-Merkmale zu betrachten. Ein Mikrohabitat ist ein kleiner Lebensraum, der sich vom größeren, in den er eingebettet ist, unterscheiden kann. Die räumliche Auflösung beträgt beispielsweise 2 × 2 cm (0,8 × 0,8 Zoll) oder 60 × 60 cm (23,6 × 23,6 Zoll). Zu den messbaren Merkmalen gehören:

- Kleine Flächen von beispielsweise halbnatürlichem Grünland, wie Rasenflächen. Diese können durch Satelliten erfasst werden.
- Merkmale einzelner Pflanzen, wie die Formen von Baumkronen. Diese Merkmale können durch Drohnen erfasst werden.

- Die Anzahl der Blüten und Früchte an Pflanzen. Dies kann mit Drohnen gemessen werden, die Sensoren zur Erfassung verschiedener Farben besitzen.
- Die Arten der Blüten an Pflanzen. Auch dies kann mit Drohnen gemessen werden, wobei künstliche Intelligenz zur Verbesserung der Blütenerkennung eingesetzt werden kann.

7.2.3 Habitatstruktur

Die dritte Möglichkeit, die Fernerkundung zur Bestimmung des Umweltzustands einzusetzen, besteht darin, die Habitatstruktur zu betrachten. Habitatstruktur bezeichnet die Bestandteile, aus denen ein Lebensraum besteht, und deren Zusammensetzung. Bestandteile sind beispielsweise Bäume, Wasser und Felsen. Zu den messbaren Merkmalen gehören:

- Wasser aus schmelzenden Gletschern. Dies kann beispielsweise durch den Terra-Satelliten erfasst werden.
- Die Oberflächenstruktur, einschließlich der Höhen von Bäumen (siehe Abb. 7.6). Dies kann mit Lasern gemessen werden. Auch eine Methode namens

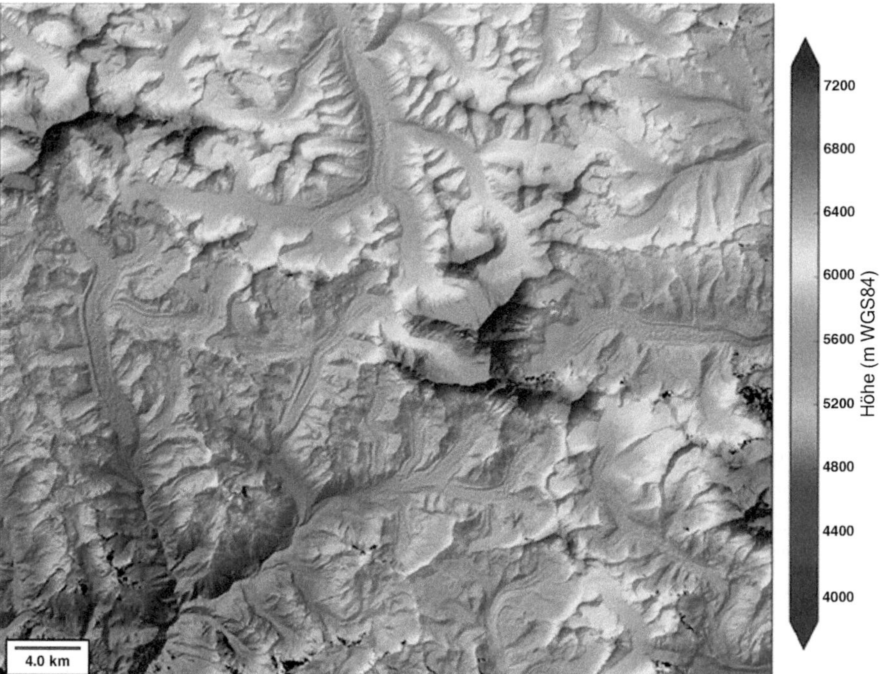

Abb. 7.6 Abbildung, die die Oberflächenstruktur durch farbliche Darstellung unterschiedlicher Höhen im Mount-Everest-Gebiet zeigt

Abb. 7.7 Unterschied zwischen dem Himmel in einem dunklen Gebiet (links) und einem Gebiet mit Lichtverschmutzung (rechts)

Photogrammetrie kann eingesetzt werden, bei der Informationen aus mehreren, sich teilweise überlappenden Fotos aus unterschiedlichen Blickwinkeln gewonnen werden. Diese Methode wird beispielsweise von Google Maps 3D verwendet.

7.2.4 Erkennung von Lichtverschmutzung

Die vierte Möglichkeit, die Fernerkundung zur Bestimmung des Umweltzustands einzusetzen, besteht in der Erkennung von Lichtverschmutzung. Lichtverschmutzung ist künstliches Licht, zum Beispiel von Straßenlaternen, das den Nachthimmel aufhellt (siehe Abb. 7.7). Ein aufgehellter Nachthimmel stört Wildtiere, indem er beispielsweise deren Verhalten, Interaktionen und Körperfunktionen beeinflusst. Lichtverschmutzung kann zum Beispiel durch Satelliten, aber auch durch Flugzeuge und Drohnen gemessen und überwacht werden.

7.3 Biomarker

Die dritte Möglichkeit, die Auswirkungen von Umweltverschmutzung auf Ökosysteme zu analysieren, besteht in der Verwendung sogenannter Biomarker oder Bioindikatoren. Ein Biomarker ist eine biologische Reaktion, die verwendet wird, um einen bestimmten Prozess, eine Krankheit, einen Schadstoff usw. zu identifizieren. Beispielsweise enthalten Corona-Schnelltests einen Biomarker, um das COVID-19-Virus nachzuweisen (siehe Abb. 7.8). Biomarker können Verschmutzungen identifizieren, da ihre Reaktion davon abhängt, ob sie der toxischen Wirkung des Schadstoffs ausgesetzt sind oder nicht.

Die Bewertung des Verschmutzungsgrades in der Umwelt kann entweder direkt durch Messung der Schadstoffbelastung in Boden, Luft oder Wasser erfolgen; oder indirekt in unserem oder anderen tierischen Organismen, da dies ein Indikator für die Exposition gegenüber Schadstoffen in ihrer Umwelt ist. Diese drei Typen von Biomarkern zeigen uns, ob und wie stark wir die Umwelt verschmutzt haben:

7.3.1 Biomarker der Exposition

Der erste Typ von Biomarkern, mit dem sich der Verschmutzungsgrad indirekt messen lässt, sind Biomarker der Exposition. Sie zeigen, wie stark ein Tier oder eine Tiergruppe dem Schadstoff ausgesetzt war. Dies gibt Aufschluss darüber, wie viel Verschmutzung in der Umwelt vorhanden ist.

Das Ausmaß der Exposition gegenüber dem Schadstoff kann chemisch analysiert werden, indem gemessen wird, wie viele Schadstoffe aufgenommen wurden und sich in Gewebe, Blut, Urin oder anderen Sekreten nachweisen lassen. Bei Verwendung hochwertiger und präziser Methoden können selbst sehr geringe Mengen an Schadstoffen in verschiedenen Zellen, Geweben und Organen nachgewiesen werden.

So sind beispielsweise Regenwürmer hilfreiche Biomarker der Exposition, um die Verschmutzung im Boden zu messen (siehe Abb. 7.9). Sie nehmen Schadstoffe über die Haut auf und fressen große Mengen Erde. Enthält der Boden Schadstoffe,

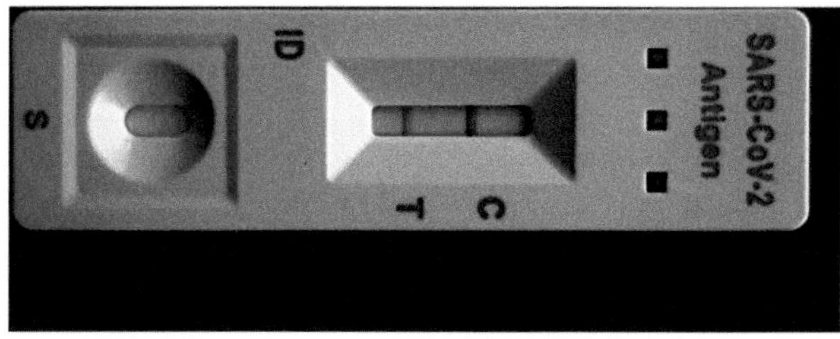

Abb. 7.8 Ein Corona-Test enthält einen Biomarker zum Nachweis des COVID-19-Virus

Abb. 7.9 Regenwürmer sind hilfreiche Biomarker zur Messung der Bodenverschmutzung

nehmen sie diese ebenfalls auf. Auch ist es möglich, Bleibelastungen durch Messung der Bleikonzentration im Blut und Arsenbelastungen durch Messung der Arsenkonzentration in Haaren, Nägeln, Urin und Blut zu analysieren.

7.3.2 Biomarker der Empfindlichkeit

Der zweite Typ von Biomarkern, mit dem sich der Verschmutzungsgrad indirekt messen lässt, sind Biomarker der Empfindlichkeit. Sie zeigen, wie stark ein Tier oder eine Tiergruppe auf die durch den Schadstoff verursachten Schäden reagiert. Dies ist ein möglicher Indikator, da verschiedene Tiere unterschiedlich stark reagieren, selbst wenn sie der gleichen Menge an Schadstoffen ausgesetzt sind.

Diese Unterschiede zwischen Tieren, selbst innerhalb derselben Art, sind aus verschiedenen Gründen möglich. Diese Gründe können genetischer Natur sein, aber auch andere Faktoren betreffen. Genetische Unterschiede können dazu führen, dass Schadstoffe Biomoleküle unterschiedlich beeinflussen; nicht-genetische Faktoren sind beispielsweise die Ernährung, das Alter, das Geschlecht, der Gesundheitszustand und die Lebensweise.

So hängt die Empfindlichkeit gegenüber Schäden durch Arsenbelastung teilweise davon ab, wie viel Vitamin B8 (Folat) aufgenommen wurde. Vitamin B8 ist natürlicherweise beispielsweise in Spinat, Bohnen, Erdnüssen, frischem Obst, Vollkornprodukten und Meeresfrüchten enthalten.

7.3.3 Biomarker der Wirkung

Der dritte Typ von Biomarkern, mit dem sich der Verschmutzungsgrad indirekt messen lässt, sind Biomarker der Wirkung. Sie zeigen, wie sich ein Tier oder eine Tiergruppe durch Schadstoffe verändert. Diese Veränderungen können auf verschiedenen Ebenen auftreten:

- Populationsebene, zum Beispiel Geburtenzahlen, Sterberaten, Migrationsraten und Anzahl verschiedener Arten
- Gemeinschaftsebene, zum Beispiel Anzahl von Organismen einer bestimmten Art in einem bestimmten Gebiet
- Funktionelle Ebene, zum Beispiel Veränderungen im Wachstum, in der Entwicklung oder im Verhalten eines Individuums
- Organsystemebene, zum Beispiel Veränderungen in der Organfunktion eines Individuums
- Zellebene, zum Beispiel Veränderungen in den Zellen eines Individuums oder Zelltod
- Biomolekulare Ebene, Veränderungen in der chemischen Zusammensetzung eines Individuums

Veränderungen, die auftreten, können manchmal, aber nicht immer rückgängig gemacht werden. So können beispielsweise Veränderungen in Zellreaktionen und im Immunsystem häufig rückgängig gemacht werden, Veränderungen in Genen jedoch nicht. Das bedeutet, dass Bewertungen auf Basis von Biomarkern der Wirkung direkt mit den durch Schadstoffe verursachten Gesundheitsrisiken zusammenhängen.

Beispielsweise wird die schädliche Wirkung von Metallbelastungen durch Proteine eingeschränkt, die diese Metalle binden. Das bedeutet, dass Veränderungen auf biomolekularer Ebene messbar sind. Biomarker der Wirkung können die Menge dieser Proteine im Blut messen: Je höher die Konzentration dieser Proteine, desto höher die Exposition gegenüber Metallen. Auch aktivieren bestimmte Schadstoffe das Immunsystem. Das bedeutet, dass Veränderungen auf Organsystemebene messbar sind. Biomarker der Wirkung können zum Beispiel die Anzahl der Blutzellen in einer bestimmten Blutmenge bestimmen.

7.3.4 Biomonitoring

Neben der einmaligen Anwendung von Biomarkern der Exposition, Empfindlichkeit und Wirkung zur Erkennung von Verschmutzung können diese auch wiederholt über einen längeren Zeitraum eingesetzt werden. Dies wird als Biomonitoring bezeichnet. Biomonitoring ist hilfreich, um Veränderungen der Schadstoffbelastung zu messen, die durch Verschmutzung verursachten Risiken kontinuierlich zu bewerten und rechtzeitig Gegenmaßnahmen zum Schutz des Ökosystems zu ergreifen.

Abb. 7.10 Muscheln

So sind beispielsweise Muscheln hilfreiche Biomarker für das Biomonitoring der Verschmutzung in aquatischen Lebensräumen (siehe Abb. 7.10). Sie wachsen in großer Zahl, haben eine mittlere Toleranz gegenüber Schadstoffen und bleiben immer am selben Ort.

7.4 Fazit

Obwohl Umweltverschmutzung eine der drei aktuellen Umweltkrisen ist, ist das Verständnis des Ausmaßes der Verschmutzung entscheidend, um sie lösen zu können. Das Ausmaß lässt sich durch die Messung von Schadstoffen und deren Auswirkungen auf die Umwelt erfassen.

Verschmutzung kann *direkt* gemessen werden, indem beispielsweise Art und Menge der Schadstoffe im Wasser bestimmt werden. Dies ist mit optischen Biosensoren möglich. Diese Sensoren können Schadstoffe wie Pestizide, Arzneimittel, organische Verbindungen, Mikroorganismen und Schwermetalle im Wasser nachweisen. Es stehen verschiedene Methoden zur Verfügung, darunter Interferometrie, Oberflächenplasmonenresonanz, Fluoreszenz, Gitterstrukturen und optische Resonatoren.

Verschmutzung kann auch *direkt und indirekt* durch Fernerkundung gemessen werden. Fernerkundung kann zur direkten Messung von Verschmutzung, wie beispielsweise Lichtverschmutzung, eingesetzt werden; sie kann aber auch zur indirekten Messung von Verschmutzung dienen, indem der Zustand unserer Umwelt anhand von Informationen über Vegetationsmerkmale, Mikrohabitateigenschaften und Habitatstrukturen erfasst wird.

Außerdem kann Verschmutzung *indirekt* durch den Einsatz von Biomarkern gemessen werden. Biomarker sind häufig Tiere, die uns anzeigen können, ob und wie stark wir die Umwelt verschmutzt haben.

Alle Methoden liefern wertvolle Daten, die genutzt werden können, um fundierte Entscheidungen zur Reduzierung der Umweltverschmutzung zu treffen.

7.5 Wie wir handeln können

Auch wenn uns diese Technologien zur Datenerhebung nicht allen zur Verfügung stehen, gibt es hier praktische Ideen, was Sie und ich tun können, um Umweltverschmutzung zu verhindern:

- Abfälle in die richtige Tonne entsorgen, um eine korrekte Entsorgung oder das Recycling zu unterstützen
- Biologisch abbaubare statt nicht biologisch abbaubare Materialien verwenden (mehr zur biologischen Abbaubarkeit in Kap. 7 von Der Weg zu einem gesünderen Planeten Band 1: „Wie Plastikverschmutzung unsere Umwelt beeinflusst")
- Organische statt chemische Düngemittel, Pestizide und Herbizide verwenden
- Eine Aufräumaktion durchführen, um Abfälle aus der Umwelt zu entfernen
- Ein Auto mit Ölverlust so schnell wie möglich reparieren (lassen)
- Verhindern, dass Plastik ins Meer gelangt (mehr dazu, wie Plastik vom Meer ferngehalten werden kann, in Kap. 11 von Der Weg zu einem gesünderen Planeten Band 2: „Lösungen für Umweltverschmutzung: Entfernung von Plastikmüll aus der Umwelt")
- Abfälle aus dem Meer entfernen, was als „Strawkling" bezeichnet wird (mehr dazu, wie Kunststoffe aus Flüssen und Meeren entfernt werden können, in Kap. 11 von Der Weg zu einem gesünderen Planeten Band 2: „Lösungen für Umweltverschmutzung: Entfernung von Plastikmüll aus der Umwelt")

Hier sind praktische Ideen, was Sie und ich tun können, um Wasserverschmutzung zu verhindern:

- So wenig Chemikalien wie möglich zum Reinigen des Hauses verwenden, zum Beispiel Essig gegen Kalkablagerungen einsetzen
- Verstopfungen im Abfluss durch Entfernen der Blockade statt durch Chemikalien beseitigen
- Organische statt chemische Pflanzenschutzmittel verwenden
- Medikamente ordnungsgemäß entsorgen, zum Beispiel durch Rückgabe in der Apotheke

Und falls Ihre Umgebung bereits verschmutzt ist, hier praktische Ideen, was Sie und ich tun können, um Lichtverschmutzung zu reduzieren:

- Die Stadt darum bitten, Straßenlaternen zu installieren, die sich dimmen, wenn niemand in der Nähe ist, um Lichtverschmutzung zu verringern
- So wenige Außenleuchten wie möglich installieren
- Darauf achten, dass Außenbeleuchtung nur nach unten und nicht (teilweise) nach oben strahlt
- So viele Bäume und andere Pflanzen wie möglich auf Privatgrundstücken pflanzen
- Die Wiederaufforstung unterstützen, indem Samenbomben verteilt werden

Würdigung

Dieses Kapitel basiert auf

Optische Biosensoren:

Herrera-Domínguez, M., Morales-Luna, G., Mahlknecht, J., Cheng, Q., Aguilar-Hernández, I. & Ornelas-Soto, N. (2023). Optical Biosensors and Their Applications for the Detection of Water Pollutants. *Biosensors, 13*(3), 370.

Fernerkundung:

Rhodes, M.W., Bennie, J.J., Spalding, A., ffrench-Constant, R.H. und Maclean, I.M.D. (2022), Recent advances in the remote sensing of insects. *Biol Rev, 97,* 343–360.

Biomarker:

Chandana, M.m Lakshmi, C. J. & Rani, U. J. (2019). Biomarkers for environmental monitoring in ecotoxicology. *International Journal of Pharmacy and Biological Sciences*, 9 (2).

Lionetto, M. G., Caricato, R. & Giordano, M. E. (2019). Pollution biomarkers in environmental and human biomonitoring. *The Open Biomarkers Journal*, *9*(1).

Abbildungsnachweise

Abb. 7.1 „ARS Campylobacter jejuni“ von De Wood, Pooley, USDA, ARS, EMU ist gemeinfrei veröffentlicht.
Quelle: https://commons.wikimedia.org/wiki/File:ARS_Campylobacter_jejuni.jpg.
Lizenz: https://en.wikipedia.org/wiki/Public_domain

Abb. 7.4 udaix auf Shutterstock

Abb. 7.5 „NDVI 102003“ von Gennaro Cappelluti ist lizenziert unter CC BY-SA 3.0.
Quelle: https://commons.wikimedia.org/wiki/File:NDVI_102003.png.
Autor: http://www.crazyverse.com/cappelluti/docs/anims/leicester/.
Lizenz: https://creativecommons.org/licenses/by-sa/3.0/deed.en

Abb. 7.6 „Digitales Höhenmodell (DEM) der Mt. Everest Region“ von NSIDC ist lizenziert unter CC BY 2.0.
Quelle: https://commons.wikimedia.org/wiki/File:Digital_elevation_model_(DEM)_of_the_Mt._Everest_region_-_50090548573.png.
Autor: https://www.flickr.com/photos/nsidc/.
Lizenz: https://creativecommons.org/licenses/by/2.0/deed.en

Abb. 7.7 „Lichtverschmutzung It's not pretty“ von Jeremy Stanley ist lizenziert unter CC BY 2.0.
Quelle: https://commons.wikimedia.org/wiki/File:Light_pollution_It's_not_pretty.jpg.
Autor: https://www.flickr.com/photos/79297308@N00.
Lizenz: https://creativecommons.org/licenses/by/2.0/deed.en

Abb. 7.8 Dr. Erlijn van Genuchten

Abb. 7.9 galitsin auf Shutterstock

Abb. 7.10 jonny neesom auf Shutterstock

Kapitel 8
Wie pharmazeutische Verschmutzung aquatische Organismen schädigt

Zusammenfassung Die Verschmutzung durch Arzneimittel, ein wachsendes globales Problem, beeinflusst unsere Umwelt auf oft übersehene Weise. Während Plastik- und Luftverschmutzung die Diskussionen dominieren, gelangen chemische Substanzen aus Medikamenten – wie Schmerzmittel, Antibiotika, Hormone und Antidepressiva – zunehmend in unsere Wasserquellen. Diese Arzneimittel gelangen durch menschliche und industrielle Abwässer in die Ökosysteme und schaffen toxische Bedingungen für aquatische Lebewesen. Selbst in niedrigen Konzentrationen können sie biologische Prozesse stören, Fortpflanzungssysteme verändern und essenzielle Funktionen wie die Photosynthese beeinträchtigen. Dieses Kapitel untersucht die schädlichen Auswirkungen verschiedener Arzneimittel, darunter Schmerzmittel, Betablocker, Antibiotika, endokrine Disruptoren, Krebsmedikamente und weitere. Angesichts der zunehmenden Verschmutzung ist das Verständnis dieser unsichtbaren Bedrohungen entscheidend, um unsere Gesundheit und die empfindlichen Ökosysteme unseres Planeten zu schützen.

Schlüsselwörter Wissenschaft · Wissenschaftskommunikation · Verschmutzung · Folgen der Verschmutzung · Pharmazeutische Verschmutzung · Ökosysteme · Umweltkontaminanten · Wasserverschmutzung · Pharmazeutische Abfälle · Antibiotika · Endokrine Disruptoren · Schmerzmittel · Betablocker · Arzneimitteltoxizität · Pharmazeutisch aktive Verbindungen · Bioremediation · Abwasser · Mykoremediation · Neue Schadstoffe

Eine der Arten von Verschmutzung, die mit optischen Biosensoren gemessen werden kann, sind Arzneimittel. Arzneimittel verursachen eine Art von Verschmutzung, an die viele nicht denken: Wenn man an Umweltverschmutzung denkt, kommt

---

Würdigung: Dieses Kapitel basiert auf dem wissenschaftlichen Artikel „Pharmaceutical Pollution in Aquatic Environments: A Concise Review of Environmental Impacts and Bioremediation Systems" von Maranda Esterhuizen und Kolleg:innen. (Die vollständige Quellenangabe befindet sich am Ende des Kapitels)

E. van Genuchten, *Der Weg zu einem gesünderen Planeten 3*,
https://doi.org/10.1007/978-3-032-14696-0_8

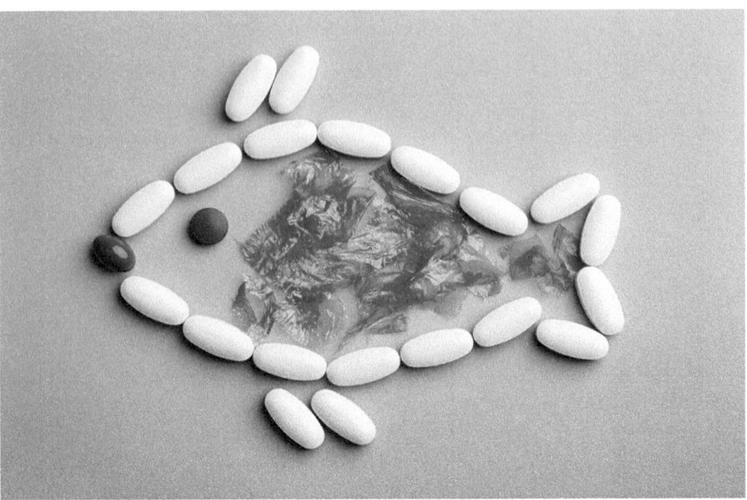

Abb. 8.1 Arzneimittelverschmutzung beeinträchtigt aquatische Organismen

einem als Erstes vielleicht die Plastikverschmutzung in den Sinn. Oder vielleicht die Luftverschmutzung. Arzneimittel sind chemische Substanzen, die zu medizinischen Zwecken wie Krankheitsvorbeugung, Diagnose und Behandlung eingesetzt werden. Zu diesen Substanzen zählen Medikamente, Hormone, Antibiotika und Produkte der Körperpflege.

Gelangen diese chemischen Substanzen in die Umwelt, verursachen sie eine Arzneimittelverschmutzung. Sie können auf verschiedene Weise in die Umwelt gelangen, unter anderem durch Ausscheidung über Urin und Fäzes, durch unbehandelte pharmazeutische Abfälle und durch unsachgemäß entsorgtes Abwasser aus der pharmazeutischen Industrie.

Obwohl diese Art der Verschmutzung relativ unbekannt ist, stellt sie ein wachsendes globales Problem dar. Das liegt daran, dass wir Medikamente im Übermaß verwenden, wodurch die Konzentrationen von Arzneimitteln in Gewässern steigen. Auch wenn die Konzentrationen im Wasser gering sind, sie liegen im Bereich von Nanogramm bis Mikrogramm pro Liter (auch als parts per billion (ppb) ausgedrückt), können sie dennoch sehr schädlich sein (siehe Abb. 8.1). Ein Teil pro Milliarde entspricht etwa 1 Sekunde in 32 Jahren oder 1 Cent in 10.000.000 Dollar. Und entscheidend ist, dass Wasseraufbereitungsanlagen Schwierigkeiten haben, diese Substanzen aus dem Wasser zu entfernen. So wirkt sich die Arzneimittelverschmutzung auf aquatische Organismen aus:

8.1 Schmerzmittel

Die erste Art von Arzneimitteln, die aquatische Organismen schädigt, sind Schmerzmittel. Einige Schmerzmittel, sogenannte Analgetika, lindern nur Schmerzen. Andere Schmerzmittel, sogenannte nichtsteroidale Antirheumatika, wirken zusätzlich entzündungshemmend und fiebersenkend. Beispiele hierfür sind Ibuprofen und Aspirin. Diese Medikamente werden weltweit häufig verwendet: Etwa 35 Mio. Menschen nehmen diese Arzneimittel täglich ein, und sie werden oft in Kombination mit Antibiotika in Tierarzneimitteln eingesetzt, ebenfalls zur Linderung von Entzündungen, Fieber und Schmerzen sowie zur Stressreduktion und zur Behandlung von Gelenkbeschwerden. Leider haben diese Medikamente auch Nebenwirkungen, darunter Magen- und Darmprobleme, Nierenprobleme, Asthma und manchmal seltene allergische Reaktionen.

Gelangen Analgetika und nichtsteroidale Antirheumatika in die Umwelt, verursachen sie nicht nur beim Menschen, sondern auch bei Wirbellosen, Pflanzen und Wassertieren ernsthafte Probleme. So schädigen beispielsweise Substanzen aus Diclofenac, einem nichtsteroidalen Antirheumatikum, Mittelmeer-Miesmuscheln (siehe Abb. 8.2), indem sie biologische Prozesse beeinflussen, darunter die Aktivität des Östrogenhormons und die Abwehr gegen oxidativen Stress. Oxidativer Stress ist ein Ungleichgewicht zwischen der Menge toxischer Moleküle in Zellen und Geweben und der Fähigkeit, diese Moleküle zu entgiften. Außerdem

Abb. 8.2 Mittelmeer-Miesmuscheln (*Mytilus galloprovincialis*)

kann Diclofenac zu Fehlbildungen an Herz und Blutgefäßen führen, das Schlüpf- und Bewegungsverhalten stören und Fortpflanzungsprozesse unterbrechen.

8.2 Betablocker

Die zweite Art von Arzneimitteln, die aquatische Organismen schädigt, sind Betablocker oder β-Blocker. Betablocker blockieren die Ausschüttung der Hormone Adrenalin und Noradrenalin. Diese Hormone sind Stresshormone, die das Herz schneller schlagen lassen. Infolgedessen bewirken Betablocker, dass das Herz weniger kräftig und langsamer schlägt. Sie werden häufig zur Blutdruckkontrolle und gegen durch verminderte Durchblutung des Herzens verursachte Brustschmerzen, Herzinsuffizienz und Herzrhythmusstörungen eingesetzt.

Gelangen Betablocker in die Umwelt, sind bereits geringe Mengen für Lebewesen schädlich. So verursachen beispielsweise 3 bis 6167 ng/L (0,003 bis 6,167 ppb) bereits Fortpflanzungsstörungen und Schäden am Gehirn und Nervensystem. Sie können auch Entwicklungsstörungen bei aquatischen Organismen hervorrufen und zum Tod von Fischen und Grünalgen führen.

8.3 Antibiotika

Die dritte Art von Arzneimitteln, die aquatische Organismen schädigt, sind Antibiotika. Antibiotika sind Medikamente gegen bakterielle Infektionen bei Menschen und Tieren. Die Konzentration von Antibiotika im Wasser hängt vom jeweiligen Gewässer ab (siehe Abb. 8.3).

Abwasser weist einen Konzentrationsbereich von 0,0013 bis 0,0125 μg/mL auf, Trinkwasser reicht von 0,0005 bis 0,0214 μg/mL und Flusswasser von 0,0003 bis 0,0039 μg/mL. Die x-Achse zeigt die Konzentrationsstufen, die y-Achse die Konzentration in μg/mL von 0 bis 0,025.

Gelangen Antibiotika in die Umwelt, ist das besonders besorgniserregend, da sie lange erhalten bleiben, oft noch antibiotische Eigenschaften besitzen und sich leicht in Ökosystemen ausbreiten. Das bedeutet, dass aquatische und Bodenorganismen diesen Wirkstoffen kontinuierlich ausgesetzt sind. Selbst geringe Konzentrationen sind toxisch, behindern die Photosynthese bei Wasserpflanzen und erhöhen den oxidativen Stress. Gleichzeitig entwickeln Mikroorganismen Resistenzen gegen diese antibakteriellen Substanzen. Auch das ist problematisch, da ihre Resistenz die Wirksamkeit von Antibiotika beim Menschen verringert und in naher Zukunft möglicherweise zu einem starken Anstieg der Todesfälle führen kann.

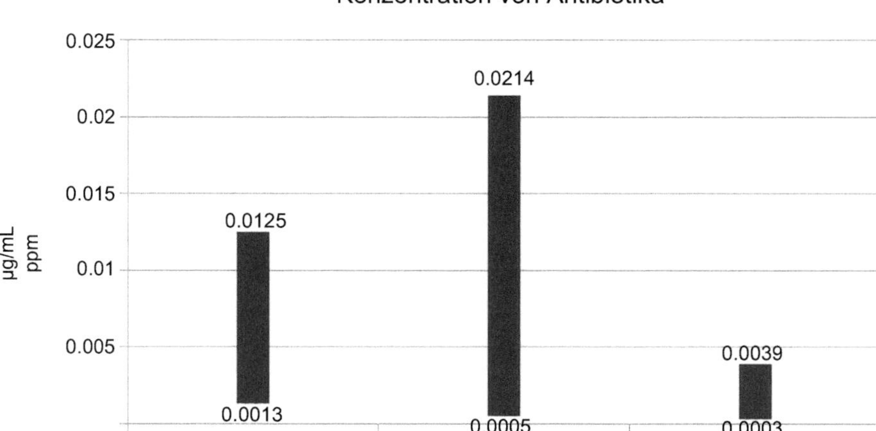

Abb. 8.3 Die Konzentrationen von Antibiotika unterscheiden sich je nach Gewässer. Jeder Balken zeigt die Spanne zwischen dem oberen und unteren Grenzwert des Konzentrationsbereichs in Abwasser (*links*), Trinkwasser (*Mitte*) und Flusswasser (*rechts*)

8.4 Endokrine Disruptoren

Die vierte Art von Arzneimitteln, die aquatische Organismen schädigt, sind endokrine Disruptoren. Endokrine Disruptoren sind natürliche oder künstlich hergestellte Substanzen, die unsere Hormone nachahmen oder deren Wirkung stören. Beispiele sind Antibabypillen, Steroide zum Muskelaufbau und Hormonersatzstoffe wie Testosteron für Männer ohne Hoden.

Gelangen endokrine Disruptoren in die Umwelt, beeinträchtigen sie sowohl die Gesundheit von Menschen als auch von Tieren, da sie natürliche Hormone blockieren oder nachahmen, die für das korrekte Funktionieren bestimmter Organe verantwortlich sind. Bei Wassertieren können endokrine Disruptoren beispielsweise das Fortpflanzungssystem beeinflussen. Sie können auch dazu führen, dass mehr Weibchen geboren werden, was Auswirkungen auf das Überleben der Art hat.

8.5 Krebsmedikamente

Die fünfte Art von Arzneimitteln, die aquatische Organismen schädigt, sind Krebsmedikamente. Krebsmedikamente werden eingesetzt, um schnell wachsende Zellen wie Tumorzellen zu zerstören. Da diese Medikamente jedoch nicht selektiv wirken, greifen sie auch gesunde Zellen an. Dies kann zu Zellschäden, Genschäden, Mutationen und Geburtsfehlern führen.

Abb. 8.4 Zebrafisch (*Danio rerio*)

Gelangen Krebsmedikamente in die Umwelt, können sie auch Wassertiere schädigen. So führte eine langfristige Exposition gegenüber Krebsmedikamenten bei Zebrafischen über zwei Generationen hinweg zu schädlichen Veränderungen in Leber- und Nierengewebe (siehe Abb. 8.4). Außerdem veränderten die Medikamente deren Gene.

8.6 Antiretrovirale Medikamente

Die sechste Art von Arzneimitteln, die aquatische Organismen schädigt, sind antiretrovirale Medikamente. Antiretrovirale Medikamente werden häufig zur Behandlung von Menschen eingesetzt, die mit dem Humanen Immundefizienz-Virus (HIV) infiziert sind, das unbehandelt das *Acquired Immunodeficiency Syndrome* (AIDS) verursacht. Während das Vorkommen anderer pharmazeutischer Substanzen im Abwasser überwacht wird, wird das Vorkommen von Antiretroviralen nur unzureichend kontrolliert. Dadurch können diese Medikamente leicht in Trinkwasserquellen gelangen.

Gelangen antiretrovirale Medikamente in die Umwelt, sind sie zwar nur mäßig toxisch, können sich jedoch in aquatischen Organismen anreichern. Dies kann die Schädigung im Laufe der Zeit verstärken.

8.7 Psychoaktive Substanzen

Die siebte Art von Arzneimitteln, die aquatische Organismen schädigt, sind psychoaktive Substanzen. Psychoaktive Substanzen sind Medikamente, die unsere Gedanken, Emotionen, unseren Willen und unser Verhalten verändern. Beispiele sind Opioide, Cannabis und Tabak. Einige dieser Arzneimittel sind legal, andere illegal. Sie werden als Schmerzmittel, als Anästhetika zur Schmerzausschaltung sowie zur Kontrolle von Angst und Manie eingesetzt.

Obwohl die Auswirkungen von psychoaktiven Substanzen auf aquatische Ökosysteme noch wenig bekannt sind, ist es wahrscheinlich, dass sie nicht nur den Menschen, sondern auch Wassertiere beeinflussen. Sie könnten beispielsweise deren Entwicklung, Gehirn und Nervensystem sowie die Hormonproduktion beeinträchtigen.

8.8 Fazit

Die Messung von Umweltverschmutzung mithilfe optischer Biosensoren, Fernerkundung und Biomarkern ist wichtig, da bereits sehr geringe Mengen an Schadstoffen für die Umwelt und uns schädlich sein können.

Beispielsweise können geringe Mengen an pharmazeutischen Schadstoffen Wasserorganismen auf vielfältige Weise schädigen, da sie biologische Prozesse und Strukturen beeinflussen. Sie können zum Beispiel die Hormonhaushalte von Organismen stören, die Enzymaktivität einschränken, Fehlbildungen an Herz und Blutgefäßen verursachen, das Verhalten beeinträchtigen und Fortpflanzungsprozesse beeinflussen. Außerdem können sie das Gehirn und Nervensystem schädigen, Entwicklungsstörungen hervorrufen und zum Tod von Organismen führen.

Leider nehmen diese Konzentrationen aufgrund des übermäßigen Einsatzes von Arzneimitteln derzeit zu, und infolgedessen auch deren schädliche Wirkung. Deshalb ist es wichtig, die pharmazeutische Verschmutzung so weit wie möglich zu reduzieren.

8.9 Wie wir handeln können

Da bereits geringe Konzentrationen pharmazeutischer Schadstoffe schädlich sind, hier einige praktische Ideen, was Sie und ich tun können, um die pharmazeutische Verschmutzung zu begrenzen:

- So wenig Medikamente wie möglich verwenden
- Medikamente ordnungsgemäß entsorgen

- Wann immer möglich, natürliche statt synthetischer Arzneimittel bevorzugen
- Müll, insbesondere Medikamente, aufsammeln und in einen Abfalleimer werfen
- Zur Entwicklung von Lösungen beitragen, um pharmazeutische Substanzen aus dem Wasser zu filtern

Würdigung

Dieses Kapitel basiert auf

Ortúzar, M., Esterhuizen, M., Olicón-Hernández, D. R., González-López, J., & Aranda, E. (2022). Pharmaceutical pollution in aquatic environments: a concise review of environmental impacts and bioremediation systems. *Frontiers in Microbiology, 13,* 869332.

Abbildungsnachweise

Abb. 8.1 Alina Kruk auf Shutterstock
Abb. 8.2 A. Mertens auf Shutterstock
Abb. 8.3 Dr. Erlijn van Genuchten
Abb. 8.4 boban_nz auf Shutterstock

Kapitel 9
Wie Erdbebenschutt die Umwelt und unsere Gesundheit beeinflusst

Zusammenfassung Erdbeben hinterlassen enorme Mengen an Trümmern, die von eingestürzten Baumaterialien über gefährliche Chemikalien bis hin zu verrottender organischer Substanz reichen. Diese Trümmer behindern nicht nur die Wiederaufbaumaßnahmen, sondern stellen auch erhebliche Umwelt- und Gesundheitsrisiken dar, darunter Luft- und Wasserverschmutzung, gestörte Ökosysteme sowie langfristige Gesundheitsprobleme wie Atemwegserkrankungen und Infektionen. Dieses Kapitel untersucht die komplexen Herausforderungen eines nachhaltigen Umgangs mit Erdbebentrümmern und beleuchtet deren Umweltauswirkungen – von giftigem Staub und chemischer Kontamination bis hin zur Zerstörung von Lebensräumen und der Ausbreitung invasiver Arten. Es betont die Bedeutung nachhaltiger Praktiken im Trümmermanagement, wie Recycling und sachgerechte Entsorgung, um diese Risiken zu mindern. Durch die Auseinandersetzung mit den verborgenen Gefahren von Erdbebentrümmern unterstreicht dieses Kapitel die Notwendigkeit globaler Sensibilisierung und Maßnahmen zum Schutz der menschlichen Gesundheit und der Ökosysteme unseres Planeten nach Naturkatastrophen.

Schlüsselwörter Wissenschaft · Wissenschaftskommunikation · Verschmutzung · Folgen der Verschmutzung · Erdbeben · Trümmer · Trümmermanagement · Natürliche Umwelt · Öffentliche Gesundheit · Gesundheitsrisiken · Risikominderung · Erdbebentrümmer · Umweltauswirkungen · Nachhaltiges Trümmermanagement · Störung des Ökosystems · Katastrophenbewältigung · Abfallrecycling

---

Würdigung: Dieses Kapitel basiert auf dem wissenschaftlichen Artikel „Bewältigung von Erdbebenschutt: Umweltprobleme, gesundheitliche Auswirkungen und Risikominderungsmaßnahmen" von Spyridon Mavroulis, Maria Mavrouli, Efthymis Lekkas und Athanasios Tsakris. (Vollständige Quellenangabe am Ende des Kapitels verfügbar)

E. van Genuchten, *Der Weg zu einem gesünderen Planeten 3*,
https://doi.org/10.1007/978-3-032-14696-0_9

Während pharmazeutische Stoffe eine kaum wahrnehmbare Verschmutzung verursachen, die nur mit technischer Hilfe messbar ist, verhält es sich bei der Verschmutzung durch Erdbebentrümmer genau umgekehrt. Erdbebentrümmer sind die Überreste eingestürzter Gebäude sowie die Reste von Bauwerken, die durch ein Erdbeben oder Nachbeben in einem besiedelten Gebiet instabil geworden sind (siehe Abb. 9.1). Zu den Kategorien von Erdbebentrümmern zählen:

- Haushaltstrümmer wie Tische, Spiegel, Kleidung usw.
- Haushaltsgeräte wie Geschirrspüler, Öfen, Gefriertruhen usw.
- Elektronikschrott wie Fernseher, Computer, Telefone usw.
- Fahrzeuge wie Autos, Lastwagen, Boote usw.
- Gefährliche Abfälle wie Batterien, Öl, Reinigungschemikalien usw.
- Bauabfälle wie Ziegel, Beton, Metall usw.
- Pflanzliche Abfälle wie Bäume, Sträucher usw.
- Verrottende Materialien wie Obst und Gemüse, Fleisch, Milchprodukte usw.
- Tote Tiere wie Nutztiere und Haustiere
- Erdmaterialien wie Boden, Gestein, Tsunamischlamm usw.

Erdbeben werden durch plötzlich bewegte tektonische Erdplatten verursacht (siehe Abb. 9.2). Diese plötzliche Bewegung ist möglich, wenn sich zwei tektonische Platten aufgrund von Reibung eine Zeit lang kaum bewegen, aber die antreibende Kraft so groß geworden ist, dass die Reibung nicht mehr ausreicht, um die Platten an ihrem Platz zu halten.

Abb. 9.1 Erdbebentrümmer

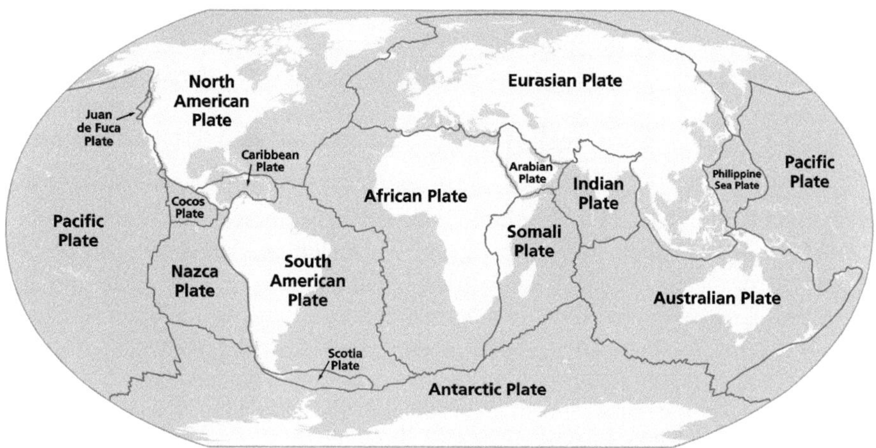

Abb. 9.2 Tektonische Platten

Abb. 9.3

Da sich unsere Kontinente ständig bewegen und dies auch immer tun werden, werden solche Ereignisse weiterhin auftreten. Im Zeitraffervideo in Abb. 9.3 ist zu sehen, wie sich die Platten bis zu ihrer heutigen Position verschoben haben und wohin sie sich voraussichtlich bewegen werden.

Die plötzlichen Bewegungen der tektonischen Platten können unterschiedlich stark ausfallen, was mit der Richterskala gemessen wird. Das bedeutet, dass einige Erdbeben sehr schwach sind und kaum Auswirkungen haben, während andere Erdbeben sehr stark sind und große Schäden verursachen:

- < 2,5 auf der Richterskala: Erdbeben, die in der Regel nicht wahrgenommen werden. Sie treten jährlich millionenfach auf.
- 2,5–5,4: Erdbeben, die meist spürbar sind, aber nur geringe Schäden verursachen. Sie treten etwa eine halbe Million Mal pro Jahr auf.
- 5,5–6,0: Erdbeben, die leichte Schäden an Gebäuden und anderen Bauwerken verursachen. Sie treten etwa 350 Mal pro Jahr auf.

- 6,1–6,9: Erdbeben, die erhebliche Schäden verursachen, insbesondere in dicht besiedelten Gebieten. Sie treten etwa 100 Mal pro Jahr auf.
- 7,0–7,9: Erdbeben, die große Schäden anrichten. Sie treten etwa 10–15 Mal pro Jahr auf.
- > 8,0: Erdbeben, die das Gebiet nahe dem Epizentrum zerstören. Sie treten etwa alle ein bis zwei Jahre auf.

Das bedeutet, dass jedes Jahr über 100 Erdbeben schwere Schäden verursachen.

Die Menge an Erdbebentrümmern hängt von Eigenschaften des Erdbebens wie Ort und Stärke, aber auch von baulichen Gegebenheiten ab. Das heißt, ein Erdbeben gleicher Stärke verursacht in einem Gebiet mit schlecht gebauten Gebäuden mehr Trümmer als in einem Gebiet, in dem nach Erdbebenvorschriften gebaut wurde. Im schlimmsten Fall ist das Erdbeben stark und Gebäude stürzen leicht ein. Dies geschah zum Beispiel am 6. Februar 2023, als die Türkei von einem Erdbeben der Stärke 7,8 betroffen war. Hier stürzten Zehntausende Gebäude vollständig oder teilweise ein, weil Bauvorschriften zur Vermeidung von Erdbebenschäden missachtet wurden. Dadurch entstanden Millionen Tonnen Erdbebentrümmer.

Der Umgang mit diesen Trümmern ist ein wichtiger Schritt bei der Bewältigung eines solchen Ereignisses, zunächst in kritischen Bereichen und Infrastrukturen wie Krankenhäusern und Straßen, und bald darauf auch in den übrigen betroffenen Gebieten. Nachhaltiges Trümmermanagement bedeutet nicht nur das Entfernen der Trümmer, sondern auch das Sortieren, Trennen und Recyceln der Materialien. Dies kann herausfordernd sein, da es Risiken birgt, ist aber sehr wichtig, da Trümmer sowohl die öffentliche Gesundheit als auch die Umwelt beeinflussen, einschließlich Boden, Oberflächen- und Grundwasser sowie Luft. Im Folgenden einige Beispiele, wie Erdbebentrümmer die Umwelt und unsere Gesundheit beeinflussen:

9.1 Staub

Die erste Ursache für Umwelt- und Gesundheitsschäden durch Erdbebentrümmer ist Staub. Staub kann aus verschiedenen Quellen stammen und hat daher unterschiedliche Folgen.

Eine Quelle von Staub ist der Einsturz oder Abriss von Gebäuden während oder nach einem Erdbeben oder der Transport von Trümmern zu Deponien. Die gefährlichste Art von Staub ist Asbest. Asbest besitzt zwar viele vorteilhafte Eigenschaften für Gebäude und andere Infrastrukturen wie Abwasserrohre, darunter Festigkeit und Hitzebeständigkeit, ist jedoch ein gefährlicher Stoff. Der Grund dafür ist, dass sein Staub Luft, Wasser und Boden verunreinigt, sodass wir Asbestpartikel versehentlich einatmen oder aufnehmen. Da Asbestfasern extrem dünn sind – 1200-mal dünner als ein Haar – können sie von unserem Körper kaum entfernt werden und richten daher kontinuierlich Schaden an. In unserer Lunge können die Partikel beispielsweise sofortige Schäden durch Entzündungen und langfristige Schäden durch Krankheiten wie Lungenkrebs verursachen. Im Video in Abb. 9.4 sieht man die riesigen Staubwolken, die durch einstürzende Gebäude entstehen.

Eine weitere Staubquelle sind Erdrutsche (siehe Abb. 9.5). Dieser Staub kann beispielsweise luftgetragene Sporen von Pilzen enthalten, die beim Einatmen Atemwegserkrankungen verursachen. Einer dieser Pilze ist *Coccidioides immitis*, der die Kokzidioidomykose oder das sogenannte Valley-Fieber auslöst. Das

Abb. 9.4

Abb. 9.5 Durch einen Erdrutsch nach einem Erdbeben zerstörte Straße

Valley-Fieber kann verschiedene Symptome hervorrufen, darunter Müdigkeit, Husten, Fieber, Kurzatmigkeit und Kopfschmerzen. Während viele Menschen keine Symptome zeigen und sich selbst erholen, benötigen manche eine medikamentöse Behandlung.

Eine dritte Staubquelle sind Ablagerungen durch Bodenverflüssigung. Bei der Bodenverflüssigung wird der Boden durch das Erdbeben vorübergehend flüssig. Während er sich bewegt und wieder verfestigt, bleiben Ablagerungen zurück. Wenn der verflüssigte Boden durch Risse an die Erdoberfläche gelangt und der Luft ausgesetzt ist, trocknet er aus, wobei ebenfalls Staub freigesetzt wird. Dieser Staub kann beispielsweise Bakterien und Viren enthalten, die unsere Gesundheit gefährden können.

Eine vierte Staubquelle ist Tsunamischlamm. Tsunamischlamm ist eine schlammige Mischung aus Wasser, Trümmern und Sedimenten, die von einer Tsunamiwelle über das Land gespült wird (siehe Abb. 9.6). Eine Tsunamiwelle wird durch ein unterseeisches Erdbeben ausgelöst. Dieser Schlamm kann chemische Substanzen, Schwermetalle, Öle und schädliche Mikroorganismen enthalten. Nachdem diese Stoffe die Umwelt kontaminiert haben, können sie unsere Gesundheit beeinträchtigen. Beispielsweise kann dies zu einer chronisch obstruktiven Lungenerkrankung (COPD) führen, die mit einer Verengung der Atemwege und Atemproblemen wie Kurzatmigkeit einhergeht. Dies kann unser Leben stark beeinträchtigen und sogar zu einem Krankenhausaufenthalt führen.

Abb. 9.6 Von Tsunamischlamm bedecktes Gebiet

9.2 Schwermetalle und Chemikalien

Die zweite Ursache für Umwelt- und Gesundheitsschäden durch Erdbebentrümmer sind Schwermetalle wie Cadmium, Chlor, Zink und Nickel sowie Chemikalien. Schwermetalle und Chemikalien können sowohl Oberflächen- als auch Grundwasser verunreinigen, wenn sie in Gewässer wie Bäche, Seen, Flüsse und Meere gelangen. Dies kann aufgrund der verminderten Wasserqualität langfristig negative Auswirkungen auf aquatische Ökosysteme haben.

Auch Schwermetalle und Chemikalien im kontaminierten Wasser können für uns schädlich sein, wenn dieses beispielsweise als Bewässerungs- oder Trinkwasser genutzt wird. Gelangen Schwermetalle in unseren Körper, können sie natürliche Prozesse beeinträchtigen und langfristige Schäden verursachen. So kann beispielsweise Parkinson ausgelöst werden (weitere Informationen: Kap. 10 aus Der Weg zu einem gesünderen Planeten Band 1: „Wie Schwermetallverschmutzung Parkinson-Krankheit verursachen kann").

9.3 Verwesliche Stoffe

Die dritte Ursache für Umwelt- und Gesundheitsschäden durch Erdbebentrümmer sind verwesliche Stoffe (siehe Abb. 9.7). Verwesliche Stoffe sind Dinge, die verderben oder verrotten können, wenn sie nicht richtig entsorgt werden, wie

Abb. 9.7 Beispiel für einen verweslichen Stoff: verdorbener Mais

Lebensmittel und andere organische Materialien. Diese organischen Materialien können verderben, wenn nach einer Beschädigung des Stromnetzes durch ein Erdbeben der Strom ausfällt. Beim Verderben haben Bakterien und Schimmel die Möglichkeit zu wachsen, was das Risiko einer lebensmittelbedingten Erkrankung erhöht. Dies kann beispielsweise zu Durchfall, Übelkeit, Erbrechen und Atemproblemen führen. Gelangen verwesliche Stoffe in die Umwelt, können sie zudem Tiere anlocken, die potenziell Schädlinge übertragen, wie Ratten. Dies kann nicht nur unsere Gesundheit, sondern auch die anderer Organismen beeinträchtigen.

9.4 Gestörte Sanitärversorgung

Die vierte Ursache für Umwelt- und Gesundheitsschäden durch Erdbebentrümmer ist eine gestörte Sanitärversorgung. Gestörte Sanitäranlagen können Brutstätten für Gliederfüßer wie Mücken, Fliegen und Milben bieten und Nagetiere wie Ratten anlocken. Diese Tiere können Infektionskrankheiten verbreiten. So können Fliegen Coli-Bakterien (*Escherichia coli*) und verschiedene Salmonellenarten (*Salmonella spp*) übertragen, Mücken verschiedene Fieberarten und Malaria verbreiten und Nagetiere Leptospira-Bakterien übertragen, die Leptospirose verursachen können. Diese Bakterien befallen Tiere und Menschen und verursachen beim Menschen eine Vielzahl von Symptomen, darunter Fieber, Kopfschmerzen, Gelbsucht und gerötete Augen.

Außerdem kann eine gestörte Sanitärversorgung dazu führen, dass Materialien mit Fäkalien kontaminiert werden. Wenn Abwasser mit Fäkalien umliegende Gewässer verunreinigt, können wasserübertragene Krankheiten wie Cholera und Hepatitis A verbreitet werden. Diese Krankheiten können Erdbebenhelfer und Anwohner gefährden, die mit diesem Wasser in Kontakt kommen. Auch Organismen in aquatischen Lebensräumen können betroffen sein, indem Krankheiten eingeschleppt, die Wasserqualität verschlechtert und die Nährstoffverhältnisse verändert werden. Zu viele Nährstoffe können eine Eutrophierung verursachen. Eutrophierung bedeutet, dass ein Übermaß an Nährstoffen zu starkem Pflanzenwachstum führt, wodurch Wassertiere ersticken können (siehe Abb. 9.8).

Abb. 9.8 Von Eutrophierung betroffener See, erkennbar an Pflanzen, die die Wasseroberfläche vollständig bedecken

9.5 Tetanus

Die fünfte Ursache für Umwelt- und Gesundheitsschäden durch Erdbebentrümmer ist Tetanus. Tetanus ist eine Infektionskrankheit, die uns betrifft, wenn Sporen des Bakteriums *Clostridium tetani* mit offenen, ungeschützten Wunden in Kontakt kommen. Offene und ungeschützte Wunden treten nach Erdbeben häufiger auf, da es bei Evakuierungen, der Beseitigung von Trümmern und dem Abriss verbleibender Strukturen eher zu Verletzungen wie Schnitten, Abschürfungen und Stichwunden kommt. Tetanus ist eine tödliche Krankheit, sofern der Betroffene nicht geimpft ist.

9.6 Abgelagerte Trümmer

Die sechste Ursache für Umwelt- und Gesundheitsschäden durch Erdbebentrümmer sind abgelagerte Trümmer. Abgelagerte Trümmer sind Erdbebentrümmer, die unsachgemäß entsorgt werden, also abgeladen werden. Dies kann erhebliche Auswirkungen auf die Umwelt und Organismen haben.

Ein Beispiel für die negativen Auswirkungen abgelagerter Trümmer auf die Umwelt ist der Effekt, wenn sie in Gewässer gekippt werden: Sie können den natürlichen Wasserfluss verändern, zur Ansammlung von Sedimenten führen, das verfügbare Sonnenlicht und den Sauerstoffgehalt verringern und die Flächen für Tiere zum Jagen und zur Suche nach Unterschlupf einschränken. In der Folge können natürliche Prozesse wie Wanderungen, Fortpflanzung und Nährstoffkreisläufe gestört werden. Dies kann einen Dominoeffekt auslösen, bei dem eine Auswirkung die nächste nach sich zieht und so die Biodiversität, Tierpopulationen und die Widerstandsfähigkeit des Ökosystems stark beeinträchtigt.

Ein weiteres Beispiel für die negativen Auswirkungen abgelagerter Trümmer auf die Umwelt ist die Einschleppung nicht-heimischer oder invasiver Arten. Dies liegt daran, dass Trümmer Samen enthalten können. Diese Samen können ihre neue Umgebung stören und heimische Arten beeinträchtigen (weiterführende Literatur: Kap. 14 aus Der Weg zu einem gesünderen Planeten Band 2: „Wie exotische Tierarten Ökosysteme schädigen"). In der Folge wird die Biodiversität verringert und das ökologische Gleichgewicht gestört.

Ein drittes Beispiel für die negativen Auswirkungen abgelagerter Trümmer auf die Umwelt ist die Fragmentierung von Lebensräumen. Fragmentierung bedeutet, dass ein natürlicher Lebensraum in mehrere, voneinander getrennte Bereiche aufgeteilt wird. Auch dies kann natürliche Prozesse wie Wanderungen stören und es Arten erschweren, sich an veränderte Bedingungen anzupassen, wodurch sie anfälliger werden.

Diese Beispiele zeigen die erheblichen Umweltauswirkungen der Ablagerung von Trümmern. Da der Mensch auf gesunde Ökosysteme angewiesen ist, beispielsweise wegen Ökosystemdienstleistungen wie Früchten und Holz, hat dies auch große indirekte Auswirkungen auf uns und unsere Gesundheit.

9.7 Lärm

Die siebte Ursache für Umwelt- und Gesundheitsschäden durch Erdbebentrümmer ist Lärm. Lärm entsteht durch den Transport der Trümmer, durch schwere Geräte, die zum Abbruch und zur Entfernung verbliebener Strukturen eingesetzt werden, sowie durch Maschinen, die zur Vorbereitung und Errichtung von Entsorgungsstellen für Trümmer verwendet werden. Lärm wird durch Motoren, Alarme, Warnsysteme, die Bewegungen der Maschinen und den Aufprall von Geräten auf Trümmer, wie das Brechen und Zerkleinern von Beton, verursacht (siehe Abb. 9.9). Obwohl der Lärm deutlich hörbar ist, sind wir uns der gesundheitlichen Auswirkungen oft nicht bewusst.

Abb. 9.9 Maschinen, die Trümmer bewegen, verursachen Lärm

9.8 Störung der Ästhetik

Die achte Ursache für Umwelt- und Gesundheitsschäden durch Erdbebentrümmer ist die Störung der Ästhetik. Störung der Ästhetik bedeutet, dass die Schönheit der Umgebung durch die Erdbebentrümmer beeinträchtigt wird. Diese beeinträchtigte Schönheit kann beispielsweise das Gefühl von Umweltzerstörung in der Region hervorrufen, was unserer Gesundheit, einschließlich der psychischen Gesundheit, schaden kann. So kann etwa ein anhaltendes Gefühl der Trauer entstehen.

9.9 Fazit

Auch wenn Erdbeben natürliche Ereignisse sind, die es aufgrund der Bewegung der tektonischen Platten immer gab und immer geben wird, lässt sich die negative Auswirkung verringern. So hängt der Schaden eines Erdbebens nicht nur von seiner Stärke ab, sondern auch von den baulichen Eigenschaften: Bei schlecht gebauten Gebäuden ist der Schaden größer.

Zu den Schäden nach Erdbeben gehören Erdbebentrümmer. Diese Trümmer beeinträchtigen die Umwelt und unsere Gesundheit, weil sie Staub, Schwermetalle, Chemikalien und organische Abfälle in unsere Umgebung bringen. Außerdem können sie die Hygiene beeinträchtigen und zu Verletzungen führen, wodurch Krankheiten wie Tetanus uns leichter schaden oder töten können. Darüber hinaus können die Trümmer selbst und der Umgang mit ihnen natürliche Ökosysteme stören und unsere psychische Gesundheit beeinträchtigen, etwa durch Lärmbelastung und eine weniger schöne Umgebung.

9.10 Wie wir handeln können

Da wir das Auftreten von Erdbeben nicht beeinflussen können, ist es wichtig, sie beim Bau von Gebäuden zu berücksichtigen und Trümmer sachgerecht zu entsorgen. Hier sind praktische Ideen, was Sie und ich tun können, um die negativen Auswirkungen von Erdbebentrümmern auf die Umwelt und unsere Gesundheit zu begrenzen:

- Verhindern, dass Asbest zerbricht
- Asbest getrennt von anderen Trümmern entsorgen
- Asbest zu einer Entsorgungsstelle bringen, die mit dieser Art von Trümmern sachgerecht umgehen kann
- Schutzkleidung tragen, wenn man mit Erdbebentrümmern umgeht
- Eine Schutzmaske tragen, um das Einatmen von Erdbebenstaub zu verhindern
- Erdbebentrümmer sachgerecht entsorgen
- Beim Bau eines neuen Hauses die Erdbebenvorschriften einhalten
- Mit anderen zusammenarbeiten, um einen Trümmermanagementplan zu erstellen und umzusetzen

Würdigung

Dieses Kapitel basiert auf

Mavroulis, S., Mavrouli, M., Lekkas, E. & Tsakris, A. (2023). Managing Earthquake Debris: Environmental Issues, Health Impacts, and Risk Reduction Measures. *Environments, 10*(11), 192.

Abbildungsnachweise

Abb. 9.1 Binaya Mangrati auf Shutterstock
Abb. 9.2 Peter Hermes Furian auf Shutterstock
Abb. 9.5 Antonio Nardelli auf Shutterstock
Abb. 9.6 Fly_and_Dive auf Shutterstock
Abb. 9.7 KOOKLE auf Shutterstock
Abb. 9.8 Manishankar Patra auf Shutterstock
Abb. 9.9 Paolo Sartorio auf Shutterstock

Kapitel 10
Wie Mikroplastik unseren Körper beeinflusst

Zusammenfassung Mikroplastik, oft mit bloßem Auge nicht sichtbar, stellt ein wachsendes Umwelt- und Gesundheitsproblem dar. Diese winzigen Kunststoffpartikel, kleiner als 5 mm, sind nicht nur eine Bedrohung für aquatische Ökosysteme, sondern auch für die menschliche Gesundheit. Alarmierend ist, dass sie über Nahrung, Wasser, Luft und sogar alltägliche Produkte wie Bier und Meersalz in unseren Körper gelangen. Jüngste Forschungen haben ihre Anwesenheit in lebenswichtigen Organen wie Leber, Nieren, Milz, Herz, Plazenta und sogar in Muttermilch nachgewiesen, was potenzielle Risiken für zentrale Funktionen wie Immunität, Fortpflanzung und die allgemeine zelluläre Gesundheit birgt. Dieses Kapitel beleuchtet das erschreckende Ausmaß der Mikroplastik-Belastung in unserem Körper, die Mechanismen, durch die sie mit biologischen Systemen interagieren und diese stören, sowie den dringenden Handlungsbedarf, um ihre Auswirkungen auf unsere Gesundheit und Umwelt zu begrenzen.

Schlüsselwörter Wissenschaft · Wissenschaftskommunikation · Verschmutzung · Folgen der Verschmutzung · Mikroplastik · Menschliche Gesundheit · Organschäden · Toxizität · Menschenkörper · Nahrungskette · Umwelt · Blutkreislauf · Reproduktive Gesundheit · Immunsystem · Kreislaufsystem · Gesundheitsauswirkungen · Umweltkontaminanten · Plastikpartikel · Toxikologische Effekte

Während die durch ein Erdbeben verursachte Verschmutzung eine vorübergehende Bedrohung darstellen kann, sind andere Arten der Verschmutzung zu einer dauerhaften Bedrohung geworden. Ein Beispiel dafür sind Mikroplastikpartikel. Diese Mikroplastikpartikel stammen von unsachgemäß entsorgten Kunststoffprodukten, die sich langsam in winzige Partikel zersetzen. Diese Partikel werden als Mikroplastik bezeichnet, wenn sie kleiner als 5 mm sind.

Würdigung: Dieses Kapitel basiert auf dem wissenschaftlichen Artikel „Das Plastik in uns: Mikroplastik dringt in menschliche Organe und Körpersysteme ein“ von Christian Ebere Enyoh und Kollegen. (Vollständige Quellenangabe am Ende des Kapitels)

E. van Genuchten, *Der Weg zu einem gesünderen Planeten 3*,
https://doi.org/10.1007/978-3-032-14696-0_10

In „Der Weg zu einem gesünderen Planeten Band 1“ habe ich erklärt, wie Mikroplastik, das in die Umwelt gelangt ist, Wasserlebewesen schädigt. Das mag so klingen, als würde es uns nicht betreffen, aber das tut es! Zum Beispiel:

- Dieses Mikroplastik kann in die Nahrungskette gelangen und schließlich auf unseren Tellern landen. Wenn wir diese Lebensmittel essen, gelangt Mikroplastik auch in unseren Körper und schadet uns ebenfalls.
- Da Mikroplastik nicht nur in aquatischen Lebensräumen, sondern auch in Sedimenten, Böden, Staub, Luft und sogar – zum Beispiel – in Bier, Meersalz und Leitungswasser vorkommt und die Anzahl dieser Partikel zunimmt, ist es immer wahrscheinlicher, dass wir Mikroplastik über unsere Nahrung aufnehmen. Derzeit wird geschätzt, dass wir pro Person und Jahr 39.000–52.000 Partikel zu uns nehmen!
- Wir atmen diese Partikel ein. Wie tief diese Partikel in unsere Lunge eindringen, hängt von ihrer Größe und Dichte ab: Kleinere und weniger dichte Partikel dringen tiefer in die Lunge ein. Da diese Partikel unsere Lunge schädigen können, gibt es einen natürlichen Abwehrmechanismus, den sogenannten mukoziliären Transport, der diese Partikel aus der Lunge in Richtung Rachen befördert. Haben sie den Rachen erreicht, schlucken wir sie in der Regel. Alternativ können Mikroplastikpartikel von einer Art weißer Blutkörperchen abgebaut werden und so in den Blutkreislauf oder das Lymphsystem gelangen.

Mit der zunehmenden Menge an Mikroplastik ist dies ein großes Anliegen: Auch das potenzielle Risiko für unsere Gesundheit wächst. Denn Mikroplastik kann giftige Substanzen enthalten und schädliche Chemikalien adsorbieren. Dadurch können sie zum Beispiel Entzündungen verursachen und die Aktivität von Mikroorganismen in unserem Darm verändern. Diese Mikroorganismen sind sehr wichtig für unsere Gesundheit.

Außerdem können sie in viele verschiedene Bereiche unseres Körpers gelangen. Tatsächlich wurde Mikroplastik bereits in vielen verschiedenen Körperregionen nachgewiesen. Hier wurde Mikroplastik gefunden:

10.1 Leber, Niere und Milz

Die ersten Bereiche, in denen Mikroplastik in unserem Körper gefunden wurde, sind Leber, Niere und Milz (siehe Abb. 10.1). Diese drei Organe arbeiten zusammen, um das innere Gleichgewicht des Körpers zu erhalten, das Immunsystem zu unterstützen und Abfallstoffe auszuscheiden:

- Die Leber entgiftet unser Blut, hilft bei der Verdauung, reguliert den Blutzucker und produziert Proteine, die Blutungen verlangsamen und stoppen.
- Die Nieren filtern Abfallstoffe, regulieren den Flüssigkeitshaushalt, steuern den Blutdruck und aktivieren Vitamin D, damit unser Körper es verwerten kann.

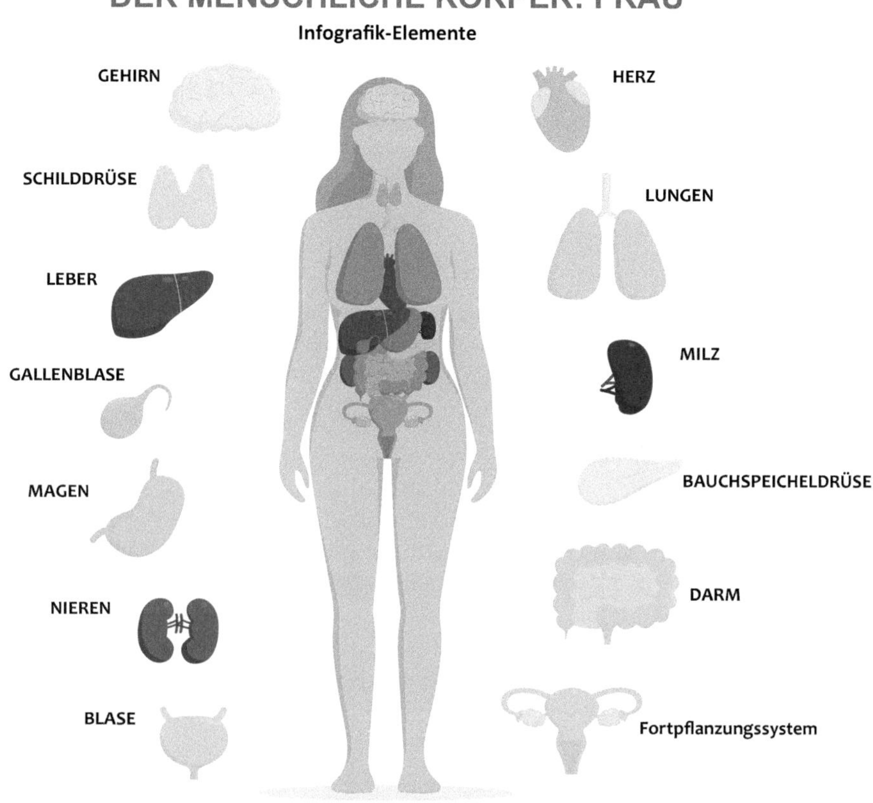

Abb. 10.1 Lage von Leber, Nieren, Milz und anderen Organen im weiblichen menschlichen Körper

- Die Milz unterstützt das Immunsystem, indem sie das Blut filtert und wichtige Blutbestandteile wie rote und weiße Blutkörperchen speichert. Diese Bestandteile helfen, Infektionen durch Bakterien zu bekämpfen.

Bislang wurde in diesen Organen gesunder Menschen noch kein Mikroplastik nachgewiesen. Bei Menschen mit einer von Zirrhose betroffenen Leber hingegen schon. Zirrhose ist vernarbtes Lebergewebe, das durch langfristige Schädigung entsteht. Diese Narben verhindern, dass die Leber richtig arbeitet, und können zum Beispiel durch übermäßigen Alkoholkonsum, Fettleibigkeit, Diabetes oder eine durch Viren verursachte Leberentzündung entstehen. Bei Patienten mit Zirrhose wurden sechs verschiedene Arten von Mikroplastik gefunden, die zwischen 4 und 30 µm groß waren. Zum Vergleich: Menschliche Haare sind typischerweise zwischen 17 µm und 181 µm dick, was bedeutet, dass diese Partikel oft sogar noch schmaler als ein menschliches Haar waren!

Während es noch keine Ergebnisse über die Auswirkungen dieser Partikel auf diese Organe gibt, zeigen Tierversuche, dass Mikroplastik die Struktur und Funktion dieser Organe verändert. Beispielsweise verklumpen und sterben bei diesen Tieren mehr weiße Blutkörperchen, was ihre Fähigkeit, Entzündungen zu heilen, einschränkt.

10.2 Blut

Der zweite Bereich, in dem Mikroplastik in unserem Körper gefunden wurde, ist das Blut (siehe Abb. 10.2). Im Gegensatz zu Leber, Niere und Milz wurde Mikroplastik kleiner als 0,7 µm in Blutproben gesunder Menschen nachgewiesen:

- PET (Polyethylenterephthalat) wurde am häufigsten gefunden – bei über der Hälfte der getesteten Personen. PET ist der am häufigsten verwendete Kunststoff, zum Beispiel für Plastikflaschen und Kleidung.
- PA (Polyamid) wurde ebenfalls häufig gefunden – bei etwa der Hälfte der getesteten Personen. Dieser Kunststoff wird beispielsweise in Textilien, Küchenutensilien und Sportbekleidung wegen seiner Haltbarkeit eingesetzt.

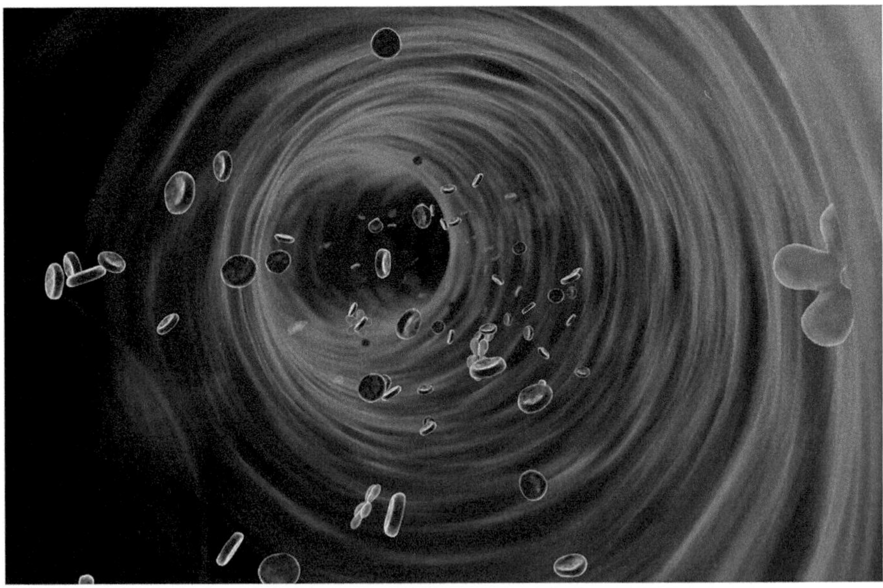

Abb. 10.2 Mikroplastik wurde in unserem Blut nachgewiesen (Abbildung dient nur zur Illustration, zeigt keine Kunststoffpartikel)

- PS (Polystyrol) wurde bei etwa einem Drittel der Personen gefunden und wird häufig für Dämmstoffe und Verpackungsmaterial verwendet.
- PE (Polyethylen) wurde bei etwa einem Viertel der Personen nachgewiesen. Polyethylen wird ebenfalls für Plastikflaschen, aber auch beispielsweise für Plastiktüten und Kniegelenke verwendet.
- PMMA (Polymethylmethacrylat) wurde relativ selten gefunden (bei 5 % der Personen). Dieser Kunststoff wird als Alternative zu Glas verwendet, da er nicht zerspringt, zum Beispiel für Fenster und Aquarien.

Während die Auswirkungen dieser Kunststoffe auf unsere Gesundheit noch nicht bekannt sind, ist das potenzielle Risiko groß, da das Blut für unsere Gesundheit entscheidend ist und Mikroplastik durch den Körper transportiert. Außerdem unterscheiden sich Größe und Vorkommen von Mikroplastik in Blutproben vor und nach Operationen, was darauf hindeutet, dass diese Partikel mit Medikamenten interagieren. In einer Studie wurde beispielsweise PET vor der Operation am häufigsten gefunden und PA nach der Operation; und vor der Operation lag der Durchmesser des Mikroplastiks zwischen 30 und 50 µm, nach der Operation zwischen 20 und 30 µm. Welche Folgen dies für unsere Gesundheit, unsere Genesung und die Umwelt hat, muss weiter untersucht werden.

10.3 Herz

Der dritte Bereich, in dem Mikroplastik in unserem Körper gefunden wurde, ist das Herz. Dieses Mikroplastik wurde in allen untersuchten Herzgeweben gefunden: im Herzbeutel, der das Herz umgibt, im Fettgewebe, das auf der Oberfläche des Herzmuskels liegt und vom Herzbeutel umschlossen wird, im Herzmuskelgewebe selbst und im kleinen Anhang des Herzmuskels.

Die am häufigsten gefundenen Kunststoffarten unterschieden sich je nach Gewebe. So wurde PET in allen Geweben am häufigsten gefunden, außer im Anhang. Im Anhang wurde PU (Polyurethan) am häufigsten nachgewiesen. Dieser Kunststoff wird beispielsweise für Schaumstoffe in Sitzmöbeln und Dämmplatten verwendet. Neben winzigen Partikeln wurden auch Mikroplastik in verschiedenen Formen wie Fasern und Stäbchen gefunden.

Der Nachweis von Mikroplastik im Herzen ist ein kritischer Befund, da er zeigt, wie gut Mikroplastik in das Herz-Kreislauf-System eindringen kann. Das Herz-Kreislauf-System besteht aus Herz und Blutgefäßen. Die genauen Auswirkungen auf den Menschen sind noch unklar, aber bei Wasserlebewesen wurde die Herzfrequenz von Larven und Embryonen negativ beeinflusst, was darauf hindeutet, dass Mikroplastik auch beim Menschen die normale Herzfunktion stören und möglicherweise zu Herz- und Gefäßerkrankungen beitragen kann.

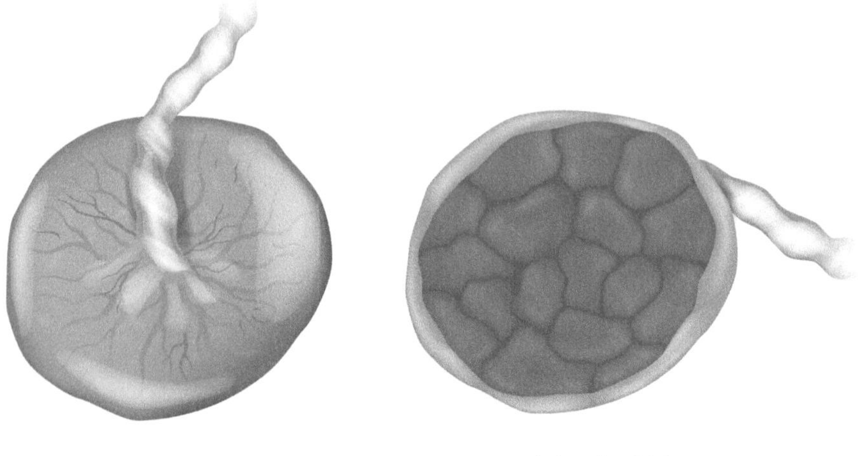

Abb. 10.3 Plazenta

10.4 Plazenta

Der vierte Bereich, in dem Mikroplastik in unserem Körper gefunden wurde, ist die Plazenta (siehe Abb. 10.3). Die Plazenta ist während der Schwangerschaft ein lebenswichtiges Organ, da sie das ungeborene Kind mit Sauerstoff und Nährstoffen versorgt und Abfallprodukte aus dem Blut des Kindes entfernt. Das Mikroplastik wurde auf beiden Seiten der Plazenta gefunden: sowohl auf der mütterlichen als auch auf der fetalen Seite. Außerdem wurde es im Fruchtsack nachgewiesen, der den Embryo umgibt und schützt. Eine der Kunststoffarten ist PP (Polypropylen), das beispielsweise für Verpackungen, Kunststoffteile für Maschinen und Geräte sowie Textilien verwendet wird.

Diese Kunststoffpartikel können das Immunsystem beeinträchtigen. Das Immunsystem unterscheidet zwischen Partikeln und Substanzen, die in den Körper gehören oder nicht, und wird durch Eindringlinge wie Mikroplastik aktiviert. Diese Reaktion erfordert Energie, verändert die Nutzung der Energiereserven, verursacht lokale Toxizität und kann die Abwehr des Körpers gegen Infektionen schwächen. Was das für die Plazenta und das Kind bedeutet, muss weiter erforscht werden.

10.5 Muttermilch

Der fünfte Ort, an dem Mikroplastik in unserem Körper nachgewiesen wurde, ist die Muttermilch. Muttermilch liefert einem Baby Nährstoffe und Schutz. Zu den Nährstoffen gehören Proteine und Zucker; der Schutz umfasst beispielsweise

Antikörper, die das Immunsystem des Babys stärken und es vor Krankheiten schützen. Die untersuchte Milch wurde von Frauen eine Woche nach der Entbindung bereitgestellt. Etwa drei Viertel der Frauen hatten Milch produziert, die Mikroplastik enthielt, meist blau oder orange. Die Partikel waren zwischen 2 und 12 µm groß, also sogar kleiner als sehr feines Haar!

Das Vorkommen von Mikroplastik in Muttermilch ist vermutlich kritisch, da dies die einzige Nahrungsquelle des Babys ist und für eine gesunde frühkindliche Entwicklung entscheidend ist. Die genauen Folgen sind noch unklar, aber es ist bekannt, dass einige Partikel erheblich toxisch und andere mäßig toxisch sind und dass sie das Immunsystem des Babys beeinflussen können.

10.6 Hoden und Sperma

Der sechste Ort, an dem Mikroplastik in unserem Körper gefunden wurde, sind Hoden und Sperma. Hoden und Sperma sind Teil des männlichen Fortpflanzungssystems und gemeinsam für die Produktion und den Transport von Samenzellen verantwortlich. Etwa drei Viertel des gefundenen Mikroplastiks waren zwischen 20 und 100 µm groß, also ähnlich breit wie ein Haar. Da das in den Hoden gefundene Mikroplastik kleiner ist als das im Sperma, scheint es, als würde der Körper größere Partikel ausscheiden und kleinere Partikel sich im Körper anreichern.

Die Auswirkungen dieser Partikel auf die Fortpflanzungsgesundheit und Fruchtbarkeit sind noch unklar. Tierversuche haben jedoch gezeigt, dass Mikroplastik die Spermienqualität verringern, den Hormonspiegel verändern, Entzündungen in den Hoden verursachen, die Fruchtbarkeit senken und die Anzahl der Samenzellen verändern kann. Außerdem können sich bei einer Anreicherung der Partikel Zellen schädigen, die die Entwicklung der Samenzellen unterstützen, sowie die Barriere zwischen Hoden und Blut.

10.7 Urin

Der siebte Ort, an dem Mikroplastik in unserem Körper nachgewiesen wurde, ist der Urin. Urin ist ein Abfallprodukt, das von den Nieren produziert wird und es uns ermöglicht, Abfallstoffe aus dem Blut auszuscheiden. Seine Eigenschaften geben uns viele Hinweise auf den allgemeinen Gesundheitszustand einer Person.

Bisher haben nur wenige Studien Mikroplastik im Urin untersucht. Eine Studie in Italien identifizierte winzige Partikel bei Männern und Frauen, die zwischen 4 und 15 µm groß waren, also kleiner als das dünnste Haar. Das könnte bedeuten, dass unser Körper Mikroplastik auch ausscheiden kann, aber was das für unsere Gesundheit bedeutet, ist noch unklar.

10.8 Fazit

Mikroplastik wurde in vielen verschiedenen Bereichen unseres Körpers nachgewiesen. Dazu gehören Leber, Nieren, Milz, Blut, Herz, Plazenta, Muttermilch, Hoden und Sperma sowie Urin. Die genauen Auswirkungen auf unsere Gesundheit sind noch unklar, aber erste Tierversuche zeigen eine Vielzahl schädlicher Effekte. Außerdem ist weitere Forschung notwendig, da das in menschlichen Körpern gefundene Mikroplastik unterschiedliche Größen, Formen und Farben aufweist und beispielsweise mit Medikamenten interagiert. Das macht es wahrscheinlich, dass auch die verursachten Schäden unterschiedlich ausfallen können. Da Mikroplastik jedoch häufig zumindest teilweise toxisch ist und verschiedenste Probleme verursachen kann, ist es entscheidend, die Menge an Plastikverschmutzung zu verringern!

10.9 Wie wir handeln können

Da die gesundheitlichen Auswirkungen von Mikroplastik auf unseren Körper vermutlich schädlich sind, hier einige praktische Ideen, was Sie und ich tun können, um zu verhindern, dass Mikroplastik in unseren Körper gelangt:

- Verhindern, dass Plastikmüll in die Umwelt gelangt (weiterführende Literatur: Kap. 11 aus Der Weg zu einem gesünderen Planeten Band 2: „Lösungen für Umweltverschmutzung: Entfernung von Plastikmüll aus der Umwelt“)
- Plastik aus Flüssen und Ozeanen entfernen (weiterführende Literatur: Kap. 11 aus Der Weg zu einem gesünderen Planeten Band 2: „Lösungen für Umweltverschmutzung: Entfernung von Plastikmüll aus der Umwelt“)
- An einer lokalen Aufräumaktion teilnehmen oder eine solche organisieren
- Plogging (Müllsammeln beim Joggen)
- Abfälle ordnungsgemäß entsorgen, anstatt sie achtlos wegzuwerfen
- Auf Einwegplastik verzichten und stattdessen wiederverwendbare Produkte nutzen

Würdigung

Dieses Kapitel basiert auf

Enyoh, C. E., Devi, A., Kadono, H., Wang, Q. & Rabin, M. H. (2023). The plastic within: microplastics invading human organs and bodily fluids systems. *Environments, 10*(11), 194.

Abbildungsnachweise

Abb. 10.1	Andrii Bezvershenko auf Shutterstock
Abb. 10.2	UGREEN 3S auf Shutterstock
Abb. 10.3	Sakurra auf Shutterstock

Kapitel 11
Lösungen für Umweltverschmutzung: Recycling

Zusammenfassung Recycling bietet eine wirkungsvolle Lösung zur Verringerung der Umweltverschmutzung und bringt vielfältige ökologische Vorteile, indem Abfälle in wiederverwendbare Materialien umgewandelt werden. Durch Recycling werden Abfälle von Deponien ferngehalten, weniger natürliche Ressourcen ausgebeutet und wertvolle Materialien wie Lithium und Yttrium zurückgewonnen. Dieses Kapitel untersucht die Bedeutung des Recyclings im Kontext von Batterien für Elektroautos, Kohleasche und Textilien. Es beleuchtet die Herausforderungen beim Recycling von Lithium-Ionen-Batterien, wobei Verfahren wie Pyrometallurgie und Hydrometallurgie erforscht werden. Das Potenzial von Kohleasche zur Gewinnung seltener Mineralien wie Yttrium wird als nachhaltige Alternative zum Bergbau diskutiert. Darüber hinaus wird das Recycling von Kleidung durch Wiederverwendung, Neuverspinnen und chemische Verfahren betrachtet, um zu zeigen, wie Abfall in wertvolle neue Produkte umgewandelt werden kann.

Schlüsselwörter Wissenschaft · Wissenschaftskommunikation · Verschmutzung · Folgen der Verschmutzung · Recycling · Recyclingprozesse · Batterierecycling · Abfall · Textilrecycling · Kreislaufwirtschaft · Elektrofahrzeuge · Lithium-Ionen-Batterien · Nachhaltigkeit · Kohlenasche-Recycling · Yttrium-Gewinnung · Kleiderrecycling · Mechanisches Recycling · Chemisches Recycling · Umweltverträglichkeit · Abgetragene Kleidung · Mechanisches Recycling · Mode · Chemikalien

Eine der vielen Lösungen, die zur Verringerung der Umweltverschmutzung umgesetzt werden können, ist das Recycling. Recycling bedeutet, Abfall in wiederverwendbare Materialien umzuwandeln. Zum Beispiel wird Kunststoffabfall zu neuem Kunststoff verarbeitet. Das Recycling hat mehrere Vorteile:

Würdigung: Dieses Kapitel basiert auf sechs wissenschaftlichen Artikeln von Anna Pražanová, Marita Pigłowska, Antonella Patti, Xiufen Xie, Damayanti Damayanti und Gjergj Dodbiba sowie deren Kolleginnen und Kollegen. (Vollständige Quellenangaben am Ende des Kapitels)

E. van Genuchten, *Der Weg zu einem gesünderen Planeten 3*,
https://doi.org/10.1007/978-3-032-14696-0_11

Abb. 11.1 Recycling ist Teil einer Kreislaufwirtschaft

- Abfallmaterial gelangt nicht in die Umwelt.
- Aus der Umwelt gesammelter Abfall kann sinnvoll genutzt werden.
- Es werden weniger neue natürliche Ressourcen benötigt, was besonders relevant ist, wenn Rohstoffe gewonnen oder abgebaut werden, da dies ebenfalls viel Umweltverschmutzung verursacht. Dies ist zum Beispiel beim Lithiumabbau für Autobatterien der Fall.

Der Wert des Recyclings wird auch deutlich, wenn man eine lineare Wirtschaft mit einer Kreislaufwirtschaft vergleicht (siehe Abb. 11.1). In einer linearen Wirtschaft werden Materialien verwendet und schließlich entsorgt, während in einer Kreislaufwirtschaft kaum oder gar keine Ressourcen verschwendet werden, da Materialien immer wieder verwendet werden.

Da verschiedene Produkte und Materialien recycelt werden können, unterscheiden sich auch die Methoden zur Wiederverwertung. Hier sind Beispiele, wie Abfallprodukte aus Abfällen zurückgewonnen und wieder sinnvoll genutzt werden können:.

11.1 Elektroautobatterien

Eine Art von Abfallprodukt, das recycelt werden kann, sind Batterien von Elektroautos. Der Einsatz von Elektroautobatterien ist im letzten Jahrzehnt häufiger geworden, da die Verbrennung fossiler Brennstoffe wegen ihrer negativen Auswirkungen auf die Umwelt stark kritisiert wird: Bei der Verbrennung fossiler Brennstoffe wird CO_2, das über Millionen von Jahren in der Erde gespeichert war, plötzlich in die Atmosphäre freigesetzt. Da nicht das gesamte emittierte CO_2 sofort durch natürliche Prozesse abgebaut werden kann, steigt die Anzahl der CO_2-Moleküle in der Atmosphäre. Diese erhöhte Konzentration führt zur Erwärmung unseres Planeten und damit zum menschengemachten Klimawandel.

Beim Fahren eines Elektrofahrzeugs im Vergleich zu einem Fahrzeug mit fossilen Brennstoffen ist der CO_2-Fußabdruck von Elektroautos, die mit Solarenergie betrieben werden, während der Fahrt deutlich geringer, da Elektrofahrzeuge beim Fahren kein CO_2 ausstoßen. Zudem werden Elektrofahrzeuge immer attraktiver, da die Preise für fossile Brennstoffe historische Höchststände erreicht haben. Dennoch gibt es einen Nachteil, der überwunden werden muss.

Dieser Nachteil besteht darin, dass Elektrofahrzeuge mit Lithium-Ionen-Batterien betrieben werden. Sie kennen Lithium-Ionen-Batterien wahrscheinlich aus der Unterhaltungselektronik wie Mobiltelefonen, Laptops und Tablets. Doch der Abbau von Lithium verursacht ökologische, soziale und wirtschaftliche Probleme. Beispielsweise entsteht am Ende der Lebensdauer der Batterien nach 15–20 Jahren bei der Entsorgung eine große Menge zusätzlicher Abfall auf Deponien. Und die Arbeiter im Bergbau arbeiten oft unter gesundheitsschädlichen Bedingungen. Deshalb ist es wichtig, entweder andere Batteriedesigns zu entwickeln oder Lithium-Ionen-Batterien zu recyceln (siehe Abb. 11.2).

Das Recycling von Lithium-Ionen-Batterien aus Elektrofahrzeugen ist eine Herausforderung, da sie aus vielen verschiedenen Komponenten bestehen (siehe Abb. 11.3). Deshalb müssen einige Methoden die Batterien vor dem Recycling vorbehandeln. Diese Vorbehandlung kann im kleinen, labortechnischen Maßstab oder im großen, industriellen Maßstab erfolgen. Die Vorbehandlung im kleinen Maßstab umfasst drei Schritte:

Abb. 11.2 Beispiel einer Lithium-Ionen-Batterie, wie sie in Konsumgütern verwendet wird

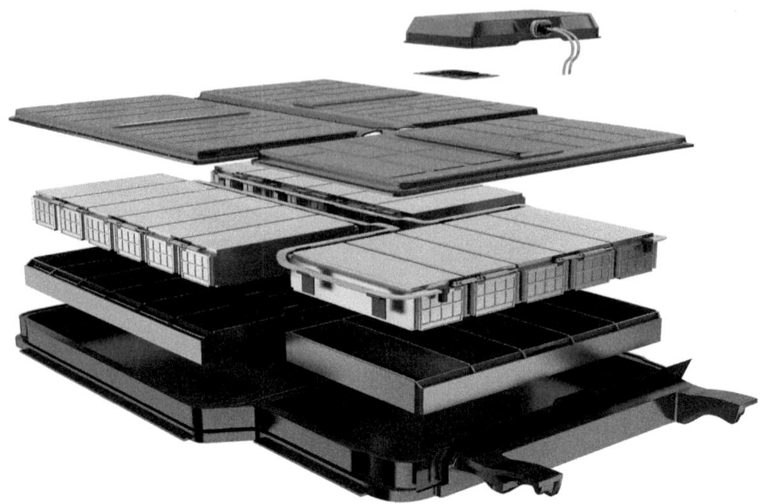

Abb. 11.3 Batterien von Elektrofahrzeugen bestehen aus vielen verschiedenen Komponenten

1. vollständige Entladung der Batterie: Dies verringert Kurzschlüsse und chemische Reaktionen, die Wärme erzeugen
2. Demontage der Batterie: Das Gehäuse der Batterie wird manuell zerlegt, um Materialien zurückzugewinnen
3. Trennung der verschiedenen Teile: Andere Materialien werden beispielsweise gelöst oder zersetzt

Dadurch können wertvolle Metalle aus der Batterie sehr effektiv zurückgewonnen werden. Da dieses Verfahren jedoch nur für die Verarbeitung weniger Batterien gleichzeitig geeignet ist, ist es für große Mengen an Elektrofahrzeugen nicht praktikabel. In diesem Fall ist eine Vorbehandlung im industriellen Maßstab erforderlich. Die Vorbehandlung im größeren, industriellen Maßstab umfasst sieben Schritte:

1. vollständige Entladung der Batterie: Auch wenn das Ergebnis dasselbe ist, unterscheidet sich die Entlademethode bei der industriellen Vorbehandlung
2. Demontage der Batterie: Die Zerlegung erfolgt meist manuell mit Messern und Sägen, da es nur wenige Werkzeuge gibt, die dies automatisch erledigen können
3. Mechanisches Zerkleinern der verschiedenen Teile: Zerkleinern und Mahlen ist notwendig, um die Materialien der Elektroden freizusetzen. Wird dieser Zerkleinerungsvorgang wiederholt, können mehr Lithium-, Kobalt-, Mangan- und Nickelmetalle zurückgewonnen werden
4. Siebung: Siebung dient der groben Trennung verschiedener Materialien
5. Trennung der Komponenten: Für eine detailliertere Trennung werden andere Techniken eingesetzt, zum Beispiel mit Magneten

6. Lösen noch verbundener Komponenten: Da einige Materialien noch gebunden sind, werden deren Bindemittel gelöst, damit sie freigesetzt werden
7. Erhitzen: Da durch das Lösen nicht alle Materialien freigesetzt werden, werden die Materialien auf 900 °C (1652 °F) erhitzt, um die Reste zu lösen

Nach Abschluss der Vorbehandlung kann die Batterie recycelt werden. Dies kann folgendermaßen erfolgen:

11.1.1 Pyrometallurgie

Die erste Methode zum Recycling von Elektroautobatterien ist die Pyrometallurgie. Bei der Pyrometallurgie werden die alten Batterien in einem Ofen extrem hohen Temperaturen ausgesetzt. Durch die Temperaturerhöhung gehen Materialien in eine andere Phase über, zum Beispiel vom festen in den gasförmigen Zustand. Bei bereits hohen Temperaturen sind verschiedene pyrometallurgische Verfahren möglich:

- Rösten: Gas- und Feststoffpartikel reagieren bei hohen Temperaturen chemisch miteinander
- Kalzinierung: Die Batteriematerialien werden auf eine hohe Temperatur, aber unterhalb des Schmelzpunktes erhitzt, sodass sie in einfachere Substanzen zerfallen
- Schmelzen: Die Materialien der ausgedienten Batterie werden bei hohen Temperaturen verflüssigt

Das pyrometallurgische Recycling hat mehrere Vorteile: Batterien müssen vorher nicht vorbehandelt werden, verschiedene Batterietypen können recycelt werden und mehr als 90 % der Materialien können zurückgewonnen werden. Es gibt jedoch auch Nachteile: Es wird sehr viel Energie benötigt, es ist unmöglich, Wert aus kostengünstigen Lithium-Ionen-Batterien zu gewinnen, da deren Elemente im Abfallprodukt des pyrometallurgischen Prozesses enden, und es entstehen giftige Gase, die gereinigt werden müssen.

11.1.2 Hydrometallurgie

Die zweite Methode zum Recycling von Batterien für Elektrofahrzeuge ist die Hydrometallurgie. Die Hydrometallurgie erfordert eine Vorbehandlung und beinhaltet chemische Reaktionen in einer Flüssigkeit, um wertvolle Bestandteile aus alten Batterien zu extrahieren. Diese Technik kann entweder eigenständig angewendet werden oder als Ergänzung zur Pyrometallurgie dienen.

Die chemischen Reaktionen finden in verschiedenen Phasen statt und führen jeweils zu unterschiedlichen Endprodukten:

Abb. 11.4

- Die erste Stufe ist das Lösen (Leaching), bei dem Säuren verwendet werden, um die wertvollen Metalle zu lösen. Für verschiedene Batterietypen werden unterschiedliche Leaching-Techniken eingesetzt, um die Materialien möglichst effizient zurückzugewinnen.
- Die zweite Stufe ist die Entfernung von Verunreinigungen, bei der die Flüssigkeit und die festen Partikel mithilfe einer Zentrifuge oder eines Filters voneinander getrennt werden.
- Die dritte Stufe ist die Rückgewinnung von Nickel, Kobalt, Mangan und Lithium, wobei diese Metalle beispielsweise in Form eines Metallsalzes zurückgewonnen werden.

Das hydrometallurgische Recycling bietet mehrere Vorteile: Fast alle Batterien können mit dieser Methode behandelt werden, sie ist sehr effizient, verursacht keine Emissionen und die resultierenden Produkte sind sehr rein. Es gibt jedoch auch Nachteile: Die Batterien müssen zerkleinert werden, es entsteht viel Abwasser, einige Materialien wie Graphit können nicht zurückgewonnen werden und das Verfahren ist teuer.

Im Video in Abb. 11.4 sehen Sie, wie ein Unternehmen Batterien vorbehandelt und die Hydrometallurgie einsetzt, um Batterien für Elektrofahrzeuge zu recyceln. Ihre Methode reduziert den CO_2-Fußabdruck von Lithium-Ionen-Batterien um 40 %.

11.1.3 Direktes Recycling

Die dritte Methode zum Recycling von Batterien für Elektrofahrzeuge ist das direkte Recycling. Beim direkten Recycling wird die Batterie so behandelt, dass bestimmte Teile ganz bleiben und gereinigt werden. Das bedeutet, dass nicht alle Bestandteile wie bei der Pyrometallurgie und Hydrometallurgie in ihre Elemente zerlegt werden. Auf diese Weise können zurückgewonnene Teile zur Herstellung neuer Batterien verwendet werden.

Das direkte Recycling kann mit verschiedenen Techniken durchgeführt werden. Eine Technik besteht darin, Batterien zu zerkleinern und die verschiedenen Teile voneinander zu trennen, gefolgt von einer moderaten Wärmebehandlung. Eine andere Methode nutzt Ultraschall, um Verunreinigungen aus den Batterien zu entfernen.

Das direkte Recycling bietet mehrere Vorteile: Alle Materialien können recycelt werden, es kann einen bestimmten Batterietyp behandeln, der mit Pyrometallurgie und Hydrometallurgie nicht behandelt werden kann, es ist nicht notwendig, die Batterien hohen Temperaturen oder starken Säuren auszusetzen, was das Recycling günstiger, einfacher und ressourcenschonender macht, und auch Rückstände aus dem Prozess können recycelt werden. Es gibt jedoch auch Nachteile: Die Vorbehandlung ist schwierig und die Endprodukte sind von geringer Qualität.

11.1.4 Spezialrecycling

Die vierte Methode zum Recycling von Batterien für Elektrofahrzeuge ist das Spezialrecycling. Das Spezialrecycling umfasst spezialisierte Verfahren zum Recycling alter Lithium-Ionen-Batterien. Diese Methoden sind vielfältig. Beispielsweise beinhaltet eine Methode das Zerkleinern, die Behandlung der entfernten Komponenten mit Chemikalien zur Extraktion wertvoller Materialien und den Einsatz von Säuren zur Rückgewinnung weiterer Metalle. Eine andere Methode besteht darin, Batterien zu mahlen und sie in Wasser zu behandeln, um wertvolle Materialien herauszulösen. Diese Materialien können dann aus der resultierenden Lösung zurückgewonnen werden.

11.1.5 Nächste Schritte

Da das Recycling von Lithium-Ionen-Batterien aus Elektrofahrzeugen im industriellen Maßstab aufgrund hoher Kosten, komplexer Prozesse, teils geringer Qualität und Umweltbelastung weiterhin eine Herausforderung darstellt, ist es wichtig, die Recyclingverfahren weiterzuentwickeln. Dies lohnt sich, da mit diesen Prozessen 99 % aller wertvollen Metalle zurückgewonnen werden können. Zudem dominieren Lithium-Ionen-Batterien derzeit den Markt, was bedeutet, dass in den nächsten 15 Jahren eine große Anzahl an Batterien entsorgt werden wird.

Neben dem Recycling von Batterien müssen auch andere Möglichkeiten umgesetzt werden, um die Abfallmenge zu reduzieren, zum Beispiel die Nutzung als Energiespeichergeräte für erneuerbare Energien. Solche Lösungen können andere Speichertechnologien ersetzen und sind daher eine kostengünstige Alternative. Doch auch als Speichertechnologie müssen diese Batterien früher oder später ersetzt werden, sodass die Verbesserung des Recyclingprozesses weiterhin entscheidend bleibt.

11.2 Kohlenasche

Eine weitere Art von Abfallprodukt, das recycelt werden kann, ist Kohlenasche. Kohle ist ein fossiler Brennstoff, der beispielsweise zur Stromerzeugung verwendet wird: Über 39 % der weltweiten Energie werden mit Kohle erzeugt. Das Verbrennen von Kohle schadet uns und der Umwelt, da es viele CO_2-Emissionen verursacht und somit zur globalen Erwärmung beiträgt, es entstehen jedoch auch andere Nebenprodukte. Eines dieser Nebenprodukte ist Kohlenasche.

Kohlenaschen sind die verbleibenden Mineralien, die nicht verbrannt werden können. Das bedeutet, dass Kohlenasche viele Mineralien enthält. Viele dieser Mineralien sind wertvoll. Ein Beispiel für ein solches wertvolles Mineral ist Yttrium. Yttrium ist ein weiches, grau-weißes Metall und wird beispielsweise verwendet, um die Festigkeit von Aluminium- und Magnesiumlegierungen zu erhöhen (siehe Abb. 11.5). Eine Legierung ist ein Metall, das aus zwei oder mehr Metallen besteht. Solche Legierungen werden zum Beispiel in Magneten und Lasern eingesetzt.

Yttrium ist ein Seltenerdmetall, was jedoch nicht bedeutet, dass es selten vorkommt; es wird als selten bezeichnet, weil es immer in Verbindung mit einem anderen Element auftritt und schwer zu trennen ist. Das bedeutet auch, dass Yttrium nur durch den Abbau anderer Mineralien wie Monazit, Bastnäsit und Xenotim gewonnen werden kann. Nach dem Abbau dieser Mineralien können verschiedene Methoden zur Trennung von Yttrium eingesetzt werden, die oft ein teures mehrstufiges Verfahren erfordern, das viel Energie benötigt, unerwünschte Rückstände verursacht und unbeabsichtigte Umweltauswirkungen hat.

Abb. 11.5 Yttrium

Da der Bergbau häufig negative Auswirkungen auf die Umwelt hat und die Trennung schwierig ist, ist es sinnvoll, nach anderen, kostengünstigen und umweltfreundlichen Alternativen zu suchen. Eine kostengünstige und umweltfreundliche Alternative ist die Rückgewinnung von Yttrium aus Kohlenasche. Hierbei ist insbesondere Flugasche relevant. Flugasche enthält winzige Partikel, oft kleiner als 0,010 mm (0,0004 Zoll), die in die Verbrennungsgase gelangen. Dies steht im Gegensatz zu Boden- und Schlackenasche, die im Ofen zurückbleibt. Neben der höheren Kosteneffizienz und Umweltfreundlichkeit hat die Nutzung von Flugasche als Quelle weitere Vorteile, darunter dass weniger wertvolle Materialien auf Deponien landen und jedes Land eine eigene Yttriumquelle schaffen kann. So kann Yttrium aus Flugasche gewonnen werden:

11.2.1 Physikalische Aufbereitung

Die erste Möglichkeit, Yttrium aus Flugasche zu gewinnen, ist die physikalische Aufbereitung. Bei der physikalischen Aufbereitung wird der physikalische Zustand des Materials verändert, zum Beispiel durch Biegen, Schneiden, Lösen, Gefrieren, Schmelzen oder Kochen. Solche Verfahren können angewendet werden, um Asche anhand physikalischer Eigenschaften wie Dichte, Partikelgröße, Magnetismus und Wasserabweisung in verschiedene Fraktionen zu trennen. Die Behandlung einer Fraktion zur Rückgewinnung von Yttrium ist günstiger als die Behandlung der gesamten Asche. Im Zusammenhang mit Flugasche sind folgende physikalische Aufbereitungsverfahren gebräuchlich:

- **Luft klassierung** Bei der Luftklassierung wird Flugasche in eine Kammer mit einem zyklonartigen Luftstrom eingebracht. Aufgrund der Zentrifugalkräfte bewegen sich die groben Partikel an den Rand der Kammer und gleiten nach unten, sodass sie am Boden des Zyklons austreten können. Die feineren Partikel verlassen die Kammer im Inneren des Zyklons durch dessen inneren Kern. So können Partikel von der Luft getrennt und die Yttriumkonzentration erhöht werden.
- **Nassschwerkrafttrennung** Bei der Nassschwerkrafttrennung wird ein Medium wie Wasser oder eine dickflüssige, klebrige Flüssigkeit verwendet. Schwerere Partikel, die in diesem Medium eingeschlossen sind, sinken zu Boden, während leichtere Partikel an die Oberfläche steigen. Da Yttriumpartikel typischerweise zu Boden sinken, können sie vom Medium getrennt werden.
- **Flotation** Bei der Flotation wird Kohleflugasche zu Diesel gegeben. Außerdem wird eine weitere Substanz hinzugefügt, die eine schaumige Mischung auf der Oberfläche des Diesels entstehen lässt. Diese schaumige Mischung wird als Schaum bezeichnet und kann entfernt werden (siehe Abb. 11.6). In diesem Schaum finden sich die wertvollen Yttriumpartikel in höherer Konzentration als in der Kohleflugasche.

Abb. 11.6 Diesel mit Schaum auf der Oberfläche

- **Magnetische Trennung** Bei der magnetischen Trennung werden die Yttriumpartikel mit Hilfe von Magneten aus der Flugasche extrahiert. Dies ist möglich, weil Yttrium ein Metall ist.
- **Mehrstufige physikalische Trennung** Bei der mehrstufigen physikalischen Trennung wird vor der Trennung der Flugaschepartikel ein zusätzlicher Schritt zur Entfernung von Verunreinigungen wie unverbranntem Kohlenstoff durchgeführt. Diese Vorbehandlung ist hilfreich, um die Menge an extrahierbarem Yttrium zu maximieren.

11.2.2 Chemische Aufbereitung

Die zweite Möglichkeit, Yttrium aus Flugasche zu gewinnen, ist die chemische Aufbereitung. Bei der chemischen Aufbereitung werden ein oder mehrere chemische Stoffe oder Verbindungen verändert. Eine chemische Verbindung ist ein Stoff, der aus zwei oder mehr Elementen besteht. Zum Beispiel ist Wasser (H_2O) eine Verbindung aus den Elementen Wasserstoff (H) und Sauerstoff (O). Diese Veränderungen können von selbst ablaufen oder durch äußere Einflüsse wie Hitze oder Enzyme herbeigeführt werden. Das Ergebnis dieser Veränderungen sind ein oder mehrere chemische Stoffe oder Verbindungen mit anderen chemischen Eigenschaften.

Im Zusammenhang mit Flugasche ist das chemische Aufbereitungsverfahren die Auslaugung (Leaching). Beim Auslaugen werden Stoffe aus einem Träger in eine Flüssigkeit gelöst oder extrahiert. Die Gewinnung von Yttrium durch Auslaugung erfordert zwei Schritte. Im ersten Schritt wird Yttrium mit einer starken Säure aus der Kohleflugasche extrahiert. Im zweiten Schritt wird das gelöste Yttrium extrahiert, was mit verschiedenen Methoden erfolgen kann:

- **Fällung** Beim Fällungsverfahren setzen sich die Yttriumpartikel am Boden ab, sodass sie von der Flüssigkeit getrennt werden können.
- **Extraktion** Beim Extraktionsverfahren durchströmt die Säure eine Membran, die als Filter dient. Während die Säure durch die Membran fließt, sind die Yttriumpartikel zu groß, um hindurchzutreten, und bleiben auf der Membran zurück.
- **Adsorption** Beim Adsorptionsverfahren haftet das Yttrium an einem anderen Material, zum Beispiel an einem Harz. Es kann von der Flüssigkeit getrennt werden, indem es von der Oberfläche dieses Materials entfernt wird.

11.3 Kleidung

Eine dritte Art von Abfallprodukt, das recycelt werden kann, ist Kleidung. Kleidung wird von der Modeindustrie produziert, die derzeit erheblich zu Umweltproblemen beiträgt: Diese Branche verursacht jährlich mehr als 8 % der weltweiten Treibhausgasemissionen und 20 % des Abwassers. Außerdem werden durch den Trend der Fast Fashion riesige Mengen an Kleidung produziert, was viele natürliche Ressourcen wie fossile Brennstoffe und Baumwolle erfordert. Das Geschäftsmodell der Fast Fashion basiert auf der Massenproduktion preiswerter Kleidung als Reaktion auf die neuesten Modetrends.

Wenn Trends vorbei sind und Kleidung entsorgt wird, landet der Großteil davon auf Deponien oder wird verbrannt. Weniger als 1 % des Materials wird zu neuer Kleidung recycelt. Das bedeutet, dass viele dieser wertvollen natürlichen Ressourcen verloren gehen.

Der beste Weg, den Ressourcenbedarf zu senken und diese Branche umweltfreundlicher zu machen, ist, von vornherein weniger Kleidung zu produzieren. Hilfreich ist auch, die Lebensdauer von Kleidung und Textilien durch Recycling zu verlängern. Beim Recycling von Kleidung können nicht nur Materialien wiederverwendet werden, sondern auch die Kosten werden gesenkt, da ein Großteil der Produktionskosten auf den Stoff entfällt. So kann Kleidung recycelt werden:

11.3.1 Wiederverwendung

Die wichtigste Methode, Kleidung zu recyceln, ist die Verwendung des Stoffes in seiner ursprünglichen Form zur Herstellung neuer Kleidung oder anderer Produkte. Dies ist die einfachste Methode, da nur wenige Schritte erforderlich sind.

Abb. 11.7 Beispiel, wie alter Stoff wiederverwendet werden kann

Hier sieht man zum Beispiel das Ergebnis der Verwendung von Stoffresten in einem Kissenbezug (siehe Abb. 11.7). Ich habe zunächst den Stoff in Quadrate geschnitten, die Stücke zwischen zwei Lagen Vlieseline Solufleece gelegt und festgesteckt, ein Raster über diese drei Lagen genäht und das Vlies anschließend ausgewaschen.

11.3.2 Neuspinnen

Die sekundäre Methode zur Wiederverwertung von Kleidung besteht darin, die Stofffasern neu zu verspinnen. Dies wird als mechanisches Recycling bezeichnet und kann auf verschiedene Materialien angewendet werden, darunter Polyester, Nylon, Baumwolle und Wolle. Allerdings funktioniert dies nur, wenn ein einziges Material verwendet wird: Bestehen Textilien aus mehr als einem Material, ist das mechanische Recycling unwirksam.

Der mechanische Recyclingprozess umfasst mehrere Schritte:

1. Stoffreste werden gesammelt, getrennt und gereinigt, sodass das Gewebe rein ist und keine anderen Materialien enthält.
2. Die Reste werden durch Zerkleinern, Mahlen, Schreddern und Auseinanderziehen in kleinere Stücke zerlegt.
3. Diese kleineren Reste werden im Fall von synthetischen Materialien wie Polyester eingeschmolzen und durch Pressen in eine Form gebracht; bei organischen Materialien wie Baumwolle werden die Fasern entwirrt und zu neuen Garnen versponnen oder gemischt.

4. Das Ergebnis wird als Ausgangsstoff im Herstellungsprozess von Textilien verwendet.

Bei der Durchführung dieser Schritte kann das entstehende neue Material unterschiedlich ausfallen. Je nach Unterschied lässt sich das mechanische Recycling in zwei Methoden unterteilen: Open-Loop- und Closed-Loop-Recycling:

- Open-Loop-Recycling bedeutet, dass aus den recycelten Materialien ein anderes Produkt hergestellt wird. Beim Recycling alter Kleidung ist es möglich, neue Materialien zu erzeugen, indem man sie wieder in Fasern zerlegt und diese für Vliesstoffe verwendet. Beispiele hierfür sind Dämmstoffe für Gebäude, Matratzen und Schallschutzmaterialien. Im Video in Abb. 11.8 ist zu sehen, wie aus alten Jeans Dämmmaterialien hergestellt werden (1:37–3:33).
- Closed-Loop-Recycling bedeutet, dass aus den recycelten Materialien dasselbe Produkt wiederhergestellt wird. Beim Recycling alter Kleidung können die Fasern zu neuen Garnen verarbeitet werden. Diese Garne können zur Herstellung neuer Kleidungsstücke verwendet werden. Im Gegensatz zu Open-Loop-Produkten können Closed-Loop-Produkte immer wieder recycelt werden. Im Video in Abb. 11.9 ist zu sehen, wie aus alter Kleidung neue Kleidung entsteht (0:56–2:24).

Abb. 11.8

Abb. 11.9

Abb. 11.10 Mechanisch recycelte Textilien werden häufig mit neuem Material kombiniert, um die Qualität zu verbessern

Da beim mechanischen Recycling die Textilfasern verkürzt werden, ist das Ergebnis von geringerer Qualität und weniger reißfest als das ursprüngliche Material. Deshalb werden recycelte Fasern häufig mit neuen Fasern kombiniert, um die Qualität zu verbessern (siehe Abb. 11.10).

11.3.3 Umwandlung

Die tertiäre Methode zur Wiederverwertung von Kleidung ist die Umwandlung der Stofffasern. Dies wird als chemisches Recycling bezeichnet und bedeutet, dass die sich wiederholende Molekularstruktur der Fasern in einzelne Moleküle aufgebrochen wird. Das ist vergleichbar mit dem Zerlegen einer Ziegelmauer in einzelne Ziegelsteine. Diese einzelnen Ziegel, beziehungsweise Moleküle, können dann verwendet werden, um verschiedene Gebäude oder in diesem Fall Materialien herzustellen.

Das Zerlegen der Mauer beziehungsweise des Textils erfolgt durch chemische Reaktionen. Es können verschiedene Methoden angewendet werden, darunter:

- Glykolyse kann beispielsweise zur Wiederverwertung von Polyethylenfasern eingesetzt werden. Dabei werden die großen Textilmoleküle durch Kochen alter Kleidung in einer Ethylenglykol-Lösung unter hohem Druck in kleine Moleküle umgewandelt. Ethylenglykol ist eine farblose, dickflüssige Substanz, die auch als Frostschutzmittel verwendet wird. Zur Beschleunigung des Prozesses werden Metalle hinzugefügt, sodass dieser nur eine Stunde dauert. Der Vorteil dieser Methode ist der geringe Energieverbrauch.

- Pyrolyse kann für viele verschiedene Arten von Textilien verwendet werden, darunter Hanf, Baumwolle, Polyethylen und Polyester. Dabei werden die großen Textilmoleküle durch Erhitzen des Textils auf sehr hohe Temperaturen (600–800 °C/1112–1472 °F) ohne Sauerstoffzufuhr in kleine Moleküle umgewandelt. Das Ergebnis dieses Verfahrens sind verschiedene Rohstoffe in fester, flüssiger und gasförmiger Form. Der Vorteil ist, dass es sich um einen relativ einfachen Prozess handelt und die alte Kleidung keiner Vorbehandlung bedarf.
- Die Vergasung ist ähnlich wie die Pyrolyse, wird jedoch bei hohen Temperaturen (400–1000 °C/752–1832 °F) ohne Sauerstoff durchgeführt. In diesem Fall entsteht jedoch deutlich mehr Gas, da dies das gewünschte Endprodukt ist. Dieses Gas wird Synthesegas genannt, da es verschiedene Gase wie Wasserstoff (H_2), Kohlendioxid (CO_2), Kohlenmonoxid (CO) und Methan (CH_4) enthält. Es kann beispielsweise zur Herstellung von Alkohol oder zur Stromerzeugung genutzt werden.
- Die hydrothermale Methode kann verwendet werden, um Textilien bei hohen Temperaturen und unter hohem Druck in Pulver umzuwandeln. Je nach Temperatur ändert sich beispielsweise die Partikelgröße des Pulvers. Für die chemische Reaktion werden Wasser und organische Säuren benötigt. Der Vorteil ist, dass auch bei diesem Verfahren keine Vorbehandlung der alten Kleidung erforderlich ist und es bereits bei niedrigen Temperaturen (280 °C/536 °F) funktioniert.
- Die enzymatische Hydrolyse ist ein biologisches Verfahren, bei dem Mikroorganismen, umweltfreundliche Lösungsmittel und Chemikalien sowie viel Wasser zur Wiederverwertung von Textilien eingesetzt werden. Dieses Verfahren kann nur für organische Materialien wie Baumwolle und Hanf verwendet werden, da die Cellulose extrahiert wird. Cellulose ist der Hauptbestandteil pflanzlicher Zellwände. Da jedoch andere Materialien wie Polyethylen während des Prozesses abgetrennt werden können, lassen sich Kleidungsstücke aus verschiedenen Materialarten vollständig recyceln. Im Video in Abb. 11.11 wird erklärt und gezeigt, wie die enzymatische Hydrolyse funktioniert und wie sie aussieht.

Abb. 11.11

11.3.4 *Verbrennen*

Die quartäre Methode zur Wiederverwertung von Kleidung ist das Verbrennen der Stofffasern. Dies ist die am wenigsten wünschenswerte Lösung, da dabei wichtige Ressourcen verloren gehen. Angesichts der Tatsache, dass fossile Brennstoffe begrenzt sind, Baumwolle beispielsweise viel Land und Wasser zum Wachsen benötigt und das Verbrennen zu Umweltverschmutzung führt, ist die Wiederverwendung der Fasern umweltfreundlicher.

Wenn das Verbrennen dennoch zur Wiederverwertung alter Textilien eingesetzt wird, kann die bei der Verbrennung entstehende Wärme beispielsweise zum Heizen von Gebäuden genutzt werden. Auch der entstehende Dampf kann verwendet werden, um Turbinen zur Stromerzeugung anzutreiben.

11.4 Fazit

Da Recycling eine wichtige Lösung für eine Kreislaufwirtschaft und die Verringerung der Umweltverschmutzung darstellt, ist es entscheidend, Wege zu finden, um wertvolle Materialien aus Abfällen zu gewinnen. Da verschiedene Arten von Abfällen aus unterschiedlichen Materialien bestehen, variiert auch der Recyclingprozess. In der Regel hängt er vom Abfallprodukt und dem gewünschten Ergebnis ab.

Beispielsweise sind Batterien von Elektroautos komplexe Produkte, die aus vielen Komponenten und verschiedenen Materialien bestehen. Deshalb wird bei einigen Recyclingmethoden eine Vorbehandlung angewendet. Die Vorbehandlung erleichtert die Trennung der Materialien und verbessert das Ergebnis. Nach diesem ersten Schritt können die Batterieüberreste beispielsweise hohen Temperaturen oder Chemikalien ausgesetzt werden.

Ebenso können seltene Erden wie Yttrium aus Kohleasche recycelt werden, indem sie mit mechanischen oder chemischen Methoden extrahiert werden. Die Entfernung von Verunreinigungen kann vor diesen Schritten erfolgen, um die Methode noch effizienter zu machen.

Auch Kleidung kann mit verschiedenen Methoden recycelt werden, darunter mechanische und chemische Verfahren. Die Ergebnisse dieser Methoden unterscheiden sich ebenfalls; sie reichen von hochwertigem Output bei der Wiederverwendung von Stoffen bis hin zu Materialverlust, wenn Reste zur Energiegewinnung verbrannt werden.

11.5 Wie wir handeln können

Da Recycling so wichtig ist, um Abfall und Umweltverschmutzung zu reduzieren, finden Sie hier praktische Ideen, was Sie und ich tun können, um gebrauchte Lithium-Ionen-Batterien aus Elektrofahrzeugen zu recyceln:

- Alte Autobatterie bei einem Recyclingunternehmen abgeben
- Defekte Batterie eines Elektrofahrzeugs an jemanden weitergeben, der die Materialien wiederverwenden kann.
- Einen Autohersteller wählen, der sicherstellt, dass seine Batterien recycelbar sind.
- Eine Petition unterschreiben, die politische Entscheidungsträger dazu bewegt, Recyclingunternehmen für Batterien zu fördern.

Hier sind praktische Ideen, was Sie und ich tun können, um Kohleasche zu recyceln:

- Kohleasche mit Kompost mischen, um sie als Dünger im eigenen Garten zu verwenden (verwenden Sie Asche nicht direkt als Dünger, da dies der Umwelt schaden kann)
- Kohleasche zu Beton hinzufügen, um die Zementmenge zu reduzieren und die Qualität zu verbessern
- Ziegel mit Kohleasche-Anteil kaufen, zum Beispiel beim Hausbau

Hier sind praktische Ideen, was Sie und ich tun können, um das Textilrecycling zu unterstützen:

- Alte Kleidung zur Altkleidersammlung bringen
- Hochwertige Kleidung kaufen, die lange hält
- Kleidung reparieren, anstatt neue zu kaufen
- Secondhand-Kleidung kaufen
- Dasselbe Sportequipment/Kleidung für verschiedene Sportarten verwenden (Abb. 11.12)
- Alte Stoffreste nutzen, um neue Produkte herzustellen, zum Beispiel einen Kissenbezug (siehe Abb. 11.7)

Abb. 11.12 Dasselbe Sportequipment/Kleidung für verschiedene Sportarten verwenden

- Gummibänder aus abgetragener Kleidung aufbewahren, um andere Kleidungsstücke besser anzupassen
- Kleidung auf links waschen, damit sie weniger schnell abnutzt
- Auf den Kauf neuer Kleidung verzichten, wenn wir genug haben
- Kleidung nach Gewichtsverlust enger machen, anstatt neue zu kaufen
- Kleidung auf einem Wäscheständer trocknen, anstatt einen Trockner zu benutzen

Würdigung

Dieses Kapitel basiert auf

Batterien von Elektroautos:

Pražanová, A., Knap, V. & Stroe, D. I. (2022). Literature review, recycling of lithium-ion batteries from electric vehicles, part I: Recycling technology. *Energies*, *15*(3), 1086.

Pigłowska, M., Kurc, B., Fuć, P. & Szymlet, N. (2024). Novel recycling technologies and safety aspects of lithium ion batteries for electric vehicles. *Journal of Material Cycles and Waste Management*, *26*(5), 2656–2669.

Kleidung:

Patti, A., Cicala, G. & Acierno, D. (2020). Eco-sustainability of the textile production: Waste recovery and current recycling in the composites world. *Polymers*, *13*(1), 134.

Xie, X., Hong, Y., Zeng, X., Dai, X. & Wagner, M. (2021). A systematic literature review for the recycling and reuse of wasted clothing. *Sustainability*, *13*(24), 13732.

Damayanti, D., Wulandari, L. A., Bagaskoro, A., Rianjanu, A. & Wu, H. S. (2021). Possibility routes for textile recycling technology. *Polymers*, *13*(21), 3834.

Kohlenasche:

Dodbiba, G. & Fujita, T. (2023). Trends in extraction of rare earth elements from coal ashes: A review. *Recycling*, *8*(1), 17.

Abbildungsnachweise

Abb. 11.1 Adaptiert von m.malinika auf Shutterstock
Abb. 11.2 Marynchenko Oleksandr auf Shutterstock

Abb. 11.3 Chesky auf Shutterstock
Abb. 11.5 Bjoern Wylezich auf Shutterstock
Abb. 11.6 Aleoks auf Shutterstock
Abb. 11.7 Erlijn van Genuchten
Abb. 11.10 Erlijn van Genuchten
Abb. 11.12 Erlijn van Genuchten

Kapitel 12
Lösungen für Umweltverschmutzung: Verringerung der Umweltauswirkungen von Produkten

Zusammenfassung Bahnbrechende Innovationen sind erforderlich, um den ökologischen Fußabdruck von Produkten zu verringern. Dieses Kapitel untersucht, wie sich deren Umweltauswirkungen reduzieren lassen, mit besonderem Fokus auf Produktion, Verpackung und Vertrieb. Es hebt das Potenzial von Windel-Designs und dem 3D-Druck von Fleisch hervor – einer revolutionären Technologie, die eine nachhaltige und ethische Alternative zur herkömmlichen Viehzucht bietet. Durch die Nutzung von im Labor gezüchteten Zellen, pflanzlichen Materialien und insektenbasierten Zutaten kann der 3D-Druck realistische Fleischprodukte erzeugen, ohne Tiere zu schädigen oder zur Umweltzerstörung beizutragen. Das Kapitel geht zudem auf die Bedeutung umweltfreundlicher Verpackungen und effizienter Einzelhandelsstrategien ein, insbesondere im wachsenden Bereich des E-Commerce. Von der Abfallreduzierung bis zur Optimierung der letzten Liefermeile werden praxisnahe, zukunftsorientierte Lösungen vorgestellt, die Nachhaltigkeit fördern. Mit anschaulichen Einblicken und Beispielen aus der Praxis inspiriert dieses Kapitel die Lesenden, Innovationen zu nutzen, die ganze Branchen verändern und den Weg für eine grünere, gesündere Zukunft ebnen könnten.

Schlüsselwörter Wissenschaft · Wissenschaftskommunikation · Verschmutzung · Folgen der Verschmutzung · Nachhaltige Lebensmittelproduktion · Kreislaufwirtschaft · Umweltfreundliche Verpackungen · Abfallreduzierung im E-Commerce · Kohlenstoffemissionen · Nachhaltige Einzelhandelsstrategien · Innovative Lebensmitteltechnologie

Neben dem Recycling von Produkten zur Abfallreduzierung ist es auch möglich, das Design des Produkts, den Produktionsprozess und den Vertrieb zu verändern, um die Umweltbelastung zu minimieren. Änderungen im Design können beispiels-

Würdigung: Dieses Kapitel basiert auf sieben wissenschaftlichen Artikeln von Justyna Płotka-Wasylka, Silvia Escursell, Samuele Caloni, Jérôme Labille, Shengwu Yuan, Techane Bosona, und Karna Ramachandraiah sowie deren Kolleginnen und Kollegen. (Die vollständige Quellenangabe befindet sich am Ende des Kapitels).

E. van Genuchten, *Der Weg zu einem gesünderen Planeten 3*,
https://doi.org/10.1007/978-3-032-14696-0_12

Abb. 12.1 Recycling ist Teil einer Kreislaufwirtschaft

weise andere Formen und Materialien betreffen. Änderungen im Produktionsprozess können zum Beispiel den Einsatz von recycelten Materialien und energieeffizienteren Produktionsverfahren umfassen. Veränderungen im Vertrieb können einen effizienteren Lieferprozess beinhalten. Diese drei Aspekte passen auch sehr gut zu einer Kreislaufwirtschaft (siehe Abb. 12.1).

Wie Design, Produktion und Vertrieb verbessert werden können, unterscheidet sich je nach Produkt. Im Folgenden finden Sie Beispiele, wie diese Phasen optimiert werden können:

12.1 Design

Der erste Aspekt von Produkten, der verbessert werden kann, um ihre Umweltbelastung zu verringern, ist das Design. Das Design eines Produkts konzentriert sich typischerweise darauf, ein Gleichgewicht zwischen Funktionalität, Ästhetik und Benutzerfreundlichkeit zu finden und dabei die Bedürfnisse der Nutzer zu erfüllen. Mit dem Ziel, die Umweltverschmutzung zu reduzieren, sollte jedoch auch die Umweltbelastung berücksichtigt werden.

12.1.1 Babywindeln

Ein Beispiel für ein Produkt, das umweltfreundlicher gestaltet wurde, sind Babywindeln. Babywindeln sind derzeit das dritthäufigste Produkt auf Deponien, da etwa 95 % der Familien in Europa Einwegwindeln verwenden (siehe Abb. 12.2).

Abb. 12.2 Der Abfallberg wächst sehr schnell, wenn Einwegwindeln verwendet werden

Bei vier Millionen Geburten pro Jahr in Europa und einem Windelwechsel alle 3 Stunden bedeutet das, dass pro Kind 8 Windeln am Tag verbraucht werden. Das summiert sich auf 11,7 Mrd. Windeln pro Jahr in Europa!

Während Babywindeln heute häufig auf Deponien landen, war dies früher nicht der Fall, da Windeln gewaschen und wiederverwendet wurden und Kinder früh an das Töpfchen gewöhnt wurden. Seit jedoch die erste Einwegwindel Mitte des letzten Jahrhunderts auf den Markt kam, wurde die Windelwelt durch Einwegprodukte revolutioniert. Dies war möglich, weil viele Eltern die Verwendung von Einwegwindeln als einfacher empfinden als das Waschen. Die Einmalverwendung von Windeln hat jedoch mehrere gravierende Nachteile:

- Sie sind teurer, sodass manche Eltern mehr Zeit arbeiten müssen, um sich Einwegwindeln leisten zu können.
- Einwegwindeln erhöhen die Abfallmenge erheblich, nicht nur durch die Windel selbst, sondern auch durch die Verpackung. Da Windeln teilweise aus Kunststoff bestehen, sind sie nicht biologisch abbaubar. Das bedeutet, sie können sehr lange in der Umwelt oder auf Deponien überdauern: etwa 500 Jahre!
- Einwegwindeln benötigen deutlich mehr natürliche Ressourcen. Natürliche Ressourcen werden sowohl für das Windelmaterial als auch für die Energie zur Herstellung und zum Transport der Windeln verwendet. Schätzungen zufolge werden 22 kg (48,5 Pfund) fossile Brennstoffe und 136 kg (300 Pfund) Holz benötigt, um ein Baby ein Jahr lang mit Einwegwindeln zu versorgen!
- Einwegwindeln gelten zwar als sicher, können aber auf Deponien gefährliche Stoffe freisetzen. Zu den gefährlichen Stoffen zählen Phthalate, Acrylamid und Farbstoffe. Phthalate werden verwendet, um Kunststoffe weich zu machen, und können beispielsweise unser Fortpflanzungs- und Nervensystem schädigen.

Acrylamid wird zur Wasseraufnahme eingesetzt und kann Krebs verursachen. Farbstoffe dienen der optischen Gestaltung der Windeln; einige enthalten Schwermetalle, die Parkinson auslösen können (weitere Informationen: Kap. 10 aus Der Weg zu einem gesünderen Planeten Band 1: „Wie Schwermetallverschmutzung Parkinson-Krankheit verursachen kann“).

Da Windeln auf Deponien Wasser, Boden und Luft verschmutzen und zum Klimawandel beitragen können, ist es entscheidend, die Nutzung von Babywindeln umweltfreundlicher zu gestalten.

Die beste Möglichkeit, die Nutzung von Babywindeln umweltfreundlicher zu machen, ist die Rückkehr zu wiederverwendbaren Windeln (siehe Abb. 12.3). Wiederverwendbare Windeln, auch Stoffwindeln genannt, bestehen aus mehreren Stofflagen. Diese Stofflagen enthalten teilweise nachhaltige Materialien wie Bambus und Hanf. Weitere Materialien, die in Stoffwindeln verwendet werden, sind Baumwolle und Kunststoff. Sie sind langlebig, benutzerfreundlich, lassen keinen Urin und Kot durch, sondern nehmen ihn auf, und sind atmungsaktiv.

Eine weitere Möglichkeit, die Umweltbilanz von Babywindeln zu verbessern, ist die Änderung der Materialien für Einwegwindeln. Neben der Verwendung nachwachsender Rohstoffe wie Hanf und Bambus ist auch der Einsatz von Recyclingmaterialien sinnvoll. Recycelte Materialien können aus verschiedenen Phasen des Windellebenszyklus stammen:

- Abfälle, die während des Windelproduktionsprozesses anfallen
- Abfälle, die vor der Nutzung der Windeln entstehen, wie Verpackungsmaterial
- Abfälle, die nach der Nutzung der Windeln anfallen

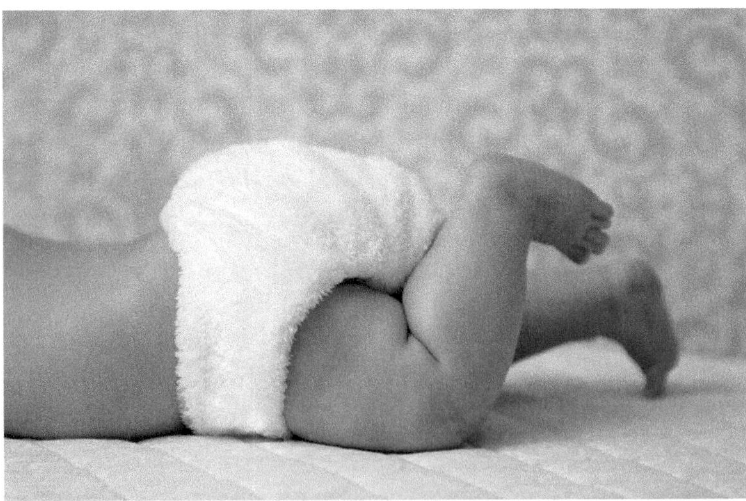

Abb. 12.3 Eine wiederverwendbare Babywindel

Die Qualität der Materialien variiert je nach Phase, aus der das Recyclingmaterial stammt. Recycelte Materialien aus dem Produktionsprozess sind oft von hoher Qualität. Das bedeutet, dass beispielsweise Kunststoffabfälle für Flaschen und Kunststoffverpackungen verwendet werden können, wodurch der Bedarf an fossilen Rohstoffen sinkt. Abfälle, die vor der Nutzung der Windeln entstehen, wie Papier, sind meist gut recycelbar, aber von geringerer Qualität als Rohstoffe. Die Verwendung von Recyclingmaterialien, die nach der Nutzung der Windeln anfallen, ist am schwierigsten, da diese durch Urin und/oder Kot verunreinigt sind.

Die dritte Möglichkeit, die Umweltbilanz von Babywindeln zu verbessern, ist die Steigerung der Materialeffizienz. Materialeffizienz bedeutet, dass für die gleichen Windeleigenschaften weniger Material benötigt wird. Dies wird bereits umgesetzt: 1987 wog eine Standardwindel 65 g, heute wiegt sie etwa 30 g. Diese Reduktion wurde durch den Ersatz von Zellstoff durch ein anderes, stärker saugfähiges Material erreicht. Bisher wurde dafür ein synthetisches Material verwendet, aber auch Bambusfasern sind dafür geeignet.

12.1.2 Sonnencreme

Ein Beispiel für ein Produkt, das umweltfreundlicher gestaltet wurde, ist Sonnencreme. Sonnencreme wird verwendet, um unsere Haut vor Hautkrebs und Alterung durch ultraviolettes (UV-) Licht zu schützen, das in tiefere Hautschichten eindringen kann (siehe Abb. 12.4).

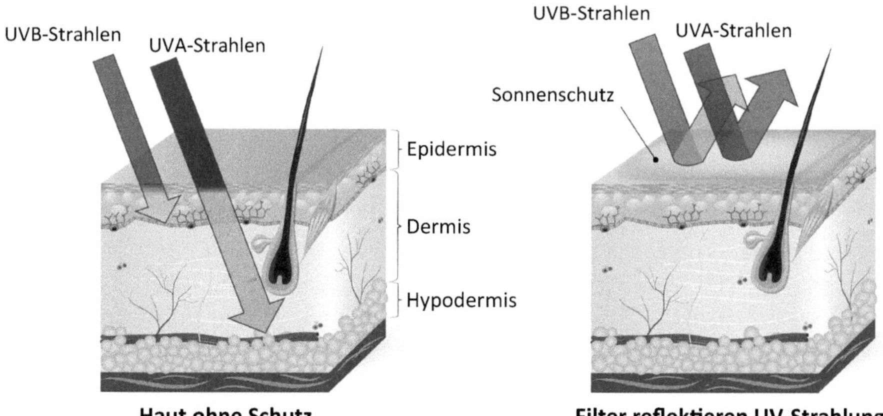

Abb. 12.4 Sonnencreme kann verhindern, dass ultraviolettes Licht in die Haut eindringt und diese schädigt

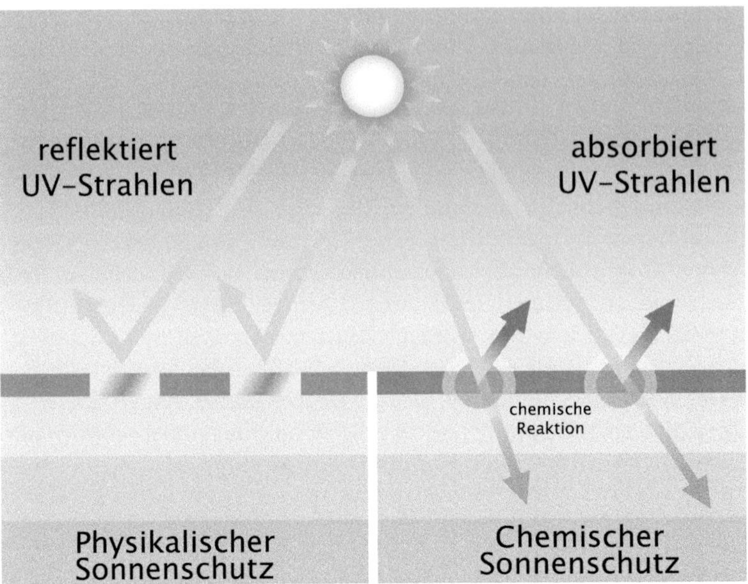

Abb. 12.5 Unterschied zwischen anorganischen Filtern in physikalischer Sonnencreme und organischen Filtern in chemischer Sonnencreme

Um unsere Haut vor Schäden durch UV-Strahlen zu schützen, wird häufig die Verwendung von Sonnencreme empfohlen (Sie können Ihren Hautarzt um eine persönliche Empfehlung bitten). Sonnencreme ist eine Lotion, die aus einer Mischung von Öl und Wasser besteht, der UV-Filter zugesetzt werden, um die schädlichen Wellenlängen des Sonnenlichts zu reflektieren oder zu absorbieren. Es gibt zwei Arten von UV-Filtern (siehe Abb. 12.5):

- Die anorganischen Filter in physikalischer Sonnencreme sind metallische Kristalle, entweder Titandioxid oder Zinkoxid. Sie reflektieren größtenteils UV-Strahlen von der Haut weg, absorbieren aber auch einen Teil und wandeln diesen in Wärme um.
- Die organischen Filter in chemischer Sonnencreme sind komplexe chemische Verbindungen. Diese Moleküle werden angeregt, wenn sie UV-Strahlen absorbieren, und geben die Energie dieser Strahlen als Wärme ab.

Obwohl beide Filtertypen für uns vorteilhaft sind, können sie für Tiere und die Umwelt schädlich sein. Beispielsweise können organische Filter die Fruchtbarkeit und Fortpflanzung von Meereslebewesen beeinträchtigen (weiterführende Literatur: Kap. 6 aus Der Weg zu einem gesünderen Planeten Band 2: „Wie Sonnencremeverschmutzung marine Umgebungen beeinflusst“). Anorganische Filter gelangen in Gewässer und Ozeane und verursachen Schwermetallverschmutzung (weiterführende Literatur: Kap. 10 aus Der Weg zu einem gesünderen Planeten Band 1: „Wie Schwermetallverschmutzung Parkinson-Krankheit verursachen kann“).

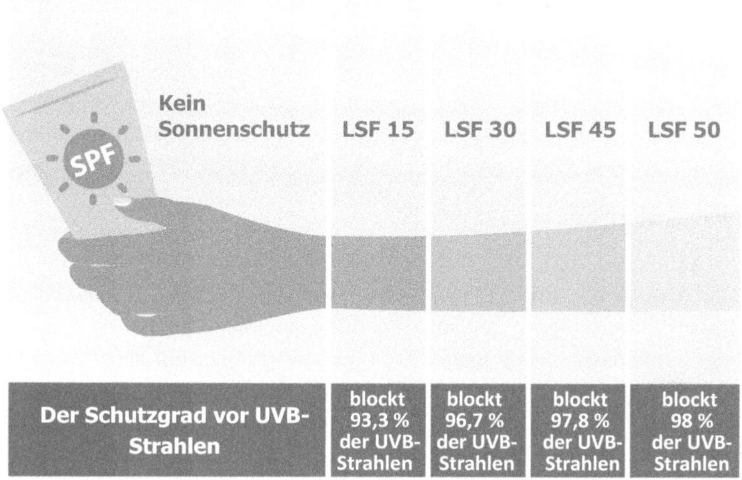

Abb. 12.6 Verschiedene Lichtschutzfaktoren ermöglichen unterschiedliche Schutzstufen

Eine Möglichkeit zur Verbesserung des Designs besteht darin, die Mischung der Sonnencreme so zu optimieren, dass der Umweltschaden so weit wie möglich begrenzt wird. Diese Mischung umfasst das Verhältnis von organischen oder anorganischen Filtern, Beschichtungen, Öl und Lotion, die verwendet werden, um den auf dem Etikett angegebenen Lichtschutzfaktor (LSF) zu erreichen (siehe Abb. 12.6). Ein Sonnenschutzfaktor von 50 bietet mehr Schutz als ein Faktor von 15. LSF 15 bedeutet, dass, wenn Ihre Haut normalerweise nach 10 min verbrennen würde, diese Sonnencreme es Ihnen ermöglicht, 15-mal länger ohne Sonnenbrand auszukommen, also 150 min oder 2,5 h.

Eine weitere Möglichkeit zur Verbesserung des Designs besteht darin, die negativen Umweltauswirkungen der Bestandteile zu verringern. Beispielsweise ist die Verwendung kleinerer Partikel besser als die von größeren, da kleinere Partikel in einer dünneren Schicht verteilt werden können. Eine dünnere Schicht bedeutet, dass weniger Metall für den gleichen Schutzfaktor benötigt wird. Dadurch wird die Umweltbelastung reduziert. Gleichzeitig sollten die Partikel nicht zu klein sein (etwa 20 nm; zum Vergleich: ein Haar ist etwa 90.000 nm dick), da dies es Wasserlebewesen erleichtert, die Partikel aufzunehmen und in die Nahrungskette einzubringen.

Eine dritte Möglichkeit zur Verbesserung des Designs besteht darin, den Retentionsfaktor zu erhöhen. Der Retentionsfaktor ist die Zeit, die die Sonnencreme auf unserer Haut verbleibt. Typischerweise wird etwa ein Drittel der Sonnencreme nach 30 Minuten Aktivität abgewaschen; nach 2 Stunden Aktivität ist die Hälfte abgewaschen. Je länger die Sonnencreme auf unserer Haut bleibt, desto wahrscheinlicher gelangt sie nach dem Duschen in eine Kläranlage, anstatt beispielsweise beim Schwimmen direkt in aquatische Umgebungen. Das ist wichtig, da eine Verschmutzung durch Sonnencreme nicht verhindert werden kann, wenn diese direkt in Gewässer abgewaschen wird.

Eine vierte Möglichkeit zur Verbesserung des Designs besteht darin, ungiftige Chemikalien zu verwenden. Während Chemikalien für organische Filter benötigt werden, gilt: Je weniger toxisch diese Chemikalien sind, desto geringer ist ihre Auswirkung auf die Umwelt.

12.2 Produktion

Der zweite Aspekt von Produkten, der verbessert werden kann, um ihre Umweltauswirkungen zu verringern, ist ihre Produktion. Die Produktion eines Produkts umfasst die Umwandlung von Rohstoffen oder Komponenten in Fertigwaren durch Fertigungsprozesse. Dazu gehören Montage und die Sicherstellung von Effizienz.

Ein Beispiel für einen neuen Produktionsprozess ist das 3D-Drucken von Fleisch. Das klingt wie Science-Fiction, ist aber keine Science-Fiction mehr: In den letzten Jahren wurde dies realisiert, um echtes Fleisch zu ersetzen. Das ist wichtig, da die Fleischindustrie derzeit umweltschädlich ist. Diese Branche benötigt viele Ressourcen, zum Beispiel für den Anbau von Futter für Nutztiere. Außerdem emittiert der Viehsektor viele Treibhausgase, derzeit 14,5 % aller von uns ausgestoßenen Treibhausgase. Besonders problematisch ist Rindfleisch von Tieren, die ausschließlich zur Fleischproduktion gehalten werden (siehe Abb. 12.7).

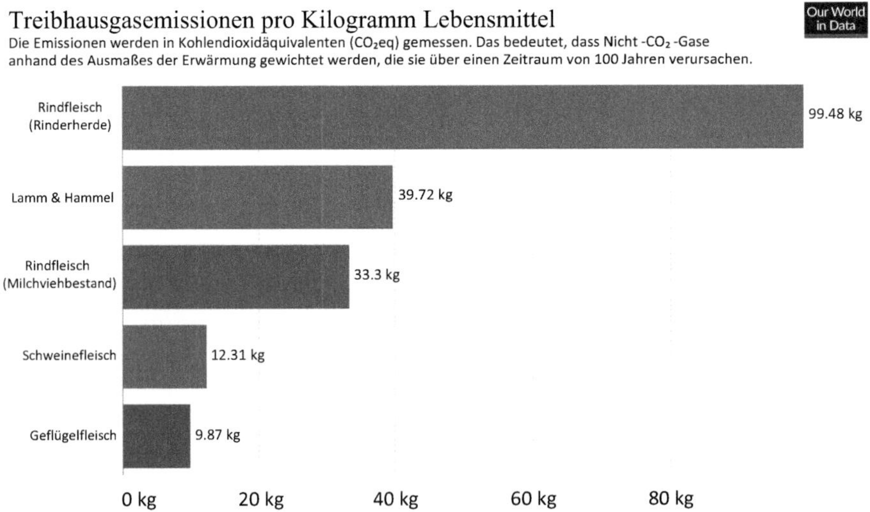

Abb. 12.7 Vergleich der Treibhausgasemissionen pro Kilogramm (2,2 Pfund) zur Herstellung verschiedener Fleischsorten

Um die negativen Umweltauswirkungen von Fleisch zu verringern und den Klimawandel durch Treibhausgasemissionen abzumildern, wurden viele verschiedene Strategien vorgeschlagen. Zum Beispiel die Umstellung unserer Ernährung, die Reduzierung von Lebensmittelverschwendung, die Verbesserung von Technologien und die Entwicklung innovativer Produktionsprozesse.

Einer dieser innovativen Prozesse ist das Drucken von Fleisch. 3D-Druck bedeutet, dreidimensionale Objekte auf Basis einer digitalen Datei herzustellen, indem Schicht auf Schicht aufgetragen wird. In diesem Fall ist das feste Objekt Fleisch. Beim 3D-Druck von Lebensmitteln können verschiedene Verfahren eingesetzt werden, wobei für Fleisch am häufigsten die Extrusion verwendet wird:

- Extrusion: Bei diesem Verfahren werden faserige Fleischmaterialien durch eine Düse gepresst, um 3D-Strukturen zu formen. Im Idealfall kann das System auch die Temperatur steuern.
- Inkjet-Druck: Bei diesem Verfahren werden dünne, essbare Flüssigkeiten in einem kontinuierlichen Strahl oder als einzelne Tropfen aufgetragen.
- Binder Jetting: Bei diesem Verfahren werden einzelne Bio-Tintentropfen auf eine dünne Pulverschicht, zum Beispiel Kakao oder Zucker, aufgetragen. Dies ermöglicht das Drucken komplexer 3D-Strukturen.
- Bioprinting: Dieses Verfahren befindet sich in der Entwicklung und beinhaltet den Aufbau von Fleisch mit Bio-Tinten, die Zellen, Biomaterialien und andere Moleküle enthalten.

Bei keinem dieser Verfahren werden Tiere geschädigt.

Obwohl es einfach klingt, Fleisch zu drucken, steht der 3D-Druck von Fleisch vor mehreren Herausforderungen. Diese Herausforderungen umfassen:

- Den Geschmack, die Textur, das Aussehen und die Nährwerte von echtem Fleisch nachzuahmen, ist weiterhin eine Herausforderung. Die Erzeugung einer fleischähnlichen Textur ist dabei am schwierigsten. Innovationen im Druckerbereich sind erforderlich, um dies zu erleichtern, zum Beispiel durch das Anbringen von Videokameras am Druckkopf, um den Druckvorgang präziser zu gestalten. Welche Innovation hilfreich ist, hängt zudem vom verwendeten Druckmaterial ab.
- Geeignete Materialien zu finden, ist nicht einfach. Dies kann gelöst werden, indem das Rezept angepasst oder Zusatzstoffe hinzugefügt werden, um die Druckbarkeit der Materialien zu verbessern und ein Verstopfen der Düse zu verhindern.
- Das Design eines 3D-Fleischprodukts kann sehr komplex und zeitaufwendig sein. Da es viele verschiedene Arten von echtem Fleisch auf dem Markt gibt, ist es wichtig, dass eine Datenbank mit unterschiedlichen Strukturen vorbereitet, gepflegt und leicht zugänglich ist, sodass neues 3D-gedrucktes Fleisch nicht jedes Mal von Grund auf neu entworfen werden muss.
- Wenn gedrucktes Fleisch eine Nachbearbeitung wie Kochen oder Braten erfordert, muss dies separat erfolgen. Dies muss bei der großtechnischen Herstellung von gedrucktem Fleisch berücksichtigt werden.

Abb. 12.8

- Das Drucken von Fleisch ist kein schneller Prozess. Um Fleisch in marktfähigem Maßstab drucken zu können, werden viele kleinere Drucker anstelle weniger großer benötigt.

Viele dieser Herausforderungen wurden bereits für einige Fleischsorten überwunden. Im Video in Abb. 12.8 sieht man jemanden, der einen Geschmackstest mit 3D-gedrucktem Fleisch durchführt.

Zur Herstellung dieser 3D-gedruckten Fleischprodukte können vier Materialien verwendet werden:

12.2.1 Im Labor gezüchtete Zellen

Die erste Art von Material, die für den 3D-Druck von Fleisch verwendet werden kann, sind im Labor gezüchtete Zellen. Diese Zellen werden so zusammengesetzt, dass sie Skelettmuskeln nachahmen, da dies die Hauptkomponente von echtem Fleisch ist. Skelettmuskeln bestehen überwiegend aus Muskelfasern, Fett zwischen und/oder innerhalb der Muskelfasern sowie Bindegewebe. Bindegewebe ist das Gewebe, das andere Gewebe oder Organe verbindet, trennt oder stützt. Blutgefäße werden derzeit weggelassen, da deren Druck technologisch anspruchsvoll und für das Fleisch nicht essenziell ist.

Um diese Skelettmuskeln nachbilden zu können, sollten im Labor gezüchtete Zellen sogenannter Bio-Tinte hinzugefügt werden und lebensfähig bleiben. Sie können dann direkt übereinander, in eine Form oder in einer Kombination aus beidem gedruckt werden. Werden Formen verwendet, enthalten diese Gerüste, die ebenfalls gedruckt werden, jedoch ohne lebende Zellen. Diese Gerüste sind ebenfalls essbar und bestehen beispielsweise aus Gelatine. Das für das Gerüst verwendete Material beeinflusst die Festigkeit des gedruckten Fleisches. Nachdem die Zellen gedruckt wurden, benötigen sie Zeit, um sich zu verbinden und die Muskelfasern oder das Fett zu bilden.

Im Video in Abb. 12.9 wird gezeigt, wie der 3D-Druckprozess für Fleisch auf Basis lebender Zellen funktioniert.

Abb. 12.9

12.2.2 Fleischnebenprodukte und Reste

Die zweite Art von Material, die für den 3D-Druck von Fleisch verwendet werden kann, sind Fleischnebenprodukte oder Reste. Nebenprodukte oder Reste wie Därme, Haut, Füße und Fett fallen bei der Schlachtung eines Tieres in großen Mengen an: Mehr als die Hälfte des Tiergewichts besteht aus Nebenprodukten. Der 3D-Druck kann diese Teile des Tieres nutzen, da sie beispielsweise enthalten:

- Kohlenhydrate, zum Beispiel aus Leber und Nieren von Nutztieren
- Kollagen, zum Beispiel aus Haut, Ohren und Füßen von Nutztieren
- Proteine, zum Beispiel aus Fischnebenprodukten
- Fett, zum Beispiel aus Schweineschwänzen und Fischnebenprodukten

Dies erhöht die Nachhaltigkeit und verringert die Umweltbelastung, die durch die Entsorgung dieser Nebenprodukte auf Deponien entsteht.

Ein weiterer Vorteil der Verwendung von Nebenprodukten und Resten für den 3D-Druck besteht darin, dass der übliche Ekel, der durch bestimmte Körperteile wie Herz, Leber, Niere, Darm und Zunge ausgelöst wird, entfällt. Dies liegt daran, dass diese Teile de-animalisiert werden. De-animalisiert bedeutet, dass die Lebensmittelstruktur so verändert wird, dass sie weniger wie ein Tier aussieht.

Um sicherzustellen, dass diese Nebenprodukte oder Reste sicher verwendet werden können, müssen sie eingefroren (z. B. −12 °C) und verpackt werden. Erfolgt dies nicht ordnungsgemäß, können schädliche Mikroorganismen das Material verderben.

12.2.3 Pflanzenbasierte Materialien

Die dritte Art von Material, die für den 3D-Druck von Fleisch verwendet werden kann, sind pflanzenbasierte Materialien. Pflanzenbasierte Materialien stammen von verschiedenen Pflanzenarten, darunter:

Abb. 12.10

- Getreide, zum Beispiel Gerste, Roggen und Weizen
- Hülsenfrüchte, zum Beispiel Soja, Erbsen, Mungbohnen, Gartenbohnen und Linsen
- Ölsaaten, zum Beispiel Baumwollsaat und Raps

In der Regel werden auch halbfeste Pasten wie Teige, Schokoladen und Pürees verwendet, um das Endprodukt zu erzeugen. Das Endprodukt ist häufig eine Wurst, ein Hamburger oder Hackfleisch.

Obwohl viele verschiedene Materialien zur Verfügung stehen, ist das Drucken eine Herausforderung, da die faserigen Bestandteile die Düse leicht verstopfen. Das Ergebnis kann jedoch kostengünstig sein: So kann ein Unternehmen beispielsweise ein 50-g-Steak für $ 1,50 drucken, ein anderes ein 200-g-Steak für $ 4.

Im Video in Abb. 12.10 wird erklärt, wie Fleisch aus pflanzenbasierten Materialien entworfen und gedruckt wird.

12.2.4 Insektenbasierte Materialien

Die vierte Art von Material, die für den 3D-Druck von Fleisch verwendet werden kann, sind insektenbasierte Materialien. Insektenbasierte Materialien werden aus essbaren Insekten hergestellt, wie Mehlwurmlarven (siehe Abb. 12.11), Käfern, Motten, Schmetterlingen und ausgewachsenen Grillen. Diese Insekten sind eine hervorragende Nahrungsquelle, da sie beispielsweise mehr Proteine enthalten als tierisches Fleisch und Pflanzen.

Um Insekten für den 3D-Druck zu verwenden, müssen sie getrocknet und zu Pulvern und Mehlen verarbeitet werden. Wenn mehr als ein Fünftel des gedruckten Fleisches aus Insektenpulver besteht, verdunstet Wasser schneller. Dies muss berücksichtigt werden und kann durch die Zugabe anderer Materialien, wie z. B. gelatiniertem Stärke, ausgeglichen werden. Um das Ergebnis noch fleischähnlicher zu gestalten, können insektenbasierte 3D-gedruckte Produkte geräuchert werden. Dadurch erhält das gedruckte Fleisch ein fleischähnliches Aroma.

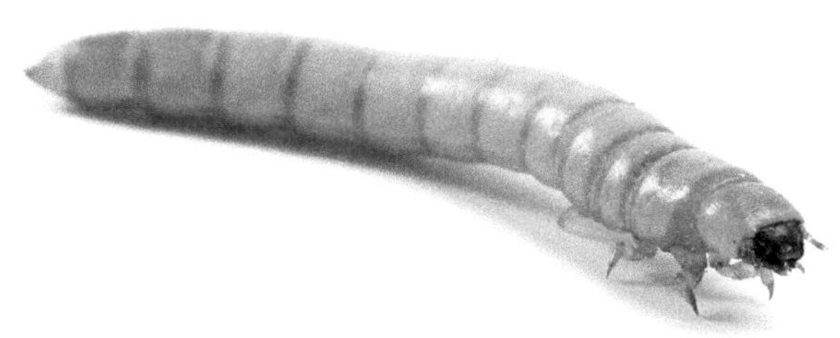

Abb. 12.11 Mehlwürmer können zur Herstellung insektenbasierter Materialien für den 3D-Druck verwendet werden

12.3 Einzelhandel

Der dritte Aspekt von Produkten, der verbessert werden kann, um ihre Umweltbelastung zu verringern, ist der Einzelhandel. Der Einzelhandel eines Produkts umfasst die Bereitstellung für Kunden über verschiedene Vertriebskanäle, wie zum Beispiel Online-Shops. Dazu gehören auch Verpackung und Distribution, die ebenfalls umweltfreundlicher gestaltet werden können. Dies ist besonders hilfreich, wenn man bedenkt, dass Online-Shopping in den letzten Jahren sehr beliebt geworden ist (siehe Abb. 12.12); diese Beliebtheit nahm während der COVID-19-Pandemie weiter zu und wird voraussichtlich in diesem Jahrzehnt die Einkäufe im Geschäft übertreffen. So verschickte beispielsweise Amazon allein im Jahr 2018, also vor der Pandemie, mehr als 10 Mrd. Pakete, was zu einem CO_2-Fußabdruck von mehr als 44 Mio. t führte. Das entspricht etwa den Emissionen von 5.500 Flugzeugen, die ein Jahrzehnt lang ununterbrochen in der Luft sind!

12.3.1 Verpackung

Die enorme Menge an Verpackungsmüll – insbesondere beim Online-Shopping – zeigt, wie wichtig es ist, Verpackungen neu zu überdenken.

Der erste Weg, Verpackungen umweltfreundlicher zu gestalten, ist die Verwendung neuer Materialien. Eines dieser neuen Materialien ist Zellulose.

Abb. 12.12 E-Retail ist seit der COVID-19-Pandemie beliebter geworden

Zellulose ist der Stoff, aus dem Pflanzenzellwände und -fasern bestehen. Vorteile der Verwendung von Zellulose sind, dass sie in der Natur reichlich vorhanden und erneuerbar ist. Sie schont Bäume, da sie Holzstoff ersetzt, um Behälter wie Kartons oder Verpackungsfüllstoffe herzustellen. Außerdem sind zellulosebasierte Materialien kompostierbar und können zur Herstellung neuer Materialien wiederverwendet werden.

Eine weitere Möglichkeit ist die Verwendung essbarer Materialien: Proteine, Polysaccharide, Lipide und Harze. Proteine stammen aus Weizen, Soja, Milch und Mais. Sie können genutzt werden, um die optischen und mechanischen Eigenschaften der Verpackung zu verbessern. Polysaccharide wie Stärke, Chitin, Pektin und Alginat können als Gasbarriere dienen und die mechanischen Eigenschaften verbessern. Lipide wie Glycerin, Wachs und Harze können verwendet werden, um einen feuchtigkeitsabweisenden Film zu erzeugen. Ein Beispiel ist die Nutzung von Algen zur Herstellung essbarer Wasserblasen, wie im Video in Abb. 12.13 gezeigt und erklärt.

Der zweite Weg, Verpackungen umweltfreundlicher zu gestalten, ist die Verwendung neuer Designs. In Selbstbedienungssituationen wird Verpackung genutzt, um die Sichtbarkeit des Produkts im Regal zu erhöhen. Designer konzentrieren sich auf Form, Farbe und Größe, um ihre Produkte auffälliger zu machen. Hier fungiert die Verpackung als „stiller Verkäufer“. Beim E-Commerce hingegen betrachten Käufer Produktinformationen anstelle der Verpackung selbst. Deshalb können Hersteller, die online verkaufen, auf effiziente Verpackungsdesigns setzen, die umweltfreundlicher sind, zum Beispiel indem sie die Verpackungsgröße an das Produkt anpassen und auf das Färben der Umhüllung verzichten.

Eine weitere Möglichkeit, Designs umweltfreundlicher zu gestalten, ist die Reduzierung der Anzahl der Verpackungsschichten. Die Primärverpackung umhüllt

Abb. 12.13

das Produkt, die Sekundärverpackung mehrere Produkteinheiten, und die Tertiärverpackung mehrere Verpackungsgruppen, meist für den Versand. Zum Beispiel habe ich als Teenager einen Tag in einer Lebkuchenfabrik gearbeitet. Meine Aufgabe war es, 10 einzeln verpackte Lebkuchenscheiben (Primärverpackung) in eine Schachtel (Sekundärverpackung) zu legen, diese Schachtel dann in einen größeren Karton (Tertiärverpackung) und diesen wiederum auf eine Palette (Quartärverpackung) zu stellen. Da jede Schicht zusätzliches Material und Energie erfordert, macht die Reduzierung der Schichten Verpackungen umweltfreundlicher.

Auch Designs können umweltfreundlicher gestaltet werden, indem Menge und Gewicht der Verpackung für die Auslieferung reduziert werden. Dies ist besonders relevant für die „letzte Meile", also die Zustellung an die Haustür der Kunden. Mit effizienteren Designs können Lieferwagen bei jeder Fahrt mehr kleine, leichte Pakete transportieren. Das erhöht die Fahrzeugeffizienz und verringert den Bedarf an fossilen Brennstoffen oder Strom.

Der dritte Weg, Verpackungen umweltfreundlicher zu gestalten, ist die Nutzung neuer Produktionsmethoden. Diese neuen Methoden ermöglichen den Einsatz neuer Materialien für neue Designs. Das Ergebnis sind Verpackungen, die kleiner, kompakter und sicherer sind, weniger Material verbrauchen und die Wiederverwendung sowie das Recycling des Materials ermöglichen.

Eine dieser neuen Produktionsmethoden ist der 3D-Druck. 3D-Druck bedeutet, physische Objekte zu erschaffen, indem Schichten des Druckmaterials entsprechend dem gewünschten Design aufgetragen werden. Mit dieser Methode können Hersteller Verpackungen oder Formen exakt in der benötigten Form herstellen. Dies ist auf verschiedene Materialien anwendbar und eignet sich besonders für Kunststoffe, Biokunststoffe, andere Polymere, Metalle, Keramik, Glas oder sogar essbare viskoelastische Tinte für Lebensmittel.

Im Video in Abb. 12.14 wird gezeigt, wie Papierbrei gedruckt wird, um das gewünschte Design zu erzeugen.

Im Video in Abb. 12.15 sieht man, wie eine 3D-gedruckte Kunststoffform verwendet wird, um Verpackungen mit individuellem Design herzustellen.

Abb. 12.14

Abb. 12.15

12.3.2 Distribution

Der große CO_2-Fußabdruck der Paketzustellung zeigt, dass es wichtig ist, die Paketzustellung neu zu überdenken. Der Transport bestellter Pakete besteht aus mehreren Abschnitten, darunter der Transport eines Pakets von der Fabrik zu einem Lager, vom Lager zu einem Verteilzentrum und vom Verteilzentrum zum Zuhause des Kunden. In dieser Lieferkette ist der letzte Abschnitt, der die Zustellung zum Zuhause des Kunden umfasst, der ineffizienteste (siehe Abb. 12.16). Dieser Teil der Lieferkette wird als Letzte-Meile-Logistik bezeichnet. Die Letzte-Meile-Logistik ist aus vielen Gründen ineffizient, unter anderem

- weil sie kurze Strecken umfasst,
- niedrige Fahrgeschwindigkeiten erfordert,
- lange Standzeiten der Fahrzeuge beinhaltet,
- arbeitsintensiv ist und
- mit begrenzter Verkehrsinfrastruktur wie engen Straßen oder Einbahnstraßen umgehen muss.

Abb. 12.16 Die Letzte-Meile-Logistik umfasst die Zustellung zum Zuhause des Kunden

Da diese Probleme ökologische Folgen haben, ist es wichtig, diesen Teil der Lieferkette umweltfreundlicher zu gestalten. Aufgrund der großen Anzahl an Paketen und der sich wiederholenden Abläufe können bereits kleine Verbesserungen einen großen Unterschied machen. Wenn zudem die Treibhausgasemissionen schon in einem kleinen Gebiet wie einer Kleinstadt reduziert werden können, ist der positive Effekt in einem größeren Gebiet wie einer Großstadt noch größer.

Dies sind Beispiele für umweltfreundlichere Methoden:

- Einsatz intelligenter Planung und Echtzeit-Optimierung der Letzte-Meile-Logistik. Dies kann durch Fahrzeugidentifikation, GPS, Smartphone-Tools und andere digitale Lösungen erreicht werden und verbessert die Zusammenarbeit der an der Logistik Beteiligten, sodass die Zustellung effizienter und der Energieverbrauch reduziert wird. Beispielsweise erleichtern Echtzeit-Updates für Kunden, dass diese zu Hause sind, wenn die Lieferperson ankommt. Kann das Paket sofort zugestellt werden, muss die Zustellung am nächsten Tag nicht wiederholt werden.
- Umsetzung innovativer Managementansätze wie das nächtliche Sammeln und Ausliefern von Waren mit geräuscharmen Fahrzeugen reduziert den Kraftstoffverbrauch und die CO_2-Emissionen. Beispielsweise ist nachts bei wenig Verkehr und ausgeschalteten Ampeln weniger Bremsen und Anfahren nötig.
- Die Zustellung von Paketen an lokale Depots (siehe Abb. 12.17) anstelle der Haustürzustellung reduziert CO_2-Emissionen. Dies gilt besonders, wenn diese Depots mit dem Fahrrad oder zu Fuß erreichbar sind oder die Abholung eines Pakets mit anderen Aktivitäten wie dem Einkauf im Supermarkt kombiniert

Abb. 12.17 Paketstation

werden kann. Dies ist effizienter, da die Distanz der letzten Meile für viele Pakete verkürzt wird.

- Die Zustellung von Paketen mit kleinen Transportern und einem optimierten Lieferplan anstelle der Nutzung privater Fahrzeuge durch Kunden verkürzt die Letzte-Meile-Logistik. Dadurch wird weniger Kraftstoff benötigt, da ein optimierter Lieferplan die bestmögliche Route mit der größten Anzahl an Zustellpunkten darstellt.
- Der Ersatz herkömmlicher Transporter durch Elektrotransporter und Fahrräder, da leichte Fahrzeuge wie elektrische Lastenräder nachhaltiger sind als große und schwere Fahrzeuge wie Lkw. Zudem verringern Elektrofahrzeuge die Umweltverschmutzung.
- Carsharing verbessert die effiziente Ressourcennutzung. Beispielsweise kann ein Unternehmen, das kurz vor Weihnachten viele Fahrzeuge benötigt, aber im restlichen Jahr weniger, seine Fahrzeuge vermieten oder für Stoßzeiten Fahrzeuge anmieten.
- Die Umsetzung von Digitalisierung und Automatisierung durch den Einsatz von Robotern, unbemannten Luftfahrzeugen wie Drohnen (siehe Abb. 12.18), fahrerlosen Fahrzeugen und künstlicher Intelligenz kann zu einer umweltfreundlicheren Letzte-Meile-Zustellung führen, da diese Geräte mit Batterien statt mit Kraftstoff betrieben werden. Außerdem können diese Geräte deutlich leichter sein als herkömmliche Transporter. Da Lkw oder Transporter jedoch viele Pakete gleichzeitig transportieren können, hängt die Effizienz von vielen Faktoren ab, unter anderem von der Entfernung zwischen den Haushalten und dem Verteilzentrum.

Abb. 12.18 Drohnen können die Letzte-Meile-Zustellung effizienter machen

12.4 Fazit

Obwohl Recycling ein hilfreicher und wichtiger Aspekt der Kreislaufwirtschaft ist, ist es ebenso wichtig, die Umweltbelastung von Produkten durch Veränderungen im Design, in der Produktion und im Handel zu verringern. Dies ist besonders hilfreich angesichts der zunehmenden Menge an Produkten, die über Online-Shops gekauft und verkauft werden und häufig direkt zu den Menschen nach Hause geliefert werden.

Das Design von beispielsweise Babywindeln kann verbessert werden, indem man zu wiederverwendbaren Windeln zurückkehrt, aber auch durch die Verwendung anderer und weniger Materialien. Auch Sonnenschutzmittel können durch andere Inhaltsstoffe und eine verbesserte Haftung optimiert werden. Die Produktion von Fleisch kann zum Beispiel durch 3D-Druck von Fleisch anstelle der Tierhaltung verbessert werden. Der Handel jedes Produkts kann durch effizientere Verpackungsdesigns, den Einsatz anderer Materialien und die Optimierung der Verpackungsherstellung verbessert werden. Auch die Letzte-Meile-Zustellung kann umweltfreundlicher gestaltet werden, zum Beispiel durch den Einsatz anderer Fahrzeuge.

12.5 Wie wir aktiv werden können

Da Produkte häufig produziert und geliefert werden, können bereits kleine Veränderungen einen positiven Unterschied machen. Hier sind praktische Ideen, was Sie und ich tun können, um die Auswirkungen von Babywindeln zu verringern:

- Verwendung von wiederverwendbaren Windeln
- Gespräche mit Eltern über die ökologischen Folgen von Einwegwindeln

Hier sind praktische Ideen, was Sie und ich tun können, um die Auswirkungen von Sonnenschutzmitteln in aquatischen Umgebungen zu verringern:

- Verwendung natürlicher Produkte als Sonnenschutz, wie zum Beispiel Kokosöl
- Sorgfältiger Umgang mit Sonnenschutzmitteln, nur die benötigte Menge auftragen.
- Verwendung von Sonnenschutzmitteln mit umweltfreundlichem Design
- Sonnenschutzmittel vor dem Betreten einer aquatischen Umgebung einziehen lassen oder, wenn möglich, erst nach der Wasseraktivität auftragen
- Verwendung von UV-Schutzkleidung anstelle von Sonnenschutzmitteln, wenn möglich, wie zum Beispiel Sonnenhüte (siehe Abb. 12.19)

Hier sind praktische Ideen, was Sie und ich tun können, um den ökologischen Fußabdruck der Fleischindustrie zu verringern:

- Weniger Gramm Fleisch pro Mahlzeit essen
- Pflanzliche Fleischalternativen essen
- 3D-gedrucktes Fleisch essen
- Vegetarische oder vegane Mahlzeiten essen
- Hähnchen statt Rindfleisch essen

Hier sind praktische Ideen, was Sie und ich tun können, um die Letzte-Meile-Logistik nachhaltiger zu gestalten:

Abb. 12.19 Sonnenschutzkleidung anstelle von Sonnenschutzmitteln kann bei Wasseraktivitäten verwendet werden, um die Verschmutzung durch Sonnenschutzmittel zu vermeiden

- Pakete zu Fuß oder mit dem Fahrrad an einer lokalen Abholstation oder Paketstation abholen
- Zustellung per Fahrrad wählen, wenn diese Option verfügbar ist
- Bei einem Webshop kaufen, der eine umweltfreundliche Lieferung garantiert
- Erlauben, dass Pakete bei Abwesenheit an der Tür abgelegt oder an Nachbarn übergeben werden
- Zustellung in der Nacht erlauben
- Freundlich zu Paketboten sein

Würdigung

Dieses Kapitel basiert auf

Windeln:

Płotka-Wasylka, J., Makoś-Chełstowska, P., Kurowska-Susdorf, A., Treviño, M. J. S., Guzmán, S. Z., Mostafa, H. & Cordella, M. (2022). End-of-life management of single-use baby diapers: Analysis of technical, health and environment aspects. *Science of The Total Environment, 836,* 155339.

Verpackungen:

Escursell, S., Llorach-Massana, P. & Roncero, M. B. (2021). Sustainability in e-commerce packaging: A review. *Journal of cleaner production, 280,* 124314.

Sonnenschutzmittel:

Caloni, S., Durazzano, T., Franci, G. & Marsili, L. (2021). Sunscreens' UV filters risk for coastal marine environment biodiversity: A review. *Diversity, 13*(8), 374.

Labille, J., Catalano, R., Slomberg, D., Motellier, S., Pinsino, A., Hennebert, P., … & Bartolomei, V. (2020). Assessing sunscreen lifecycle to minimize environmental risk posed by nanoparticulate UV-filters–a review for safer-by-design products. *Frontiers in Environmental Science, 8,* 101.

Yuan, S., Huang, J., Jiang, X., Huang, Y., Zhu, X. & Cai, Z. (2022). Environmental fate and toxicity of sunscreen-derived inorganic ultraviolet filters in aquatic environments: A review. *Nanomaterials, 12*(4), 699.

Letzte Meile Lieferung:

Bosona, T. (2020). Urban freight last mile logistics—Challenges and opportunities to improve sustainability: A literature review. *Sustainability, 12*(21), 8769.

3D-gedrucktes Fleisch:

Ramachandraiah, K. (2021). Potential development of sustainable 3d-printed meat analogues: A review. *Sustainability, 13*(2), 938.

Abbildungsnachweise

Abb. 12.1	Adaptiert von m.malinika auf Shutterstock
Abb. 12.2	Annet_ka auf Shutterstock
Abb. 12.3	Kamila Starzycka auf Shutterstock
Abb. 12.4	Designua auf Shutterstock
Abb. 12.5	yomogi1 auf Shutterstock
Abb. 12.6	Mosterpiece auf Shutterstock
Abb. 12.7	Our World in Data
Abb. 12.11	Michiel de Wit auf Shutterstock
Abb. 12.12	Ground Picture auf Shutterstock
Abb. 12.16	comzeal images auf Shutterstock
Abb. 12.17	vilax auf Shutterstock
Abb. 12.18	Andy Dean Photography auf Shutterstock
Abb. 12.19	Anna Kuzmenko auf Shutterstock

Teil III
Biodiversität

Die Auswirkungen unserer umweltschädlichen Entscheidungen betreffen uns alle, denn die Natur ist ein ausgewogenes System: Veränderungen in einem Teil der Natur führen automatisch auch zu Veränderungen in anderen Bereichen. Ich vergleiche das gerne mit einem Mobile für Babys: Wenn ich an einer Seite ziehe, beginnt sich auch der Rest zu bewegen. Und während ein Mobile ein einfaches System ist, ist die Natur weitaus komplexer, sodass die meisten dieser Folgen noch nicht vorhersehbar sind. Im Video in Abb.1 zeige ich, wie das funktioniert.

Das bedeutet, dass die aktuelle Biodiversitätskrise ganze Ökosysteme und uns selbst betrifft. Biodiversität bezeichnet die verschiedenen Tier- und Pflanzenarten, die auf unserem Planeten leben. Auch wenn es für manche von uns nicht wichtig erscheinen mag, gut für unseren Planeten zu sorgen, ist es doch unerlässlich für unsere Gesundheit und die Gesundheit aller anderen Organismen auf der Erde.

Deshalb ist es dringend erforderlich, die vielfältigen und weitreichenden Auswirkungen unseres Handelns auf die Biodiversität im Blick zu behalten. Welche Entscheidungen wir auch treffen, sie werden weitreichende und langfristige Folgen haben, sei es im positiven oder negativen Sinne. Es liegt in unserer Hand.

Abb. 1

Kapitel 13
Wie die Wiederherstellung von Seetang die Biodiversität beeinflusst

Zusammenfassung Bei Biodiversität denkt man oft an Tiere und Landpflanzen, doch es gibt auch einen verborgenen Schatz unter den Wellen: marine Kelpwälder. Sie bedecken ein Drittel der weltweiten Küstenlinien und bieten als schnell wachsende Meeresalgen essenzielle Ökosystemdienstleistungen, wie die Aufnahme von Kohlenstoff, die Sauerstoffanreicherung des Wassers und Lebensraum für über 1500 Arten. Allerdings sind Kelpwälder in den letzten fünfzig Jahren um bis zu 60 % zurückgegangen, bedroht durch Klimawandel, Verschmutzung und Überweidung. Dieses Kapitel beleuchtet die dringende Notwendigkeit der Wiederherstellung von Kelpwäldern und stellt erfolgreiche Initiativen weltweit vor. Durch die Wiederbelebung dieser Unterwasserwälder stellen wir nicht nur die Biodiversität wieder her, sondern stärken auch unseren Kampf gegen den Klimawandel und bieten nachhaltige Lösungen für Ökosysteme und Küstengemeinden.

Schlüsselwörter Wissenschaft · Wissenschaftskommunikation · Biodiversität · Folgen des Biodiversitätsverlusts · Seetang · Seetangwald · Renaturierung · Ökosystemdienstleistungen · Aufforstung · Seeigel · Meeresalgen · Meeresschutz · Marine Renaturierung · Kohlenstoffbindung · Küstenökosysteme · Ozeanschutz · Marine Biodiversität · Marin · Erholung · Wald · Renaturierung · Meeresschutzgebiete · Schutzziele

Wenn wir über Biodiversität sprechen, denken wir oft zuerst an verschiedene Tierarten. Vielleicht denken wir dann auch an unterschiedliche Pflanzenarten, aber wahrscheinlich an Pflanzen, die oberhalb der Oberfläche wachsen. Wenn wir zum Beispiel an Wälder denken, stellen wir uns meist Wälder vor, die aus Bäumen am Boden bestehen. Diese Art von Wald bedeckt 30 % der Landfläche unseres Planeten, etwa 9 % der Erdoberfläche. Diese Wälder sind für unseren Planeten äußerst

Würdigung: Dieses Kapitel basiert auf drei wissenschaftlichen Artikeln von Aaron Matthius Eger und Emma A. Elliot Smith sowie deren Kolleginnen und Kollegen. (Vollständige Zitationen am Ende des Kapitels verfügbar)

E. van Genuchten, *Der Weg zu einem gesünderen Planeten 3*,
https://doi.org/10.1007/978-3-032-14696-0_13

Abb. 13.1 Ein Kelpwald

wichtig und werden manchmal sogar als die Lungen unseres Planeten bezeichnet, da sie viele Ökosystemfunktionen erfüllen, wie zum Beispiel die Umwandlung von Kohlendioxid (CO_2) aus der Atmosphäre in Sauerstoff (O_2), den wir und andere Organismen zum Atmen benötigen. Ökosystemfunktionen sind die physikalischen, chemischen und biologischen Prozesse, die das Gleichgewicht des Ökosystems aufrechterhalten und das Leben auf der Erde ermöglichen.

Doch verborgen vor unseren Augen existiert eine weitere Waldform, die für unseren Planeten ebenfalls von großer Bedeutung ist. Diese Wälder sind marine Kelpwälder (siehe Abb. 13.1). Kelp ist eine schnell wachsende Art von Braunalge. Marine Kelpwälder bedecken ein Drittel der Küstenlinien unseres Planeten und bieten zahlreiche Ökosystemfunktionen. Dazu gehören:

- die Umwandlung von CO_2 in Sauerstoff und die langfristige Speicherung des gebundenen Kohlenstoffs
- die Senkung des Säuregehalts des Wassers (es wird basischer/alkalischer gemacht)
- Lebensraum für über 1500 Tier- und Pflanzenarten

Im Video in Abb. 13.2 können Sie einen Kelpwald besuchen und viele verschiedene Arten kennenlernen:

Außerdem bieten sie etwa 750 Mio. Menschen, die in einem Umkreis von 50 km (31 Meilen) um diese Wälder leben, zahlreiche Ökosystemdienstleistungen. Ökosystemdienstleistungen sind die Vorteile, die Ökosysteme den Menschen bieten.

Abb. 13.2

Zum Beispiel ermöglichen sie Fischerei, haben kulturellen Wert, indem sie Mythen hervorbringen, werden in der Kunst verwendet und sind ein Ort, an dem Menschen mit dem Ozean und der Natur in Kontakt treten können.

Leider sind die Kelpwälder weltweit in den letzten 50 Jahren um 40–60 % zurückgegangen, und einige sind sogar vollständig verschwunden. Dies liegt daran, dass sie durch viele biologische, physikalische und chemische Bedrohungen beeinträchtigt werden. Im frühen 19. Jahrhundert wurde der Rückgang durch wachsende Seeigelpopulationen (siehe Abb. 13.3) verursacht, die die Kelpwälder überweideten, was indirekt durch den Walfang ausgelöst wurde (dies wird in Kap. 16 von Der Weg zu einem gesünderen Planeten Band 2: „Wie Wale unsere Welt verändern" erklärt). Zu den aktuellen Bedrohungen zählen:

Abb. 13.3 Seeigel (*Echinodermata*)

- Sedimentation, verursacht durch Veränderungen in der Nutzung von Küstengebieten
- steigende Meerwassertemperaturen, verursacht durch anthropogenen Klimawandel. Anthropogen bedeutet durch den Menschen verursacht
- Kelp-Ernte
- Wasserverschmutzung aus städtischen Gebieten

Da der Rückgang der Kelpwälder die Biodiversität in diesen Gebieten direkt bedroht und infolgedessen Ökosystemdienstleistungen verschwinden, ist es wichtig, Kelpwälder wiederherzustellen. Die Wiederherstellung von Kelpwäldern kann die Renaturierung bestehender Wälder oder die Aufforstung umfassen. Renaturierung bedeutet, bestehende Wälder sich erholen zu lassen, zum Beispiel durch die Reduzierung übermäßiger Räuber; Aufforstung bedeutet, Kelpwälder in Gebieten anzulegen, in denen es zuvor keine solchen Wälder gab, indem Sporen ausgebracht oder ausgewachsene Pflanzen auf künstlichen Riffen gepflanzt werden. Ebenso ist es entscheidend, bestehende, gesunde Kelpwälder zu schützen, zum Beispiel durch die Begrenzung der Wasserverschmutzung. So wirken sich solche Maßnahmen auf Kelpwälder und die Biodiversität weltweit aus:

13.1 Japan

Die Bemühungen zur Wiederherstellung von Kelpwäldern in Japan begannen im 18. Jahrhundert. Seitdem hat das Land Hunderte von Projekten initiiert, insbesondere im letzten Jahrzehnt. Ein Grund dafür ist die wirtschaftliche Bedeutung: Saccharina-Arten sind ein beliebtes Nahrungsmittel, das Fischer bereits im 14. Jahrhundert zu ernten begannen.

Japans Maßnahmen umfassen sowohl die Renaturierung als auch die Aufforstung von Kelpwäldern. Anfangs wurden beispielsweise Steine in Korallenriffe geworfen, Steinblöcke auf sandigen Meeresböden platziert und konkurrierende Algen wie Rasenalgen entfernt.

Außerdem begann man, Seeigel und Fische zu entfernen, die Kelp fraßen. Da diese Maßnahmen nicht immer erfolgreich waren, wurden die Strategien weiter verbessert, zum Beispiel durch den Einsatz von Betonblöcken anstelle von Steinen für künstliche Riffe sowie durch den Einsatz von Ketten, Rotatoren und Unterwasserbaggern zur Entfernung konkurrierender Algen. Besonders das Entfernen von Weidegängern erwies sich als entscheidend für den Erfolg der Kelp-Renaturierung, allerdings nur, solange der Kelp geschützt war. Durch den kommerziellen Verkauf dieser Weidegänger als Nahrungsmittel können sowohl die Gemeinschaften als auch die Biodiversität profitieren.

Basierend auf diesen Erkenntnissen wurde 1999 das bislang größte erfolgreiche Kelp-Renaturierungsprojekt gestartet, bei dem kleine Betonblöcke in blühenden Kelpwäldern platziert werden, damit sich Sporen auf diesen Blöcken ansiedeln

Abb. 13.4 Eine Abalone

und in andere Gebiete gebracht werden können. Dieses Projekt war so erfolgreich, dass sich auch andere Meeresarten, deren Bestände durch Fischerei dezimiert waren, erholen konnten. Beispielsweise wurde die Abalone-Fischerei verboten, könnte aber wieder erlaubt werden (siehe Abb. 13.4).

Dennoch werden die aktuellen Aktivitäten durch Faktoren wie begrenzte Finanzierung, industrialisierte und urbanisierte Küsten, erhöhte Wassertemperaturen sowie häufigere und stärkere Taifune und Überschwemmungen eingeschränkt (weitere Informationen: Kap. 1 von Der Weg zu einem gesünderen Planeten Band 2: „Wie der Klimawandel die Intensität von Zyklonen beeinflusst"). Außerdem werden einige Projekte als Kompensationsprojekte genutzt, was bedeutet, dass sie darauf abzielen, Schäden an unserem Planeten auszugleichen. Dies können CO_2-Kompensationsprojekte sein, die Emissionen ausgleichen, oder Biodiversitäts-Kompensationsprojekte, die den Verlust an Biodiversität kompensieren. Wichtig ist jedoch, dass diese Kompensationspraktiken den Verlust an Biodiversität nicht wirklich ersetzen können und unbeabsichtigt sogar schädliche Praktiken unterstützen können. Und politische Maßnahmen im Zusammenhang mit diesen Kompensationsprojekten können nur einen begrenzten Verlust von Kelpwäldern und Biodiversität verhindern, im Gegensatz zur Schaffung neuer Kelpwälder. Stattdessen kann die Regierung die Vermehrung von Kelpbeständen durch Richtlinien und Gesetze fördern, die Mittel für die Renaturierung bereitstellen.

13.2 Korea

Die Bemühungen zur Wiederherstellung von Kelpwäldern in Korea begannen 1998. Diese Maßnahmen sind wichtig, da Korea eine Seefahrernation ist, die auf Meeresalgen und Meerestiere angewiesen ist. Doch im 20. Jahrhundert gingen große Flächen von Kelpwäldern um 10–30 % zurück, was diese Abhängigkeit gefährdete. Die Wiederherstellung der marinen Ressourcen begann nach dem Koreakrieg 1953, aber erst 1971 wurden die ersten künstlichen Riffe gebaut, um die Küstenfischerei zu verbessern, und 1998 begann die Renaturierung und Aufforstung von Kelpwäldern.

Um die sozialen und wirtschaftlichen Vorteile von Kelp zu unterstützen, wurden Arten, die sich für den Anbau eignen, gezüchtet. Sobald sie gedeihen, wurden sie auf künstliche Riffe gebracht. 2009 wurde das größte Programm zur Renaturierung und Aufforstung von Kelpwäldern gestartet, das bis 2030 laufen soll, um 50.000 ha (etwa 124.000 Acres; über 93.000 Fußballfelder) Kelpwälder zu schaffen oder wiederherzustellen. Heute konzentrieren sich Projekte im Zusammenhang mit Kelpwäldern auch auf die Kontrolle der Seeigelpopulationen auf felsigen Riffen, die einst Kelpwälder beherbergten. Neben dem bedeutenden Beitrag zur Biodiversität besteht ein Vorteil solch großer Projekte darin, dass die Kosten pro Hektar sinken und so niedrig wie 10 US-Dollar pro Hektar (etwa 4 US-Dollar pro Acre) sein können.

13.3 Kalifornien, USA

Die Bemühungen zur Wiederherstellung von Kelpwäldern in Kalifornien, USA, begannen im Jahr 1958. Diese Maßnahmen wurden eingeleitet, weil die Kelpbestände aufgrund schlechter Wasserqualität und Übernutzung zurückgegangen waren. Kelp wurde seit Anfang des 20. Jahrhunderts geerntet, da es eine wichtige Quelle für verschiedene Materialien ist. Zu diesen Materialien zählen Alginate, Pottasche und Aceton. Alginate werden beispielsweise für (Tier-)Nahrung, Düngemittel und Pharmazeutika verwendet. Pottasche und Aceton wurden unter anderem zur Herstellung von Sprengstoffen während des Ersten Weltkriegs genutzt. Zudem wurden einige Gebiete durch warmes Wasser aus einem Kernkraftwerk zerstört.

Die erste Wiederherstellungsmaßnahme bestand darin, Macrocystis, eine Art Braunalge (siehe Abb. 13.5), umzupflanzen. Kurz darauf wurden auch weidende Fische und Seeigel manuell oder chemisch getötet. Viele dieser Wiederherstellungsprojekte waren erfolgreich, während andere durch Stürme, Hitzewellen und Seeigelinvasionen scheiterten. Es wurden auch Aufforstungsprojekte gestartet. Anfangs nutzte man verfügbare Materialien wie alte Straßenbahnen, später wurden jedoch stabilere, felsige Materialien verwendet.

In jüngerer Zeit wurden weitere Projekte gestartet, um Kelpwaldlebensräume wiederherzustellen, die zuvor durch Industrieprojekte zerstört wurden. Beispielsweise wird Bullen-Kelp entlang von 350 km Küstenlinie wiederhergestellt, nach-

Abb. 13.5 Riesenkelp *(Macrocystis pyrifera)*

dem in weniger als einem Jahrzehnt über 95 % des Kelps verloren gegangen sind. Die Wiederherstellung dieser Wälder trägt nicht nur zum wirtschaftlichen und sozialen Wohlstand der kalifornischen Küstengemeinden bei, sondern kommt auch dem marinen Ökosystem zugute.

Um sicherzustellen, dass diese positiven Veränderungen von Dauer sind, werden diese Gebiete überwacht und – falls nötig – weitere Maßnahmen ergriffen, um die Ökosystemfunktionen zu sichern. Weitere Maßnahmen sind beispielsweise die Entwicklung von Vorschriften, die Reduzierung des Seeigelbefalls durch Freizeit- und Berufstaucher, die Nutzung von Luftbildern zur Beobachtung der Entwicklung des Waldes im Zeitverlauf, die Sicherstellung genetischer Vielfalt sowie Bildungsarbeit. Diese zusätzlichen Maßnahmen helfen, eine zukünftige Degradierung der Kelpwälder und den Verlust der Biodiversität zu verhindern. Stattdessen unterstützen sie klimaresiliente Lösungen, die es diesen Wäldern ermöglichen, unter sich verändernden Umweltbedingungen zu gedeihen, wie etwa bei einer Zunahme weidender Fische infolge steigender Meerestemperaturen.

13.4 Kanada

Die Bemühungen zur Wiederherstellung von Kelpwäldern in Kanada begannen im Jahr 2002. Diese Maßnahmen wurden durch von Seeigeln dominierte Gebiete mit wenig oder keinem Kelp inspiriert. Die Maßnahmen umfassten, dass Fischer mehr

Seeigel fangen durften und Gebiete, die für den kommerziellen Fang von Roten Seeigeln gesperrt waren, wieder geöffnet wurden. Zudem wächst das Interesse an Initiativen zur Wiederherstellung und zum Anbau von Kelp. Während das Ziel darin besteht, Kelp als Lösung für den Klimawandel zu nutzen, ermöglicht dies auch das Wachstum neuer Populationen: Es wird nicht nur Kelp angebaut, sondern auch Seeotter wurden eingeführt, um Seeigel zu fressen, was zur Wiederherstellung des ökologischen Gleichgewichts und der Biodiversität beiträgt.

13.5 Australien

Auch in Australien sind die Bemühungen zur Wiederherstellung von Kelpwäldern noch relativ neu. Diese konzentrieren sich auf die Entfernung von Seeigeln aus Stachelkelpwäldern (siehe Abb. 13.6), die Wiederherstellung von Riesenkelp und die Wiederansiedlung des lokal ausgestorbenen Fucus-Kelps *(Phyllospora comosa):*

- Die Entfernung von Seeigeln erfolgte mit Unterstützung von Fischerei-Organisationen, die normalerweise auf den Fang von Abalone und Seeigeln spezialisiert sind. Da sich die Seeigel in diesem Gebiet stark ausgebreitet und ihr Verbreitungsgebiet von Kontinental-Australien nach Süden erweitert haben, wurden auch Seeigel einbezogen, deren Fang normalerweise nicht rentabel ist.

Abb. 13.6 Stachelkelpwald *(Ecklonia radiata)*

- Die Wiederherstellung von Riesenkelp fand bereits zwischen 1997 und 2001 statt, jedoch nur in kleinem Maßstab und ohne nachhaltige Ergebnisse. Dieser begrenzte Erfolg war auf extreme Ereignisse wie Stürme, wärmeres Meerwasser und marine Hitzewellen zurückzuführen. Heute entwickeln Wissenschaftler Riesenkelp aus den verbliebenen Pflanzen, die mit höheren Temperaturen zurechtkommen. Der daraus resultierende Kelp wird dann ins Meer gepflanzt.
- Die Wiederansiedlung des lokal ausgestorbenen Fucus-Kelps wurde 2011 begonnen. Dabei werden Populationen genetisch gemischt und genetische Merkmale identifiziert, die gegenüber Umweltveränderungen infolge des Klimawandels resistent sind.

13.6 Europa

Die Bemühungen zur Wiederherstellung von Kelpwäldern in Europa begannen im vergangenen Jahrhundert. Norwegen startete beispielsweise 1988 ein Projekt, um Kelpwälder durch die Beseitigung von Seeigeln wiederherzustellen. Taucher töteten die Seeigel innerhalb von zehn Tagen mit Hämmern. Dadurch wurden die Seeigelbestände für etwa zehn Jahre reduziert und der Kelpwald konnte sich erholen. Leider kehrten die Seeigel nach diesen zehn Jahren zurück und der Kelpwald degradierte erneut.

Anschließend wurden ab 2003 weitere Projekte mit unterschiedlichen Methoden gestartet, darunter das Entfernen von Konkurrenten vom Meeresboden, das Umpflanzen von Kelp-Pflanzen und das Aussäen neuer Kelp-Pflanzen. Leider scheiterte auch dieses Projekt, als Rotalgen häufiger wurden als Kelp und nach fünf Jahren die Seeigel erneut den Kelp fraßen. Auch das chemische Töten von Seeigeln mit Branntkalk wurde angewendet, doch obwohl diese Methode Seeigel tötet, beeinträchtigt sie auch andere Arten.

Gleichzeitig gab es auch gute Nachrichten: Andere Kelparten (Tangle-Kelp (*Laminaria hyperborea*) und Zuckertang (*Saccharina latissima*)) begannen in anderen Regionen Norwegens ohne jegliche Eingriffe, sich auf natürliche Weise zu erholen. Dies war möglich, weil wärmeres Wasser diese Kelparten nicht beeinträchtigte, wohl aber die dort lebenden Seeigel, und weil die Zahl der Krabben zunahm, die sich von diesen Seeigeln ernähren (siehe Abb. 13.7).

Abb. 13.7 Braune Krabbe auf Braunalge (*Cancer pagarus*)

13.7 Chile

In Chile wurden Maßnahmen zur Wiederherstellung von Kelpwäldern ergriffen, weil Kelp für die Fischerei dort von großer Bedeutung ist. Besonders Riesenkelp wird entlang der chilenischen Küste geerntet. Da jährlich 400.000 t Trockengewicht (etwa das Gewicht von 0,1 der Großen Pyramiden von Gizeh) geerntet werden, hat sich die Größe der wilden Kelpbestände verringert. Damit sind auch andere Ökosystemdienstleistungen zurückgegangen. Um diesem Rückgang entgegenzuwirken, wurden Wiederherstellungsinitiativen gestartet, bei denen Pflanzen umgepflanzt oder Kelp auf künstlichen Strukturen angesiedelt wurde, die anschließend auf dem Meeresboden platziert wurden. Diese Maßnahmen wurden von Anbauinitiativen begleitet, um den Aufwand für die Wiederherstellung zu verringern.

Frühe Wiederherstellungsversuche waren mäßig erfolgreich, da nur die Hälfte der Pflanzen für kurze Zeit in einem kleinen Gebiet überlebte. Um den Erfolg zu steigern, untersuchen Forscher, ob eine größere genetische Vielfalt hilft, indem sie Kelp-Pflanzen miteinander kombinieren (Veredelung). So enthalten die umgepflanzten Pflanzen DNA von zwei Spenderpflanzen und könnten widerstandsfähiger gegen wärmeres Meerwasser sein.

13.8 Fazit

Wenn wir an Wälder denken, kommen uns zuerst die Bäume über der Erde in den Sinn, doch es gibt auch Wälder unter der Wasseroberfläche: Kelpwälder. Genau wie Wälder an Land sind Kelpwälder für unseren Planeten sehr wichtig, da sie

CO_2 in Sauerstoff umwandeln und den gebundenen Kohlenstoff über lange Zeit speichern. Sie senken zudem den Säuregehalt des Wassers und bieten vielen Tier- und Pflanzenarten einen Lebensraum.

Da verschiedene menschliche Aktivitäten dazu geführt haben, dass Kelpwälder schrumpfen, ist die Biodiversität in den betroffenen Gebieten bedroht. Um die Biodiversität wiederherzustellen, aber auch um erneut von Kelpwäldern und den damit verbundenen Ökosystemdienstleistungen zu profitieren, wurden weltweit Projekte zur Wiederherstellung oder Aufforstung von Kelpwäldern gestartet. Diese Projekte waren beispielsweise in Japan und Kalifornien erfolgreich. Wichtige langfristige Erfolgsfaktoren dieser Projekte sind unter anderem die Sicherstellung ausreichender Finanzierung, die Begrenzung schädlicher menschlicher Aktivitäten, die Überwachung der Wiederherstellungsgebiete und die Verbesserung von Folgeprojekten auf Basis der gewonnenen Erkenntnisse.

13.9 Wie wir aktiv werden können

Da Kelpwälder so wichtig sind, ist es erfreulich zu wissen, dass weltweit Initiativen zu ihrer Wiederherstellung umgesetzt werden. Und die gute Nachricht: Auch wir können einen Beitrag leisten! Hier sind praktische Ideen, wie Sie und ich Kelp unterstützen können:

- Teilnahme an einer Strandreinigungsaktion, um die Verschmutzung von Kelpwäldern zu verhindern
- Verwendung nachhaltiger Fangmethoden, um Schäden an Kelpwald-Ökosystemen zu vermeiden
- Unterstützung von Naturschutzorganisationen
- Spenden an eine Kelp-Wiederherstellungsinitiative
- Kauf von nachhaltig erzeugten Meeresfrüchten

Würdigung

Dieses Kapitel basiert auf

Eger, A. M., et al. (2023). The Kelp forest challenge: A collaborative global movement to protect and restore 4 million hectares of kelp forests. *Journal of Applied Phycology,* 1–14.

Eger, A. M., et al. (2022). Global kelp forest restoration: Past lessons, present status, and future directions. *Biological Reviews, 97*(4), 1449–1475.

Elliott Smith, E. A., & Fox, M. D. (2022). Characterizing energy flow in kelp forest food webs: A geochemical review and call for additional research. *Ecography, 2022*(6), e05566.

Abbildungsnachweise

Abb. 13.1	Madelein Wolfaardt auf Shutterstock
Abb. 13.3	NatalieJean auf Shutterstock
Abb. 13.4	JIANG HONGYAN auf Shutterstock
Abb. 13.5	A Cotton Photo auf Shutterstock
Abb. 13.6	Daniel Poloha auf Shutterstock
Abb. 13.7	davemhuntphotography auf Shutterstock

Kapitel 14
Wie invasive Arten ihre Umgebung und die Biodiversität beeinflussen

Zusammenfassung Invasive Arten, die im Diskurs über Biodiversität oft übersehen werden, spielen eine entscheidende Rolle für das Gleichgewicht von Ökosystemen. Dieses Kapitel befasst sich mit zwei besonders schädlichen Eindringlingen: dem Rotfeuerfisch und Kudzu. Der Rotfeuerfisch, ursprünglich im Indopazifik beheimatet, hat sich rasch in der Karibik ausgebreitet, verdrängt einheimische Arten und stört durch seine aggressive Räuberstrategie marine Nahrungsnetze. An Land breitet sich Kudzu, eine im 19. Jahrhundert in die USA eingeführte Kletterpflanze, weiterhin ungehindert aus, überwuchert einheimische Vegetation und verändert Ökosysteme. Beide Arten verdeutlichen die weitreichenden Folgen invasiver Organismen und unterstreichen die Notwendigkeit von Maßnahmen zum Schutz unserer Ökosysteme. Dieses Kapitel untersucht ihre Auswirkungen und hebt die dringende Notwendigkeit gezielter Interventionen zur Wiederherstellung des ökologischen Gleichgewichts hervor.

Schlüsselwörter Wissenschaft · Wissenschaftskommunikation · Biodiversität · Folgen des Biodiversitätsverlusts · Invasive Arten · Rotfeuerfisch · Kudzu · Auswirkungen auf das Ökosystem · Lebensraumkonkurrenz · Ökosystemrestaurierung · Management invasiver Pflanzen · Umweltverträglichkeit · Wirtschaftlicher Verlust · Natürlicher Feind

Wenn wir an Biodiversität denken, denken wir normalerweise an den Erhalt von Arten. Das liegt daran, dass derzeit viele Arten aussterben. Doch um die Biodiversität zu erhalten, ist es manchmal auch wichtig, bestimmte Arten in einigen Gebieten zu entfernen. Ich habe bereits erklärt, warum Seeigel in Tangwäldern getötet werden, in Kap. 13. Außerdem habe ich in Kap. 14 von Der Weg zu einem gesünderen Planeten Band 2 „Wie exotische Tierarten Ökosysteme schädigen" er-

Würdigung: Dieses Kapitel basiert auf zwei wissenschaftlichen Artikeln von Laura del Río und Hisashi Kato-Noguchi sowie deren Kolleginnen und Kollegen. (Vollständige Quellenangaben am Ende des Kapitels).

E. van Genuchten, *Der Weg zu einem gesünderen Planeten 3*,
https://doi.org/10.1007/978-3-032-14696-0_14

Abb. 14.1 Der Rotfeuerfisch ist schön, aber gefährlich – sowohl für andere Fische als auch für Taucher, da er giftige Stacheln besitzt.

läutert, wie exotische Tierarten Ökosysteme beeinträchtigen können. Wenn Arten schädlich sind, werden sie auch invasive Arten genannt. Während dieses Kapitel die Auswirkungen von Tieren im Allgemeinen erklärte, behandelt dieses Kapitel zwei invasive Arten im Besonderen: ein Tier, der Rotfeuerfisch oder Feuerfisch (siehe Abb. 14.1), und eine Pflanzenart, Kudzu.

14.1 Feuerfisch

Ein Beispiel für eine invasive Tierart, deren Entfernung wichtig ist, ist der (Rot-) Feuerfisch. Der Feuerfisch, ursprünglich beheimatet im Indischen und Pazifischen Ozean sowie im Persischen Golf, wurde erstmals 1985 im westlichen Atlantik vor der Küste Floridas gesichtet. In den darauffolgenden Jahren wurde er gelegentlich an der Ostküste Nordamerikas beobachtet, bevor er Anfang der 2000er Jahre auch an atlantischen Inseln wie Bermuda, den Bahamas und den Turks auftauchte. Bis 2008 hatte er sich über die gesamten Karibikinseln, einschließlich Jamaika, Haiti und der Dominikanischen Republik, sowie nach Mittelamerika ausgebreitet (siehe Abb. 14.2). Im Karibischen Meer schädigt er die Umwelt und die einheimischen Arten.

Abb. 14.2 Die Entwicklung der Feuerfischpopulation in den letzten 30 Jahren

Feuerfische konnten ihr Verbreitungsgebiet aufgrund mehrerer Faktoren ausdehnen. Zu diesen Faktoren zählen:

- Feuerfische können weite Strecken zurücklegen und sogar Barrieren überwinden, die andere Fischarten aufhalten, wie etwa große Sandflächen.
- Die meisten Arten erkennen den Feuerfisch nicht als Räuber, doch er kann eine große Bandbreite anderer Meerestiere fressen. Der große Durchmesser seines Mauls und die Fähigkeit, seinen Magen auf das bis zu 32-fache der Normalgröße auszudehnen, ermöglichen es dem Feuerfisch sogar, größere Fische zu verschlingen. Ohne Nahrung kann er bis zu 10 Wochen überleben.
- Feuerfische wachsen schnell, sind mit 45 cm (17,7 Zoll) relativ groß und leben mit bis zu 10 Jahren vergleichsweise lange.

- Feuerfische werden früh geschlechtsreif und können viele Nachkommen produzieren, da sie das ganze Jahr über laichen und pro Eiablage zwischen 1800 und 42.000 Eier abgeben können.
- Feuerfische bleiben lange im Larvenstadium, was eine weite Verbreitung ermöglicht und so die Besiedlung neuer Gebiete unterstützt.
- Feuerfische verfügen über einen effektiven Verteidigungsmechanismus: Ihre auffälligen Stacheln sind mit Gift versehen und sie sind von Natur aus widerstandsfähig gegen äußere Parasiten. Es gibt keine natürlichen biologischen Mechanismen, die die Feuerfischpopulation wirksam regulieren.
- Feuerfische gedeihen in vielen Lebensräumen, wie Korallenriffen, Seegraswiesen, felsigen Böden und Mangrovensümpfen, in Tiefen von 55 m, wurden aber auch schon in bis zu 300 m Tiefe beobachtet.

Nachdem sie sich rasch in der Karibik ausgebreitet hatten, wurden Feuerfische zu einer Bedrohung für die Meeresumwelt der Karibik. So beeinflussen sie ihre Umgebung:

14.1.1 Auswirkungen durch Konkurrenz

Die erste Art und Weise, wie Feuerfische ihre Umgebung beeinflussen, ist der Wettbewerb um verfügbare Ressourcen. Zu den verfügbaren Ressourcen zählen beispielsweise Nahrung und Unterschlupf. Dies liegt daran, dass Feuerfische begonnen haben, im selben Lebensraum zu leben und dieselbe Beute zu fressen wie einheimische Arten. Infolgedessen stehen den bereits dort lebenden Tierarten weniger Ressourcen zur Verfügung als vor der Besiedlung durch den Feuerfisch.

Die Konkurrenz um verfügbare Nahrung ist problematisch, da sie das Verhalten und das Wachstum einheimischer Arten beeinflussen und sogar deren Überleben und Populationsgröße beeinträchtigen kann. Auch die Beutepopulation ist betroffen, da Feuerfische schneller wachsen, mehr Beute fressen und Beute schneller konsumieren als einheimische Arten.

Die Konkurrenz um Unterschlupf und Raum ist problematisch, weil sie einheimische Arten dazu zwingt, aktiver zu sein und weniger Zeit zum Ausruhen zu haben. Dadurch kann das Wachstum der einheimischen Arten beeinträchtigt werden und sie werden leichter zur Beute. In manchen Fällen können Feuerfische den Unterschlupf mit anderen Fischen teilen (siehe Abb. 14.3).

Diese Veränderungen bei Nahrung und Unterschlupf beeinflussen auch die Funktionsweise des Ökosystems. Beispielsweise kann die Anwesenheit von Feuerfischen an Korallenriffen die Zeit begrenzen, die Papageienfische zum Grasen von Algen auf Korallen haben. Wenn sich Algen auf Korallenriffen ansammeln, beeinträchtigt dies die Gesundheit des Riffs. Auch diese Veränderungen wirken sich auf die Nahrungsnetze und damit auf das gesamte Ökosystem aus.

Abb. 14.3 Feuerfische konkurrieren um Lebensraum mit einheimischen Fischen wie diesem Zackenbarsch

14.1.2 Auswirkungen durch Prädation

Die zweite Art und Weise, wie Feuerfische ihre Umgebung beeinflussen, ist durch Prädation. Dies ist möglich, weil Feuerfische andere Meerestiere fressen. Sie sind nicht wählerisch und fressen, was immer an anderen Meeresbewohnern verfügbar ist, einschließlich großer Pflanzenfresser und Krebstiere wie Garnelen und Krabben. Kleinere Feuerfische bevorzugen Krebstiere, während größere Feuerfische Fische bevorzugen, insbesondere Jungfische, da diese leicht zu fangen sind. Sie jagen Meerestiere, indem sie ihre Beute gegen einen Felsen oder ein anderes Hindernis drängen. Sie können auch schnelle Wasserstrahlen ausstoßen, um die Beute zu desorientieren und eine Strömung zu erzeugen, die die Beute in Richtung ihres großen Mauls treibt. Kommt die Beute nahe genug, packen sie sie meist am Kopf und verschlingen sie im Ganzen. Diese aggressive Jagdweise kann erhebliche Auswirkungen auf die Populationen einheimischer Meeresbewohner haben. Im Video in Abb. 14.4 ist ein jagender Feuerfisch zu sehen.

Außerdem fressen Feuerfische so viel, dass sie einheimische Arten lokal bis zur Ausrottung dezimieren können. Dies ist möglich, weil sie Beute schneller konsumieren, als sich deren Populationen erholen können. Das ist kritisch, denn das Entfernen bestimmter Meerestiere aus den Nahrungsketten kann das gesamte Ökosystem verändern. Beispielsweise haben Papageienfische und Doktorfische nicht nur weniger Zeit, um an Korallenriffen zu grasen, sondern wenn sie fast oder

Abb. 14.4

ganz verschwinden, können Algen noch stärker wachsen und die Gesundheit des Korallenriffs weiter beeinträchtigen.

14.1.3 Auswirkungen auf menschliche Aktivitäten

Die dritte Art und Weise, wie Feuerfische ihre Umgebung beeinflussen, ist durch ihre Auswirkungen auf menschliche Aktivitäten. Beispielsweise beeinträchtigen Feuerfische die Fischerei in der Karibik, da sie Schnapper und Zackenbarsche fressen, wodurch die erwachsene Population und die für die kommerzielle Fischerei verfügbaren Fischarten abnehmen. Da dies wiederum die Lebensgrundlage rund um die lokale Fischereiindustrie beeinflusst, werden die Feuerfischpopulationen inzwischen kontrolliert.

Um ihre Populationen zu regulieren, werden sie gefangen, da es bislang nicht gelungen ist, eine natürliche biologische Kontrolle durch einen natürlichen Feind zu etablieren. Sie werden bei wissenschaftlichen Expeditionen, geführten Tauchgängen und regelmäßigen Fischfangprogrammen gefangen (siehe Abb. 14.5). Diese Maßnahmen waren erfolgreich, um die durchschnittliche Größe und Anzahl der Feuerfische zu verringern. Eine spezielle Form des Fischfangs, internationale Angelturniere, hat beispielsweise Sportfischer und Taucher aus aller Welt angezogen, was nicht nur die Feuerfischpopulation reduziert, sondern auch das internationale Bewusstsein für die Invasion erhöht. Kuba hat beispielsweise 5 Turniere veranstaltet, bei denen 103 Fischer 660 Feuerfische gefangen haben.

Abb. 14.5 Feuerfische leben oft weit unter der Wasseroberfläche. Die effektivste Methode, Feuerfische zu fangen, ist das Tauchen

14.2 Kudzu

Ein Beispiel für eine invasive Pflanzenart, deren Entfernung besonders wichtig ist, ist Kudzu (*Pueraria montana*; siehe Abb. 14.6). Kudzu ist eine mehrjährige Kletterpflanze. Ihre Stängel sind in den ersten Jahren mit bronzefarbenen Haaren bedeckt; in späteren Jahren verholzen die Stängel und können sehr groß werden, bis zu 30 cm (11,8 Zoll) dick. Sie wachsen nach oben, winden sich um Bäume oder andere Pflanzen und sogar um Mauern oder andere von Menschen geschaffene Strukturen, bis ganz nach oben (siehe Abb. 14.7). Sie bilden auch dicke Wurzeln aus. Die Wurzeln werden für medizinische Zwecke verwendet.

Obwohl Kudzu ursprünglich in Ostasien wächst, wurde es 1876 in Nordamerika eingeführt und als Zierpflanze, für Nahrungsmittel und Medizin, zur Verhinderung von Bodenerosion sowie zur Herstellung von Materialien wie Kleidung und Fischernetzen genutzt. Bis 2001 hatte es 3 Mio. Hektar (7,4 Mio. Acres) im Osten der USA bedeckt und breitete sich mit etwa 50.000 Hektar (etwa 124.000 Acres) pro Jahr weiter aus. Zum Vergleich: Das entsprach etwa 5,6 Mio. Fußballfeldern, mit zusätzlich etwa 93.000 Fußballfeldern pro Jahr, also etwa 256 zusätzlichen Fußballfeldern pro Tag! Aufgrund seines schnellen Wachstums zählt es heute zu den schädlichsten Pflanzenarten in den USA und hat sich auch in andere Länder Nord- und Südamerikas, Europas, Afrikas, Australiens und Südasiens ausgebreitet, wo es natürliche Ökosysteme und die Landwirtschaft beeinträchtigt. Ein

Abb. 14.6 Kudzu überwuchert andere Pflanzen

Abb. 14.7 Kudzu überwuchert andere Pflanzen und sogar Gebäude

Ökosystem ist eine biologische Gemeinschaft, die aus Organismen besteht, die mit ihrer physischen Umwelt interagieren.

Während sich Kudzu ausbreitet, schädigt es Ökosysteme auf vielfältige Weise, unter anderem:

- Kudzu verursacht vollständige Beschattung, da die Pflanze die Kronenschicht des Waldes einnimmt, sobald sie die Baumspitzen erreicht hat, und weil sie Matten am Boden bildet. Dieser dauerhafte Schatten stört die Photosynthese anderer Pflanzen. Photosynthese ist der natürliche Prozess, bei dem Wasser, Sonnenlicht und CO_2 in Nährstoffe und Sauerstoff umgewandelt werden. Dies führt dazu, dass einheimische Arten absterben und die Anzahl sowie die Vielfalt der Arten in der Region abnimmt.
- Die Pflanze wirkt als Feuerleiter bis in die Baumkronen und erleichtert so die Ausbreitung von Waldbränden.
- Der Boden unter Kudzu enthält weniger Kohlenstoff, was das Wachstum einheimischer Pflanzenarten, also Pflanzen, die natürlicherweise in der Region vorkommen, beeinträchtigen kann.
- Die Zusammensetzung der Pilze im Boden verändert sich, was sich ebenfalls negativ auf einheimische Pflanzenarten auswirken kann.
- Im Boden unter Kudzu ist 2–5 Mal mehr Stickstoff (NH_4) verfügbar, was bedeutet, dass diese Pflanzen den Stickstoffkreislauf in ihrer Umgebung verändern. Der Stickstoffkreislauf ist der Prozess, bei dem Stickstoff durch lebende und nicht-lebende Bestandteile des Ökosystems wandert. Er ist für das Leben auf der Erde unerlässlich. Während Stickstoff den Boden fruchtbarer macht, führt ein Überschuss dazu, dass er durch Wasser in andere Ökosysteme wie Sümpfe und Seen transportiert wird und dort Pflanzen und Tiere beeinflusst. Besonders dann, wenn es zur Eutrophierung kommt. Eutrophierung bedeutet, dass durch zu viele Nährstoffe wie Stickstoff und Phosphor zu viel organische Substanz produziert wird. Dies verringert die Wasserqualität und den Sauerstoffgehalt im Wasser, sodass beispielsweise Fische sterben. Außerdem führen andere Prozesse dazu, dass Stickstoff in Stickstoffmonoxid (NO) und Distickstoffoxid (N_2O) umgewandelt wird. Stickstoffmonoxid trägt zur Bildung von Ozon (O_3) bei, das sich in der untersten Schicht der Atmosphäre – der Troposphäre, in der wir leben – befindet und ein Treibhausgas ist. Distickstoffoxid ist selbst ein Treibhausgas. Das bedeutet, dass Kudzu indirekt die globale Erwärmung fördert.
- Kudzu gibt große Mengen Isopren ab. Isopren ist ein Molekül, das aus Kohlenstoff- (C) und Wasserstoff- (H) Atomen besteht. Es bildet zusammen mit Stickstoffoxiden Smog, was die Luftqualität beeinträchtigt.
- Kudzu ist an der Übertragung verschiedener Viren beteiligt, die Nutzpflanzen in der Landwirtschaft befallen.

Neben der Schädigung des Ökosystems ist Kudzu auch für die Landwirtschaft schädlich und hat erhebliche finanzielle Folgen:

- Die Holzproduktion wird beeinträchtigt, was in den USA zu Produktivitätsverlusten zwischen 100 und 500 Mio. USD pro Jahr führt.

- Es entstehen Kosten, um die Ausbreitung der Pflanze zu kontrollieren. Zum Beispiel, um die Pflanze von Stromleitungen zu entfernen und anderen Pflanzen wieder Wachstum zu ermöglichen. Die Kosten betragen etwa 500 USD pro Hektar (268 USD pro Acre) und Jahr.
- Kudzu ist an der Übertragung verschiedener Viren beteiligt, die Nutzpflanzen in der Landwirtschaft befallen. Beispielsweise führte ein Virus, das Sojabohnen befällt, zu geringeren Erträgen und verursachte in den USA Verluste von 240 Mio. bis 2 Mio. USD. In Brasilien liegen die Kosten aufgrund von Ertragsverlusten und zusätzlichen Ausgaben für Chemikalien zwischen 500 Mio. und 700 Mio. USD pro Jahr.

Kudzu kann diese negativen Auswirkungen haben, weil es sich ungehindert ausbreiten kann. Dies sind die Gründe, warum Kudzu sich frei ausbreiten und seiner Umgebung schaden kann:

14.2.1 Fortpflanzung

Der erste Grund, warum Kudzu als invasive Art gedeihen und seiner Umgebung schaden kann, liegt in seiner Art der Fortpflanzung.

Eine Möglichkeit, wie sich Kudzu vermehrt, ist über sein Wurzelsystem. Es bildet ein großes Wurzelsystem mit vielen Knoten an den Stängeln und Wurzeln aus. Ein Knoten ist die Stelle, an der eine Wurzel oder ein Stängel verzweigt (siehe Abb. 14.8). Nach 1–3 Jahren lösen sich die bewurzelten Knoten von der Mutterpflanze, wodurch ein Klon entsteht. Dieser Klon kann als eigenständige Pflanze weiterwachsen. Aufgrund der großen Anzahl an Knoten, zum Beispiel 61 pro m^2 (5,7 pro Quadratfuß), kann die Dichte der Klone in einem Gebiet sehr

Abb. 14.8 Beispiele für Knoten bei einer Kudzu-Pflanze

Abb. 14.9 Kudzu-Blüten bilden nur wenige Samen

hoch sein. Außerdem können bewurzelte Knoten durch Hurrikane oder Menschen verbreitet werden.

Eine weitere Möglichkeit der Fortpflanzung ist die Samenbildung (siehe Abb. 14.9). Die Samen verbreiten sich meist im Umkreis von 6 m (19,7 Fuß) und bis zu 25 m (82 Fuß) von der Mutterpflanze und können durch Bäche oder Hochwasser noch weiter getragen werden. Diese Samen können aufgrund ihrer Samenschale in einen Ruhezustand verfallen und beginnen erst zu keimen, wenn diese Schale beschädigt wird oder die Temperaturen zwischen Frühling und Sommer steigen. Da nur wenige Samen gebildet werden und nicht alle Samen zu einer neuen Pflanze heranwachsen können, ist die Klonbildung aus den Wurzeln die wichtigste Fortpflanzungsart.

14.2.2 Anpassungsfähigkeit

Der zweite Grund, warum Kudzu als invasive Art gedeihen und seiner Umgebung schaden kann, ist seine Anpassungsfähigkeit. Anpassung bedeutet, dass es unter vielen verschiedenen Bedingungen gedeihen kann. Zum Beispiel:

- Es kann in vielen unterschiedlichen Umgebungen wachsen, darunter an den äußeren Waldrändern, auf landwirtschaftlichen Flächen, in Gebirgen bis zu 1500 m Höhe und auf kleinen Inseln.
- Es kann auf verschiedenen Bodentypen gedeihen, einschließlich Sand- und Lehmböden.

- Es akzeptiert Böden mit unterschiedlichen pH-Werten, von 3 bis 8, was von ziemlich sauer bis leicht alkalisch reicht.
- Es bevorzugt nährstoffreiche Böden, kann aber auch in nährstoffarmen Böden wachsen, da Kudzu Stickstoff aus der Luft statt aus dem Boden aufnehmen kann.
- Kudzu kann auch relativ trockene Perioden überstehen, da es Wasser in seinen Wurzeln speichert.
- Es bevorzugt heiße Sommer (über 25 °C) und milde Winter, übersteht aber auch Winter mit extremen Kälten (bis zu −29 °C). Dies liegt daran, dass die Blätter bei Kälte absterben, aber im frühen Frühjahr wieder nachwachsen, und weil Schnee die unterirdischen Stängel durch seine isolierende Wirkung vor dem Absterben schützt.
- Es besitzt genetische Vielfalt, obwohl sich die Pflanze kloniert, da Kudzu mehrfach aus unterschiedlichen Ursprungsgebieten in die USA eingeführt wurde.

14.2.3 Allelopathie

Der dritte Grund, warum Kudzu als invasive Art gedeihen und seiner Umgebung schaden kann, ist die Allelopathie. Allelopathie bedeutet, dass Kudzu Chemikalien abgibt, die das Wachstum anderer Pflanzen verhindern oder einschränken. Diese Stoffe werden sowohl von lebenden Kudzu-Pflanzen als auch von deren Überresten in die Umwelt, einschließlich Boden und Luft, abgegeben. Sie hemmen das Wachstum einheimischer Pflanzen, indem sie beispielsweise die Keimung verhindern, das Wurzelwachstum einschränken, die Heilung unterdrücken und die vorteilhafte Beziehung zwischen einheimischen Pflanzen und Pilzen beeinflussen. Da diese Chemikalien für die einheimischen Arten neu sind, haben diese noch keinen Mechanismus entwickelt, um damit umzugehen oder ihre Toleranz zu erhöhen, was die Ausbreitung von Kudzu erleichtert.

14.2.4 Insektizide und fungizide Aktivität

Der vierte Grund, warum Kudzu als invasive Art gedeihen und seiner Umgebung schaden kann, ist die begrenzte insektizide und fungizide Aktivität. Insektizide und fungizide Aktivität bezieht sich auf pflanzenfressende Insekten und schädliche Mikroorganismen, die das Wachstum von Kudzu begrenzen. Zum Beispiel:

- Kudzu enthält Substanzen, die dazu führen, dass der Sojabohnenwickler früher stirbt und seine Puppen kleiner bleiben, wenn sie sich von Kudzu statt von Sojabohnen ernähren (siehe Abb. 14.10)

Abb. 14.10 Raupe des Sojabohnenwicklers (*Chrysodeixis includens*)

- Kudzu enthält Chemikalien, die die Aktivität des Tabakmosaikvirus einschränken
- Einige Pilze, die in Pflanzen leben und Kudzu nutzen, hemmen das Wachstum schädlicher Pilze, indem sie bestimmte Substanzen absondern
- Da Kudzu in nicht-heimischen Gebieten keine oder nur wenige natürliche Feinde hat, wird es kaum oder gar nicht durch Insekten und Pilze begrenzt

14.3 Fazit

Invasive Arten sind Arten, die nicht nur gebietsfremd sind, weil sie natürlicherweise in anderen Teilen der Welt leben, sondern auch schädlich sind. Eine invasive Tierart ist der Rotfeuerfisch oder Feuerfisch. Rotfeuerfische beeinflussen ihre Umgebung, indem sie mit einheimischen Arten um Nahrung und Lebensraum konkurrieren und einheimische Arten fressen. Da dies wiederum die menschliche Fischerei beeinträchtigt, werden sie inzwischen gefangen, um ihre Bestände zu kontrollieren.

Während sich Tiere leichter fortbewegen können, können auch Pflanzenarten invasiv werden. Dies kann zum Beispiel geschehen, wenn sie durch den Menschen in andere Teile der Welt gebracht werden. Ein Beispiel für eine invasive Pflanzenart ist Kudzu. Kudzu ist in einigen Teilen der Welt eine erfolgreiche invasive Art, weil es sich effektiv über die Wurzeln vermehrt, sich gut an verschiedene Umgebungen und Bedingungen anpasst, das Wachstum einheimischer Pflanzen einschränkt und kaum durch natürliche Feinde begrenzt wird. Dies schadet nicht nur Ökosystemen, etwa indem andere Pflanzen erstickt werden, sondern auch der Landwirtschaft, da das Pflanzenwachstum beeinträchtigt wird.

14.4 Wie wir handeln können

Da sowohl Rotfeuerfisch als auch Kudzu ihrer Umwelt und damit auch uns schaden, hier einige praktische Ideen, was Sie und ich tun können, um invasive Rotfeuerfische zu reduzieren:

- Rotfeuerfisch zum Abendessen probieren, da es nicht nur ein schmackhaftes weißes Fleisch ist, sondern auch hilft, die Population zu verringern
- An einem Rotfeuerfisch-Turnier teilnehmen
- Fischereigenossenschaften unterstützen, die beim Management invasiver Arten helfen
- Freunde und Nachbarn über die Schäden durch invasive Arten informieren und sie ermutigen, niemals einen Rotfeuerfisch oder andere gebietsfremde Arten in die Natur auszusetzen

Da Kudzu viele schädliche Auswirkungen hat, ist es wichtig, sein Wachstum so weit wie möglich einzuschränken. Hier einige praktische Ideen, was Sie und ich tun können, um die Ausbreitung von Kudzu zu kontrollieren:

- Kudzu auf Ihrem Grundstück so früh wie möglich einschließlich der Wurzeln entfernen
- Kudzu-Wurzel zur Gewinnung einer nahrhaften Stärke verwenden
- Kudzu als Viehfutter nutzen oder das Vieh darauf weiden lassen
- Ranken als Seil oder zur Herstellung von Gegenständen wie Stühlen, Körben und Hängematten verwenden
- Kudzu-Blätter als Nahrungsmittel oder als Zutat für essbare Produkte verwenden

Würdigung

Dieses Kapitel basiert auf

Rotfeuerfisch:

Del Río, L., Navarro-Martínez, Z. M., Cobián-Rojas, D., Chevalier-Monteagudo, P. P., Angulo-Valdes, J. A. & Rodriguez-Viera, L. (2023). Biology and ecology of the lionfish Pterois volitans/Pterois miles as invasive alien species: A review. *PeerJ, 11,* e15728.

Kudzu:

Kato-Noguchi, H. (2023). The impact and invasive mechanisms of Pueraria montana var. lobata, one of the world's worst alien species. *Plants, 12*(17), 3066.

Abbildungsnachweise

Abb. 14.1 Vlad61 bei Shutterstock
Abb. 14.2 Rotfeuerfisch Animationskarte" von U.S. Geological Survey ist lizenziert unter CC0 1.0 (gemeinfrei)
Quelle: https://commons.wikimedia.org/wiki/File:Rotfeuerfisch_Animation_Map_0.gif
Autor: https://www.usgs.gov/media/images/reported-lionfish-sightings-animated-map-1985-2020
Lizenz: https://creativecommons.org/publicdomain/zero/1.0/deed.en
Abb. 14.3 Rich Carey bei Shutterstock
Abb. 14.5 Drew McArthur bei Shutterstock
Abb. 14.6 Msnider bei Shutterstock
Abb. 14.7 Luke P Ferguson bei Shutterstock
Abb. 14.8 fukufukuneko bei Shutterstock
Abb. 14.9 F_studio bei Shutterstock
Abb. 14.10 Maurien trabbold bei Shutterstock

Kapitel 15
Wie der Einsatz von Synthetischer Biologie die Biodiversität beeinflusst

Zusammenfassung Der Verlust der biologischen Vielfalt ist ein drängendes Problem, das eine Vielzahl von Initiativen erfordert. Unter diesen ragt die Synthetische Biologie als vielversprechende, jedoch komplexe Lösung hervor. Im Gegensatz zur Gentechnik umfasst die Synthetische Biologie das Entwerfen und Zusammenbauen neuer Gene, um Organismen gezielt zu beeinflussen. Dieses Kapitel untersucht, wie die Synthetische Biologie dazu beitragen kann, Herausforderungen der Biodiversität wie invasive Arten, Krankheiten und Umweltbedrohungen zu bewältigen. So kann sie beispielsweise Korallen widerstandsfähiger gegenüber dem Klimawandel machen und die Abhängigkeit von fossilen Brennstoffen verringern. Die Anwendung der Synthetischen Biologie birgt jedoch auch Risiken, darunter unvorhersehbare genetische Folgen. Das Kapitel beleuchtet sowohl die direkten als auch die indirekten Auswirkungen der Synthetischen Biologie auf die Biodiversität und unterstreicht die Notwendigkeit einer sorgfältigen Regulierung, um einen verantwortungsvollen Einsatz zu gewährleisten.

Schlüsselwörter Wissenschaft · Wissenschaftskommunikation · Biodiversität · Folgen des Biodiversitätsverlusts · Synthetische Biologie · Gentechnik · Invasive Arten · Umweltresilienz · Naturschutz · DNA-Modifikation · Ökosystemgesundheit · Regulatorische Rahmenbedingungen · Globaler Wandel · Umweltmanagement · Naturschutz · Biotechnologie · Umweltbiotechnologie

Da der Verlust der biologischen Vielfalt ein zentrales Problem unserer Zeit ist, ist es wichtig, viele verschiedene Initiativen zu ergreifen, um diese Krise zu bewältigen. Jede Initiative hat Vorteile, aber auch Herausforderungen. Zudem können einige Initiativen auch Nachteile mit sich bringen. Deshalb ist es hilfreich, eine breite Palette von Lösungen einzusetzen, um verschiedene Initiativen zu ergänzen.

Würdigung: Dieses Kapitel basiert auf dem wissenschaftlichen Artikel „Direkte und indirekte Auswirkungen der Synthetischen Biologie auf den Biodiversitätsschutz" von Nicholas B.W. Macfarlane und Kollegen. (Die vollständige Quellenangabe befindet sich am Ende des Kapitels).

E. van Genuchten, *Der Weg zu einem gesünderen Planeten 3*,
https://doi.org/10.1007/978-3-032-14696-0_15

Abb. 15.1

Eine fortschrittlichere Lösung, die erforscht und vorgeschlagen wird, ist der Einsatz der Synthetischen Biologie. Synthetische Biologie umfasst Techniken, die es ermöglichen, DNA-Abschnitte zu lesen, zu interpretieren, zu verändern, zu entwerfen und herzustellen. Diese DNA-Veränderungen beeinflussen die Form und Funktion von Zellen und sogar ganzer Organismen. Synthetische Biologie unterscheidet sich von der Gentechnik, da bei der Gentechnik vorhandene Gene von einer Zelle in eine andere übertragen werden, während bei der Synthetischen Biologie neue Gene aus standardisierten DNA-Bausteinen zusammengesetzt und anschließend in eine Zelle eingefügt werden.

Im Video in Abb. 15.1 wird die Synthetische Biologie ausführlicher erklärt.

Das Ziel des Einsatzes der Synthetischen Biologie ist es, Herausforderungen zu bewältigen, die im Rahmen des Schutzes der biologischen Vielfalt auftreten. Zu diesen Herausforderungen gehören der Umgang mit invasiven Arten, Krankheiten und Wildtierhandel. Doch obwohl der Einsatz der Synthetischen Biologie viele Vorteile haben kann, kann er auch schwerwiegende negative Folgen haben. Dies liegt daran, dass die Folgen nicht nur direkt, sondern auch indirekt sein können. So beeinflusst die Synthetische Biologie die Biodiversität und deren Schutz:

15.1 Direkte Folgen

Die erste Art und Weise, wie Synthetische Biologie die Biodiversität und deren Schutz beeinflusst, sind direkte Folgen. Direkte Folgen sind dann vorteilhaft, wenn neue DNA angemessen entworfen und implementiert wird, um Bedrohungen zu verringern.

Ein Beispiel für den Einsatz der Synthetischen Biologie zur Verringerung von Bedrohungen ist die Unterdrückung invasiver Arten. Invasive Arten sind Arten, die in einem bestimmten Gebiet nicht heimisch sind und der Umwelt schaden. Sie sind zudem der zweitwichtigste Grund für das Aussterben von Arten. So wurde

Abb. 15.2

beispielsweise vorgeschlagen, invasive Nagetiere mithilfe der Synthetischen Biologie auszurotten, indem die Wahrscheinlichkeit erhöht wird, dass männliche Tiere geboren werden, sodass weniger weibliche Nagetiere sich fortpflanzen können.

Ein weiteres Beispiel für den Einsatz der Synthetischen Biologie zur Verringerung von Bedrohungen ist die Erhöhung der Widerstandsfähigkeit bestimmter Arten gegenüber Umweltgefahren. Korallenriffe sind beispielsweise sehr empfindlich gegenüber wärmerem Wasser, das durch die Klimakrise verursacht wird. Synthetische Biologie könnte Korallen toleranter machen und das Risiko verringern, dass nützliche Algen auf Riffen parasitär werden.

Ein drittes Beispiel für den Einsatz der Synthetischen Biologie zur Verringerung von Bedrohungen ist die Begrenzung der Nutzung fossiler Brennstoffe. Fossile Brennstoffe gehen schnell zur Neige, da sie weit verbreitet verwendet werden. Im Video in Abb. 15.2 wird erklärt, wie Mikroorganismen fossile Brennstoffe als „Fabriken" zur Herstellung molekularer Bausteine ersetzen können, um die von Rohöl bereitgestellten Bausteine zu ersetzen.

Ein viertes Beispiel für den Einsatz der Synthetischen Biologie zur Verringerung von Bedrohungen ist die Erhöhung der Widerstandsfähigkeit gegenüber Krankheitserregern. So wurde beispielsweise vorgeschlagen, mithilfe der Synthetischen Biologie die Anzahl der Antikörper zu erhöhen und eine gesteigerte Immunität vererbbar zu machen. Dies könnte Schwarzfußiltissen (siehe Abb. 15.3) helfen, widerstandsfähiger gegen die Sylvatische Pest, eine infektiöse bakterielle Erkrankung, zu werden.

Obwohl direkte Folgen bei angemessenem Entwurf und Umsetzung vorteilhaft sein können, geben sie auch Anlass zur Sorge. Denn veränderte Gene können nicht nur an Nachkommen weitergegeben werden, sondern auch durch Kreuzung mit verwandten Arten oder durch Bakterien auf andere Arten übertragen werden. Da dies in diesen Arten unvorhergesehene, negative Folgen haben kann, sollte Synthetische Biologie mit großer Vorsicht angewendet werden.

Abb. 15.3 Ein Schwarzfußiltis

15.2 Indirekte Folgen

Die zweite Art und Weise, wie Synthetische Biologie die Biodiversität und deren Schutz beeinflusst, sind indirekte Folgen. Indirekte Folgen betreffen Prozesse und Systeme in Branchen, die auf Biodiversität angewiesen sind, diese aber auch beeinflussen.

Ein Beispiel für einen Sektor, der auf Biodiversität angewiesen ist und diese beeinflusst, ist die Landwirtschaft. Die Landwirtschaft ist eine der Hauptursachen für den Verlust der biologischen Vielfalt. In diesem Sektor wird Synthetische Biologie eingesetzt, um Faktoren zu verbessern, die für den Ertrag wichtig sind, wie den Nährstoffgehalt von Pflanzen und die Bodenfruchtbarkeit. Eingriffe in landwirtschaftliche Systeme können jedoch sowohl positive als auch negative Folgen für die Biodiversität haben. Zu den positiven Folgen zählen die Kontrolle schädlicher Mikroorganismen und die Verringerung des Bedarfs an chemischen Düngemitteln; zu den negativen Folgen gehören eine höhere Toxizität und die erhöhte Wahrscheinlichkeit, dass zuvor ungenutztes Land in Ackerland umgewandelt wird.

Ein weiterer Sektor, der auf Biodiversität angewiesen ist und diese beeinflusst, ist die Gesundheitsbranche. Biodiversität ist für unsere Gesundheit essenziell, zum Beispiel durch verschiedene Pflanzen, die gesundheitsfördernde Wirkstoffe liefern. Aber auch Tiere können beispielsweise Krankheiten übertragen. Synthetische Biologie kann eingesetzt werden, um die Anzahl der Tiere, die Krankheiten übertragen, zu verringern. Die indirekte Folge einer geringeren Verbreitung von Krankheiten ist, dass weniger Pestizide benötigt werden. Dies hat positive Auswirkungen auf den Schutz der Biodiversität und die Gesundheit von Ökosystemen.

Abb. 15.4 Ein Pfeilschwanzkrebs

Ein dritter Sektor, der auf Biodiversität angewiesen ist und diese beeinflusst, ist die Produktionsindustrie. In der Produktionsindustrie stehen dank der Biodiversität verschiedene Rohstoffe wie Baumwolle und Papier zur Verfügung. In diesem Sektor kann Synthetische Biologie genutzt werden, um Produktionsmethoden oder die verwendeten Rohstoffe zu verändern. So werden Endotoxine derzeit mit dem Blut von Pfeilschwanzkrebsen (siehe Abb. 15.4) nachgewiesen. Endotoxine sind Toxine in Bakterien, die beim Zerfall der Bakterien freigesetzt werden. Da diese Krebse gefährdete Arten sind, kann Synthetische Biologie alternative Methoden zum Nachweis dieser Toxine ermöglichen. Wenn weniger Pfeilschwanzkrebse benötigt werden, können sich ihre Bestände wieder erholen.

Ein vierter Sektor, der auf Biodiversität angewiesen ist und diese beeinflusst, ist die Fleischindustrie. Die Fleischindustrie produziert Nutztiere für den Verzehr. Synthetische Biologie kann dazu beitragen, den Bedarf an Nutztieren zu verringern, indem kultiviertes Fleisch ermöglicht wird. Kultiviertes Fleisch ist Fleisch, das im Labor gezüchtet wird (weiterführende Lektüre Kap. 12: „Lösungen für Umweltverschmutzung: Verringerung der Umweltauswirkungen von Produkten“). Zu den Vorteilen zählen die Verringerung der Treibhausgasemissionen, die Reduzierung des Flächenverbrauchs und die Verbesserung der Nährstoffkreisläufe. Dies trägt dazu bei, den Verlust der biologischen Vielfalt zu verringern.

Obwohl indirekte Folgen vorteilhaft sein können, können sie auch Nachteile haben, wie unbeabsichtigte Umweltauswirkungen durch Veränderungen in der Nahrungskette. Um diese Nachteile begrenzen zu können, sind regulatorische Rahmenbedingungen erforderlich. Leider gibt es keine internationalen, nationalen oder regionalen Rahmenwerke, die sicherstellen, dass Synthetische Biologie verantwortungsvoll angewendet wird. Das liegt daran, dass bestehende Regelungen eingeführt wurden, um die Gentechnik zu regulieren, nicht aber die Synthetische Biologie. Da Synthetische Biologie neue Prozesse umfasst, können diese und andere Rahmenwerke zwar anwendbar sein, aber auch außerhalb des Geltungsbereichs dieser Regelungen liegen. In den USA wurde beispielsweise eine krankheitsübertragende Mücke so verändert, dass Infektionen reduziert werden. Es war unklar, ob diese Veränderungen unter die Tierarzneimittel- oder die Pestizidregulierung fallen. Diese Lücken müssen geschlossen werden, um die Synthetische Biologie sicher anwenden zu können.

15.3 Fazit

Da jede Initiative zum Schutz der biologischen Vielfalt Vorteile, aber auch Herausforderungen und/oder Nachteile hat, können verschiedene Lösungen einander ergänzen. Eine Lösung, die zur Überwindung von Einschränkungen eingesetzt werden kann, ist die Synthetische Biologie. Doch Synthetische Biologie sollte mit Vorsicht angewendet werden, da sie auch negative Folgen haben kann. Denn veränderte Gene können nicht nur an Nachkommen, sondern auch an andere Arten weitergegeben werden. Dies kann in diesen Arten unvorhergesehene, negative Folgen haben. Zudem können veränderte Gene unbeabsichtigte Umweltauswirkungen durch Veränderungen in der Nahrungskette verursachen.

Um die negativen, unvorhergesehenen Folgen begrenzen zu können, sind regulatorische Rahmenbedingungen erforderlich. Dazu gehören internationale, nationale und/oder regionale Regelungen, die nicht nur die Gentechnik, sondern auch die Synthetische Biologie abdecken.

15.4 Wie wir aktiv werden können

Da der Einsatz der Synthetischen Biologie viele Vorteile, aber auch unvorhergesehene direkte und indirekte Folgen haben kann, ist es wichtig, andere Arten auch auf konventionellere, weniger hochtechnologische Weise zu unterstützen. Hier sind praktische Ideen, was Sie und ich zum Schutz der biologischen Vielfalt tun können:

- Eine Spinne, Fliege usw. nach draußen bringen, anstatt sie zu töten
- Darauf verzichten, Samen in andere Länder mitzunehmen
- Blumen pflanzen, um Bestäubern Nahrung zu bieten
- Abfälle ordnungsgemäß entsorgen, anstatt sie wegzuwerfen
- Maßnahmen zum Schutz der biologischen Vielfalt durch Spenden unterstützen
- Umweltfreundliche Verkehrsmittel nutzen

Würdigung

Dieses Kapitel basiert auf

Macfarlane, N. B., et al. (2022). Direct and indirect impacts of synthetic biology on biodiversity conservation. *Iscience,* 105423.

Abbildungsnachweise

Abb. 15.3 Kerry Hargrove auf Shutterstock
Abb. 15.4 Samoli auf Shutterstock

Kapitel 16
Wie Fernerkundung bei der Bewertung von Insektenpopulationen helfen kann

Zusammenfassung Die Überwachung der Biodiversität ist entscheidend, um den Verlust an biologischer Vielfalt zu verhindern und zu verringern. Insekten, deren Bestände rapide zurückgehen, sind für Ökosysteme von zentraler Bedeutung, weshalb ihr Schutz unerlässlich ist. Fernerkundung, unter Einsatz von Satelliten, Drohnen und hochfliegenden Flugzeugen, bietet eine effiziente Möglichkeit, Daten über Insektenpopulationen zu erfassen. Dieses Kapitel untersucht, wie Fernerkundung Insekten indirekt durch die Beobachtung von Pflanzenschäden und Stressreaktionen oder direkt mittels Technologien wie vertikal ausgerichtetem Radar erfassen kann. Indirekte Nachweismethoden umfassen die Analyse der spektralen Reflexion und struktureller Veränderungen von Pflanzen, während direkte Methoden die Verfolgung von Insektenbewegungen und Wärmebildgebung einschließen. Diese fortschrittlichen Techniken liefern wertvolle Einblicke in Insektenpopulationen und unterstützen die Entwicklung sowie Bewertung von Schutzstrategien.

Schlüsselwörter Wissenschaft · Wissenschaftskommunikation · Biodiversität · Folgen des Biodiversitätsverlusts · Fernerkundung · Insektenschutz · Spektrale Reflexion · Vertikal blickendes Radar · Harmonisches Radar · Wärmebildgebung · Pflanzenstressreaktionen · Überwachung von Insektenpopulationen · Umweltauswirkung · Drohne · Entomologie · Lebensraum · LiDAR · Lichtverschmutzung · Mikroklima · Radar · Satellit · Unbemanntes Luftfahrzeug

Genauso wie die Messung von Umweltverschmutzung zur Vermeidung und Reduzierung von Schadstoffen beiträgt, ist es hilfreich, Werte im Zusammenhang mit verschiedenen Arten zu erfassen, um den Verlust der biologischen Vielfalt zu verhindern und zu verringern.

Würdigung: Dieses Kapitel basiert auf dem wissenschaftlichen Artikel „Recent advances in the remote-sensing of insects“ von Marcus W. Rhodes und Kollegen. (Die vollständige Quellenangabe befindet sich am Ende des Kapitels).

E. van Genuchten, *Der Weg zu einem gesünderen Planeten 3*,
https://doi.org/10.1007/978-3-032-14696-0_16

Ein Beispiel für eine Tiergruppe, die besonders beachtet werden sollte, sind Insekten. Denn wir verlieren Insekten in rasantem Tempo. So ist beispielsweise in Deutschland in den letzten 30 Jahren die Zahl der Insekten um 75 % zurückgegangen! Und auch in anderen Regionen, vom Polarkreis bis zu den Tropen, ist dieser Rückgang zu beobachten. Einer der Gründe dafür ist der extensive Einsatz von Pestiziden und Insektiziden in der Landwirtschaft. Da Insekten jedoch eine wichtige Rolle in der Natur spielen, etwa bei der Bestäubung von Blüten, damit Pflanzen Früchte tragen können, ist ihr rascher Rückgang besorgniserregend. Deshalb ist es wichtig, Maßnahmen zum Schutz der Biodiversität im Allgemeinen und der Insekten im Besonderen zu ergreifen.

Um Insekten wirksam zu schützen, ist es zunächst wichtig, mehr über Insektenpopulationen zu erfahren. Dieses Wissen kann dann helfen, Strategien zu entwickeln und zu überprüfen, ob umgesetzte Maßnahmen erfolgreich waren. Da Insekten sehr klein sind, ist es unmöglich, ihre Anzahl zuverlässig mit bloßem Auge zu bestimmen. Deshalb wurden andere Methoden entwickelt. Eine dieser Methoden ist die Fernerkundung. Fernerkundung bedeutet, unseren Planeten beispielsweise mit Satelliten, hochfliegenden Flugzeugen oder Drohnen zu scannen, um Informationen zu sammeln. Diese Methode ermöglicht eine effiziente und automatisierte Datenerhebung. So kann Fernerkundung genutzt werden, um Daten über Insekten zu erfassen:

16.1 Indirekter Nachweis von Insekten

Die erste Möglichkeit, mit Fernerkundung Daten über Insekten zu sammeln, besteht darin, sie indirekt zu erfassen. Indirekt bedeutet, dass die Auswirkungen der Insekten auf die Umwelt gemessen werden, nicht die Insekten selbst. Dies ist möglich, indem man beispielsweise Pflanzenschäden und Stressreaktionen von Pflanzen, die durch die Fraßtätigkeit von Insekten verursacht werden, oder ihre Nester betrachtet.

Eine Möglichkeit, Insekten anhand ihrer Fraßtätigkeit zu erkennen, ist die Analyse der spektralen Reflexion von Pflanzen. Spektrale Reflexion bedeutet, dass Strahlen von der Oberfläche reflektiert werden (siehe Abb. 16.1). Das Hauptmaß ist die Photosyntheseaktivität, da diese beeinträchtigt wird, wenn Blätter verloren gehen oder Teile einer Pflanze absterben. So wurde dieses Verfahren beispielsweise genutzt, um zu beurteilen, wie stark Wälder von Mottenraupen, Blattwespenlarven und Borkenkäfern betroffen waren (siehe Abb. 16.2). Da diese Folgen vorübergehend sein können, etwa weil Blätter nachwachsen, müssen die Daten eine hohe zeitliche Auflösung aufweisen. Eine hohe zeitliche Auflösung bedeutet, dass Daten häufig erhoben werden.

Eine weitere Möglichkeit, Insekten anhand ihrer Fraßtätigkeit zu erkennen, ist die Betrachtung der Pflanzenstruktur. Die Struktur von Pflanzen verändert sich,

Abb. 16.1 Bilder mit sichtbarer (links), ultravioletter (Mitte) und infraroter Fernerkundung (rechts) liefern unterschiedliche Informationsarten

Abb. 16.2 Borkenkäfer

wenn sie beispielsweise Blätter verlieren. Dies kann durch die Messung von Veränderungen im Chlorophyllgehalt erfasst werden. Chlorophyll ist das Pigment, das Blätter grün färbt. In diesem Fall können Daten von einem Fernerkundungssatelliten und bodengestützten Radarsystemen genutzt werden.

Neben der Betrachtung von Pflanzen können Insekten auch anhand ihrer Nestaktivität erkannt werden. Dies ist möglich, weil Nester oft in der Umgebung auffallen, zum Beispiel durch ihre Größe (0,5 bis >10 m/1,6 bis >33 ft Durchmesser) und leicht auf Luftbildern oder sogar Satellitenaufnahmen zu erkennen sind. Dies kann durch einen Schattenwurf oder Veränderungen in der Vegetation rund um das Nest noch verstärkt werden. In diesem Fall werden spektrale Aufnahmen genutzt, um Daten beispielsweise anhand der Farbe zu erfassen. Aber auch strukturelle Aufnahmen können genutzt werden, um Daten etwa zu Höhe, Größe und Vegetationsbedeckung zu gewinnen. Hierfür kommen verschiedene Technologien zum Einsatz, darunter:

- Light Detection and Ranging (LiDAR): Senden von Laserpulsen von einem luftgestützten Gerät, um die Entfernung von Objekten zu messen
- Structure-from-Motion-Photogrammetrie (SfM): Aufnahme mehrerer, sich überlappender Bilder mit Drohnen aus unterschiedlichen Kamerapositionen, um die dreidimensionale Struktur, wie zum Beispiel einen Termitenhügel, zu bestimmen (siehe Abb. 16.3)

Der Aktivitätsstatus oder die Bestimmung der Insektenart ist mit der aktuellen Technik noch schwierig, könnte aber durch künstliche Intelligenz und maschinelles Lernen erleichtert werden.

Kathedralen-Termitenhügel *(Nasutitermes triodae)* ragen im Norden Australiens markant aus dem Boden. Diese imposanten Bauwerke, errichtet von Termiten, zeigen eine beeindruckende und komplexe Architektur und heben sich vor einer Kulisse aus spärlicher Vegetation und klarem Himmel ab.

Abb. 16.3 Ein Termitenhügel, der sich deutlich von der Umgebung abhebt und ein praktisches Beispiel für den Einsatz von Fernerkundung zeigt

16.2 Direkter Nachweis von Insekten

Die zweite Möglichkeit, mit Fernerkundung Daten über Insekten zu sammeln, ist der direkte Nachweis. Direkter Nachweis bedeutet, dass Informationen über die Insekten selbst und nicht über ihre Umwelt erhoben werden.

Eine Möglichkeit, Insekten direkt zu erfassen, ist der Einsatz von vertikal ausgerichteter Radartechnologie. Diese Technologie ermöglicht es, Insekten zu erkennen, die durch einen schmalen Strahl über dem Gerät fliegen, da ihre Körper den Strahl reflektieren, wenn sie hindurchfliegen. Die gewonnenen Daten liefern Informationen darüber, welches Insekt wo, wie schnell und in welche Richtung geflogen ist, was Rückschlüsse auf Aktivität und Wanderung zulässt. Diese Technologie eignet sich besonders für große Höhen zwischen 150 und 1.200 m (zwischen 492 und 3.937 ft) über dem Gerät.

Eine weitere Möglichkeit, Insekten direkt zu erfassen, ist der Einsatz von harmonischer Radartechnologie. Hierbei werden Radarstrahlen in ein Gebiet gesendet. Die Strahlen werden von kleinen Transpondern erkannt, die von Insekten getragen werden (siehe Abb. 16.4). Ein Transponder, der ein Signal empfängt, sendet ein Signal auf einer anderen Frequenz zurück. So kann der Standort des Insekts bestimmt werden. Im Gegensatz zur vertikal ausgerichteten Technologie hilft dies, niedrig fliegende Insekten zu erfassen.

Eine dritte Möglichkeit, Insekten direkt zu erfassen, ist die Nutzung von Wärmebildtechnik. Dies ist besonders hilfreich, um Insektengruppen zu erkennen. Möglich ist dies, weil ihre kollektive Körpertemperatur höher ist als die ihrer

Abb. 16.4 Harmonisches Radar erfordert, dass Insekten einen Transponder auf dem Rücken tragen, um sie zu erkennen

Umgebung. Die Wirksamkeit dieser Methode hängt von den klimatischen Bedingungen zum Zeitpunkt der Messung ab.

16.3 Fazit

Die Beobachtung von Insekten ist wichtig, da die Insektenpopulationen weltweit in den letzten Jahrzehnten stark zurückgegangen sind. Das ist kritisch, denn Insekten sind beispielsweise für die Bestäubung von Pflanzen unverzichtbar.

Die Anzahl der Insekten kann mithilfe von Fernerkundung sowohl indirekt als auch direkt erfasst werden. Indirekte Messungen nutzen Umweltindikatoren; direkte Messungen zählen die Insekten selbst.

Die Informationen aus indirekten und direkten Messungen können nicht nur genutzt werden, um mehr über die Umweltgesundheit und die Anzahl der Insekten zu erfahren, sondern auch, um die Wirksamkeit von Maßnahmen zum Schutz der Insekten zu bewerten. Dies ist möglich, wenn Maßnahmen über mehrere Jahre hinweg verglichen und für Entscheidungsprozesse herangezogen werden.

16.4 Wie wir aktiv werden können

Da Insekten für unseren Planeten und unser Überleben unverzichtbar sind, ist es essenziell, sie zu schützen. Hier sind praktische Ideen, was Sie und ich tun können, um Insekten zu retten:

- Lebensmittel aus ökologischem statt konventionellem Anbau essen
- Ein Bienen- oder Insektenhotel im eigenen Garten aufstellen
- Blumen und Pflanzen anpflanzen, damit Insekten Nahrung und Lebensraum finden
- Laub auf dem Boden liegen lassen, statt es in die Tonne zu werfen
- Als Imker Bienen halten
- Mulch als Bodenbedeckung statt Asphalt verwenden
- Insekten nach draußen bringen, statt sie zu töten
- Einen Käfer retten, der auf dem Rücken gelandet ist

Würdigung

Dieses Kapitel basiert auf

Rhodes, M. W., Bennie, J. J., Spalding, A., ffrench-Constant, R. H. & Maclean, I. M. D. (2022). Recent advances in the remote sensing of insects. *Biological Reviews, 97,* 343–360.

Abbildungsnachweise

Abb. 16.1 „Garten-Erdbeere Fragaria × ananassa Spektral-vergleich Vis UV IR" von „David Kennard" ist lizenziert unter CC-BY-SA 3.0
Quelle: https://commons.wikimedia.org/wiki/File:Garden_Strawberry_Fragaria_×_ananassa_Spectral_comparison_Vis_UV_IR.jpg
Autor: http://www.davidkennardphotography.com/
Lizenz: https://creativecommons.org/licenses/by-sa/3.0/deed.en

Abb. 16.2 D. Kucharski K. Kucharska auf Shutterstock

Abb. 16.3 2021 Photography auf Shutterstock

Abb. 16.4 Eine Arbeiterin der Hummel (Bombus terrestris) mit einem Transponder auf dem Rücken, die eine Ölsaat-Blüte besucht" von Andrew Martin ist lizenziert unter CC BY 2.5
Quelle: https://commons.wikimedia.org/wiki/File:A_bumblebee_(Bombus_terrestris)_worker_with_a_transponder_attached_to_its_back,_visiting_an_oilseed_rape_flower.png
Autor: https://www.researchgate.net/scientific-contributions/Andrew-P-Martin-17540790
Lizenz: https://creativecommons.org/licenses/by/2.5/deed.en

Kapitel 17
Biodiversitätslösungen: Intelligentes Schädlingsmanagement

Zusammenfassung Vor etwa 10.000 Jahren vollzog die Menschheit den Übergang von Jäger- und Sammlergesellschaften zu landwirtschaftlichen Gesellschaften – ein Wandel, der die Grundlage der modernen Zivilisation bildet. Während die Landwirtschaft über Jahrtausende die Ernährungssicherheit gewährleistete, bedrohen heute nicht nachhaltige Praktiken eben jenes System, von dem wir abhängen. Der Klimawandel, Umweltverschmutzung, Biodiversitätsverlust und Bodendegradation sind nur einige der weitreichenden Umweltfolgen aktueller landwirtschaftlicher Methoden. Diese Probleme wirken auf das System zurück, verringern die Ernteerträge und verschärfen die globale Ernährungsunsicherheit, die bis 2050 voraussichtlich um 70 % steigen wird. Lösungen wie klimaintelligentes Schädlingsmanagement, innovative Techniken zur Ausbringung von Pestiziden und der Einsatz von Pilzen versprechen einen nachhaltigeren Weg. Durch die Anwendung präventiver Maßnahmen, fortschrittlicher Überwachungssysteme und umweltfreundlicher Interventionen kann die Landwirtschaft florieren und gleichzeitig den Planeten schützen.

Schlüsselwörter Wissenschaft · Wissenschaftskommunikation · Biodiversität · Lösungen für den Biodiversitätsverlust · Nachhaltige Landwirtschaft · Klimafreundliches Schädlingsmanagement · Ernährungssicherheit · Pestizidreduktion · Pestizide · Endophytische Pilze · Moderne landwirtschaftliche Praktiken · Pflanzenkrankheitsprävention · Klimawandel · Landwirtschaft · Echtzeit-Polymerase-Kettenreaktion (PCR) · Next-Generation-Sequenzierung · Nachhaltigkeit · Wissenschaft · Technologie · Pflanzen · Nachhaltige Landwirtschaft · Pflanzenwachstum · Schädlinge

Würdigung: Dieses Kapitel basiert auf drei wissenschaftlichen Artikeln von Meriam Bouri, Lauren Fessler und Noemi Carla Baron sowie deren Kolleginnen und Kollegen. (Vollständige Quellenangaben am Ende des Kapitels).

E. van Genuchten, *Der Weg zu einem gesünderen Planeten 3*,
https://doi.org/10.1007/978-3-032-14696-0_17

Vor etwa 10.000 Jahren beschlossen die Menschen, ihre Lebensweise als Jäger und Sammler aufzugeben und sich in Gemeinschaften niederzulassen. Um ausreichend Nahrung zu haben, domestizierten sie Pflanzen und Tiere. Dies war der Beginn der Landwirtschaft, die bis heute ein wichtiger und integrierter Bestandteil unserer Gesellschaft ist.

Doch während die Landwirtschaft Ernährungssicherheit und viele weitere Vorteile bieten kann, kann sie gleichzeitig unsere Ernährungssicherheit und andere Aspekte gefährden. Dies liegt daran, dass moderne landwirtschaftliche Praktiken nicht nachhaltig sind und mit verschiedensten Umweltproblemen in Zusammenhang stehen. Zu diesen Umweltproblemen zählen der Klimawandel, Verschmutzung, Umweltzerstörung und der Verlust der biologischen Vielfalt. Zum Beispiel:

- Methanemissionen, die durch Viehhaltung verursacht werden, tragen zum Treibhauseffekt bei, der unseren Planeten erwärmt
- übermäßiger Düngemitteleinsatz kann das Wasser verschmutzen
- schlechte landwirtschaftliche Praktiken können zur Erosion beitragen, und
- der Einsatz von Pestiziden kann die Anzahl der Insekten verringern.

Diese Vielzahl an Umweltproblemen, die durch landwirtschaftliche Praktiken verursacht werden, wirkt sich wie ein Bumerang aus und beeinträchtigt die Erträge. So wirken sich beispielsweise die Folgen extremer Wetterereignisse, die durch den Klimawandel verursacht werden, wie Hitzewellen, Dürren, Starkregen und steigende Meeresspiegel, auf das Pflanzenwachstum aus. Die Sojaerträge sind bereits um 16,7 % und die Maiserträge um 10,8 % zurückgegangen. Dies ist kritisch, da die Weltbevölkerung weiter wächst. Infolgedessen wird erwartet, dass die globale Ernährungssicherheit bis 2050 um 70 % abnimmt, was sowohl die Menge als auch die Qualität der Nahrung betrifft.

Da moderne landwirtschaftliche Praktiken unsere Umwelt so stark belasten und die Ernährungssicherheit gefährden, ist es wichtig, die Erträge zu steigern und gleichzeitig diese Praktiken nachhaltiger zu gestalten (weiterführende Literatur: Kap. 18 aus Der Weg zu einem gesünderen Planeten Band 1: „Biodiversitätslösungen: Nachhaltige Landwirtschaft“).

Ein weiterer Hauptfaktor, der die Ernährungssicherheit gefährdet, sind Schädlinge: Schädlinge verursachen 20 bis 40 % der Verluste an der weltweiten Nahrungsmittelversorgung. Und mit der Verschärfung der Umweltprobleme nimmt auch die Anzahl und die negative Auswirkung von Schädlingen zu. So wurde beispielsweise ein Bakterium aus Südamerika, *X. fastidiosa*, versehentlich nach Südeuropa eingeschleppt. Aufgrund der durch den Klimawandel veränderten klimatischen Bedingungen konnte dieses Bakterium in seinem neuen Lebensraum überleben. Dort infizierte es Olivenbäume und führte zu einem raschen Rückgang der gesunden Olivenbaumpopulation.

Leider erhöht der Klimawandel den Bedarf an Pestiziden zur Bekämpfung von Schädlingen, da sich die klimatischen Bedingungen zugunsten von Schädlingen und Krankheiten verändern (siehe Abb. 17.1). Beispielsweise sind Kartoffeln im

Abb. 17.1 Nicht nachhaltige landwirtschaftliche Praktiken sollten eingesetzt werden, um die schädlichen Auswirkungen von Pestiziden zu verringern

Nordosten der USA anfälliger für die Kraut- und Knollenfäule, sodass Kartoffelanbauer nun ein bis vier zusätzliche Anwendungen von Fungiziden benötigen. Und obwohl eine sorgfältige Anwendung entsprechend der klimatischen Bedingungen dazu beiträgt, die Umweltauswirkungen zu verringern, bleibt die negative Umweltbelastung dennoch hoch.

Aufgrund dieser negativen Umweltauswirkungen sollten moderne landwirtschaftliche Praktiken dazu genutzt werden, die Menge an chemischen Pestiziden deutlich zu reduzieren. Dies kann auf verschiedene Weise geschehen:

17.1 Klimasmarte Schädlingsbekämpfung

Das erste Beispiel, wie die Menge an chemischen Pestiziden reduziert werden kann, ist die Anwendung von klimasmarter Schädlingsbekämpfung. Klimasmartes Schädlingsmanagement ist ein sektorübergreifender Ansatz zur Verringerung von Ernteverlusten durch Schädlinge, zur Verbesserung von Ökosystemdienstleistungen, zur Reduzierung von Treibhausgasemissionen und zur Steigerung der Widerstandsfähigkeit der Landwirtschaft gegenüber Umweltproblemen. So trägt klimasmarte Schädlingsbekämpfung zur nachhaltigen Landwirtschaft bei:

17.1.1 Vorbeugende Maßnahmen

Die erste Möglichkeit, wie klimasmarte Schädlingsbekämpfung zur nachhaltigen Landwirtschaft beiträgt, ist die Anwendung vorbeugender Maßnahmen. Vorbeugende Maßnahmen sind Lösungen, die verhindern, dass Schädlinge und Pflanzenkrankheiten die Ernte überhaupt erst befallen. Zu den vorbeugenden Maßnahmen gehören:

- Anbau von Pflanzensorten, die resistent gegen Schädlinge, Krankheiten und sich verändernde Klimabedingungen sind. Krankheits- und schädlingsresistente Sorten können durch Kreuzung bestehender Sorten mit widerstandsfähigeren Sorten gezüchtet werden. Diese Sorten können gezielt für die Bedingungen jeder Region entwickelt werden.
- Fruchtwechsel. Fruchtwechsel bedeutet, dass auf einem Feld nacheinander verschiedene Kulturen angebaut werden, anstatt immer dieselbe Kultur. Der Fruchtwechsel über mehrere Jahre verhindert, dass Schädlinge auf nachfolgende Kulturen übergehen. Dies liegt daran, dass einige Krankheiten viele Jahre im Boden überleben können.
- Förderung natürlicher Feinde von Schädlingen. Natürliche Feinde von Schädlingen sind zum Beispiel Marienkäfer, da sie verhindern, dass Schädlinge die Pflanzen befallen (siehe Abb. 17.2). Sie fressen beispielsweise Blattläuse.

Abb. 17.2 Marienkäfer können als natürliche Schädlingsbekämpfer eingesetzt werden, da sie schädliche Insekten von Pflanzen entfernen, indem sie sie fressen

17.1.2 Schädlingsüberwachung und -prognose

Die zweite Möglichkeit, wie klimasmarte Schädlingsbekämpfung zur nachhaltigen Landwirtschaft beiträgt, ist die Überwachung und Vorhersage von Schädlingen und Pflanzenkrankheiten. Überwachung und Vorhersage umfassen, wie häufig und wo Schädlinge und Krankheiten auftreten und wie sich ihre Entwicklung vollzieht.

Die Überwachung von Schädlingen und Pflanzenkrankheiten beinhaltet das Sammeln von Informationen über aktuelle Schädlinge und Krankheiten, die bereits Pflanzen befallen. Diese Überwachung kann von staatlichen Stellen, aber auch von privaten Gruppen oder Einzelpersonen durchgeführt werden. Am wichtigsten ist, dass die gesammelten Informationen detailliert und genau sind, damit die Überwachung hilfreich ist. Ein bestehendes Überwachungsprogramm ist beispielsweise Tom-Cast. Tom-Cast stellt Tomatenanbauern Informationen über Tomatenkrankheiten zur Verfügung. Diese Informationen werden in den ersten vier Wochen der Wachstumsperiode wöchentlich bereitgestellt und nach Beginn der Pestizidanwendung auf drei Mal pro Woche erhöht. Ein weiteres Überwachungsprogramm ist Skybit. Skybit liefert Echtzeitschätzungen zu Wetter- und Schädlingsbedingungen in bestimmten Regionen.

Die Prognose von Schädlingen und Pflanzenkrankheiten beinhaltet die Bereitstellung von Informationen über zu erwartende zukünftige Schädlinge und Krankheiten. Solche Prognosen sind nur möglich, wenn die Überwachungsdaten von ausreichend hoher Qualität sind und geeignete Modelle zur Verfügung stehen. Diese Modelle beinhalten Wissen über beispielsweise Lebenszyklen von Pflanzen, ihre Anfälligkeit für Schädlinge und Krankheiten und wie sie auf sich verändernde Klimabedingungen reagieren. Die Kombination dieses Wissens mit aktuellen Schädlings- und Wetterdaten aus Überwachungssystemen ermöglicht es Computern, genaue Vorhersagen über Schädlings- und Krankheitsausbrüche zu erstellen. Diese Prognosen können als Frühwarnsystem genutzt werden, sodass Landwirte Maßnahmen ergreifen können, wie etwa die Änderung von Aussaatterminen oder den Anbau einer anderen Kultur. Skybit liefert beispielsweise Echtzeitschätzungen zu Wetter- und Schädlingsbedingungen in bestimmten Regionen und bietet eine Prognose für die nächsten 3 Tage (siehe Abb. 17.3).

17.1.3 Früherkennung

Die dritte Möglichkeit, wie klimaintelligentes Schädlingsmanagement zur nachhaltigen Landwirtschaft beiträgt, ist die Früherkennung von Pflanzenkrankheiten. Pflanzenkrankheiten können mit neuen Techniken diagnostiziert werden, die eine schnellere, frühere und umfassendere Diagnose von Krankheiten ermöglichen. Da dadurch kranke Pflanzen bereits erkannt werden können, bevor sie Symptome zeigen, ist auch eine frühere Behandlung möglich. Zu diesen Techniken gehören:

Abb. 17.3 Detaillierte und hochwertige Daten aus Überwachungssystemen können zur Schädlingsprognose genutzt werden

- Echtzeit-Polymerase-Kettenreaktion (PCR): Die PCR ist ein Verfahren, bei dem ausgewählte Abschnitte der DNA mehrfach vervielfältigt werden. DNA trägt die genetische Information in den Zellen. Diese vervielfältigte DNA kann dann für verschiedene Zwecke analysiert werden, unter anderem zum Nachweis und zur Quantifizierung schädlicher Mikroorganismen, zur Überwachung des mikrobiellen Abbaus und zur Bestimmung der Fitness von Parasiten. Wahrscheinlich haben Sie von der PCR im Zusammenhang mit COVID-19-Tests zur Identifizierung des Virus gehört. Die Echtzeit-PCR, auch quantitative PCR genannt, automatisiert diesen Prozess. Im Video in Abb. 17.4 wird im Detail erklärt, wie die PCR funktioniert.

Abb. 17.4

Abb. 17.5

Im Video in Abb. 17.5 wird im Detail erklärt, wie die Echtzeit-PCR funktioniert.

- Next-Generation-DNA-Sequenzierung: Die DNA-Sequenzierung besteht darin, die genaue Reihenfolge der Bausteine einer DNA-Moleküle zu bestimmen. Durch den Einsatz von Next-Generation-Sequenzierungstechniken können Ergebnisse viel schneller und kostengünstiger erzielt werden. Dadurch sind die Ergebnisse auch detaillierter, zum Beispiel weil häufiger sequenziert werden kann. Es ermöglicht zudem, die genaue Variante eines schädlichen Mikroorganismus oder Virus zu identifizieren. Im Video in Abb. 17.6 wird erklärt, wie die DNA-Sequenzierung funktioniert.
- Fluoreszenz-in-situ-Hybridisierung (FISH): FISH wird verwendet, um eine bestimmte DNA-Sequenz nachzuweisen. Für diesen Nachweis wird ein fluoreszierender Farbstoff an ein kurzes RNA-Stück gekoppelt. RNA ist eine halbe DNA-Strang (siehe Abb. 17.7). Wenn dieses Stück zur getesteten DNA passt, beginnt der Farbstoff zu leuchten. Durch den Nachweis dieses Leuchtens kann festgestellt werden, dass die DNA-Sequenz vorhanden ist. Dies kann beispielsweise zum Nachweis von Pflanzenviren genutzt werden. Im Video in Abb. 17.8 wird erklärt, wie FISH funktioniert.

Da diese neuen Technologien dabei helfen, Pflanzenkrankheiten leichter und schneller zu erkennen und weniger geschultes Personal benötigt wird, um mehr

Abb. 17.6

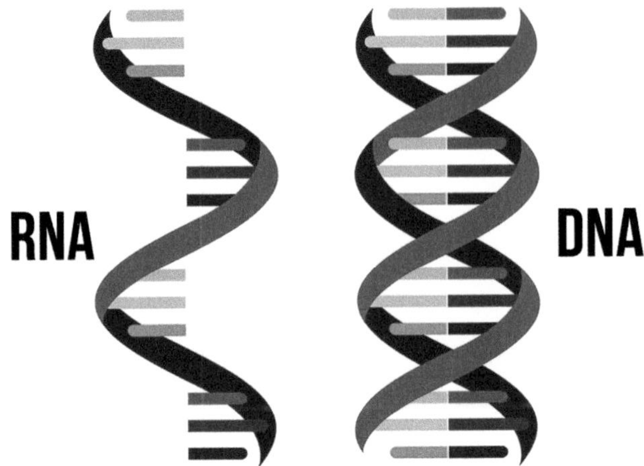

Abb. 17.7 Der Unterschied zwischen RNA und DNA

Abb. 17.8

Informationen bereitzustellen, wurden sie bereits erfolgreich zum Schutz vor Pflanzenkrankheiten eingesetzt. So konnte beispielsweise durch den Einsatz dieser Technologie der zuvor erwähnte Krankheitsausbruch bei Olivenbäumen kontrolliert werden, indem der Ausbruch frühzeitig entdeckt und behandelt wurde.

17.1.4 Wirksame Interventionen

Die vierte Möglichkeit, wie klimaintelligentes Schädlingsmanagement zur nachhaltigen Landwirtschaft beiträgt, sind wirksame, umweltfreundliche und wirtschaftlich tragfähige Maßnahmen. Die Techniken und Interventionen zielen darauf ab, Chemikalien zu reduzieren und zu ersetzen.

Bevorzugt werden effiziente und risikoarme Methoden. Beispiele für einfache Lösungen sind mechanische Fallen, der Einsatz anderer Insekten wie Marienkäfer zur Bekämpfung von Schädlingen sowie natürliche chemische Signale, sogenannte Pheromone, um Fortpflanzungszyklen zu stören.

Alternativ können auch andere Methoden eingesetzt werden, die chemische Behandlungen effektiver nutzen. Beispielsweise wird der Einsatz von Chemikalien an Veränderungen von Temperatur und Niederschlag angepasst, da diese Wetterbedingungen beeinflussen, wie schnell das Pestizid abgewaschen wird, wie rasch es in den Boden gelangt, wie es in der Atmosphäre verteilt wird und wie schnell es abgebaut wird.

17.1.5 Beispielanwendung

Ein klimaintelligentes Schädlingsmanagementprojekt in Vietnam von 2009 bis 2011 setzte moderne landwirtschaftliche Praktiken ein, um die Landwirtschaft nachhaltiger zu gestalten. Es wurde eine Null-Bodenbearbeitungsmethode im Reis-Kartoffel-Anbau verwendet, um den Wasserverbrauch um mehr als 80 % und den Herbizideinsatz um 50 % zu senken. Null-Bodenbearbeitung bedeutet, dass der Boden zwischen der Ernte einer Kultur und der Aussaat der nächsten unbearbeitet bleibt.

Außerdem wurden die Treibhausgasemissionen durch das Verbrennen von weniger Reishalmen reduziert. Diese Halme wurden verwendet, um die Drainagerinnen der Reiskultur abzudecken, in denen die Kartoffeln gepflanzt wurden, anstatt sie für einen schnellen Abbau zu verbrennen. Hier förderten die Halme das Wachstum nützlicher Mikroflora, die Krankheiten verringerte. Zudem wurde die Pflanzengesundheit gefördert, indem die Anfälligkeit für Schädlinge reduziert wurde.

17.2 Laser

Das zweite Beispiel dafür, wie der Einsatz chemischer Pestizide reduziert werden kann, ist die Verwendung „intelligenter“ Spritzmethoden. Eine dieser Methoden nutzt Laser, Kameras und Gewichtssensoren, um den Pestizidbedarf um 50 % und bis zu 83 % zu senken. Für diese Technologie müssen keine neuen Spritzgeräte angeschafft werden, da alte Systeme nachgerüstet werden können. Diese Technologie sorgt dafür, dass weniger Pestizid benötigt wird, indem sie die Position der Bäume erfasst. Dazu gehört, wie viele Bäume vorhanden sind und wie die Position des Baumes im Verhältnis zu anderen Bäumen in der Plantage ist. So wird sichergestellt, dass Pestizide nur auf die Zielbäume gesprüht werden und nicht auf andere Pflanzen in der Umgebung.

Außerdem, sorgen Laser dafür, dass weniger Pestizid benötigt wird, indem sie die Größe der Bäume erfassen. Bei alten Spritzmethoden wurde unabhängig von der Größe der Bäume in einer Plantage immer die gleiche Menge Pestizid ausgebracht (siehe Abb. 17.1). Das Erfassen dieser Unterschiede in der Baumgröße hilft, die benötigte Pestizidmenge für den jeweiligen Baum zu berechnen.

Neben der Erfassung der Baumgröße wird mit den Lasern auch die Form des Baumes erfasst. So kann diese Technologie beispielsweise die Dichte des Laubs bestimmen. Durch das Erfassen dieser Unterschiede und die vorherige Festlegung, wie viel Pestizid für ein bestimmtes Volumen benötigt wird (zum Beispiel 0,03 L/1,01 oz. Spritzvolumen pro Kubikmeter Pflanzenvolumen), kann berechnet werden, wie viel Pestizid für den jeweiligen Baum erforderlich ist. Anschließend sprüht das System automatisch die richtige Menge Pestizid.

17.3 Pilze

Das dritte Beispiel dafür, wie die Menge an chemischen Pestiziden reduziert werden kann, ist der Einsatz von Pilzen. Zum Beispiel können endophytische Pilze das Pflanzenwachstum fördern. Diese Pilze leben im Inneren der Pflanze, einschließlich ihrer Blätter, Früchte, Stängel und Blüten, in einer symbiotischen Beziehung mit der Pflanze. Eine symbiotische Beziehung ist eine enge Beziehung zwischen Organismen verschiedener Arten, die für beide Seiten harmlos ist. In manchen Fällen profitieren sie sogar voneinander, wie es bei endophytischen Pilzen und Pflanzen der Fall ist. Pflanzen bieten endophytischen Pilzen ein sicheres Zuhause und Nährstoffe. So profitieren umgekehrt endophytische Pilze der Pflanze:

17.3.1 Verbesserung der Nährstoffaufnahme

Die erste Möglichkeit, wie endophytische Pilze Pflanzen unterstützen, besteht darin, die Aufnahme von Nährstoffen zu verbessern, sowohl von Makro- als auch von Mikronährstoffen. Makronährstoffe sind zum Beispiel Phosphor, Stickstoff, Kalium und Magnesium. Mikronährstoffe sind zum Beispiel Zink, Eisen und Kupfer. Diese Makro- und Mikronährstoffe werden aus dem Boden, aber auch aus organischem Material gewonnen:

- Endophytische Pilze helfen einer Pflanze, Phosphor, der aus dem Boden extrahiert wurde, in ihrem Gewebe anzureichern.
- Einige spezielle Moleküle, sogenannte Siderophore, in endophytischen Pilzen können Eisen an die Wurzeloberfläche der Pflanze binden, wodurch das Eisen für die Pflanze verfügbar wird.

- Endophytische Pilze versorgen die Pflanze mit Nährstoffen, indem sie Insekten, oft Larven, infizieren und abtöten. Nach dem Abtöten übertragen sie Stickstoff aus dem getöteten Insekt auf die Pflanze.

So reduzieren endophytische Pilze den Bedarf an chemischen Düngemitteln, da die von ihnen bereitgestellten Nährstoffe das Wachstum und Gedeihen der Pflanze ermöglichen.

17.3.2 Pflanzenhormone produzieren

Die zweite Möglichkeit, wie endophytische Pilze Pflanzen unterstützen, ist die Produktion von Pflanzenhormonen. Diese werden Phytohormone genannt. Phytohormone sind für das Wachstum, die Entwicklung, die Fortpflanzung und das Absterben von Pflanzen unerlässlich. Sie ermöglichen es der Pflanze auch, sich an ihre Umwelt anzupassen.

Neben Pflanzen können auch einige endophytische Pilze diese Phytohormone produzieren. Beispielsweise können einige Arten das Phytohormon Gibberellin herstellen. Gibberellin ist wichtig für die Keimung von Samen sowie das Wachstum von Stängeln und Blüten.

Ein weiteres Beispiel sind Auxine. Diese Hormone bewirken, dass Zellen länger werden, und regulieren das Pflanzenwachstum. Wenn bestimmte endophytische Pilze, die diese Hormone produzieren, in die Samen eingebracht werden, wächst die Pflanze höher und hat mehr frische und trockene Masse in Sprossen und Wurzeln. Auch die Blätter sind größer und enthalten mehr Chlorophyll. Chlorophyll ist der grüne Farbstoff in Pflanzenzellen, der die Photosynthese ermöglicht (siehe Abb. 17.9). Die Photosynthese ist der Prozess, bei dem CO_2 und Wasser mithilfe von Sonnenlicht in Nährstoffe umgewandelt werden.

So reduzieren endophytische Pilze den Bedarf an chemischen Düngemitteln, da die von ihnen bereitgestellten Hormone das Wachstum und Gedeihen der Pflanze ermöglichen.

17.3.3 Verbesserung des Selbstverteidigungssystems von Pflanzen

Die dritte Möglichkeit, wie endophytische Pilze Pflanzen unterstützen, ist die Verbesserung des Selbstverteidigungssystems der Pflanzen. Dieses Selbstverteidigungssystem schützt die Pflanze vor eindringenden Organismen und Infektionen. Endophytische Pilze wirken ähnlich wie eine Impfung. Genauso wie unser Immunsystem bei einer Impfung lernt, Bakterien und Viren abzuwehren, lernen Pflanzen, Molekülen von endophytischen Pilzen zu widerstehen, ohne krank zu

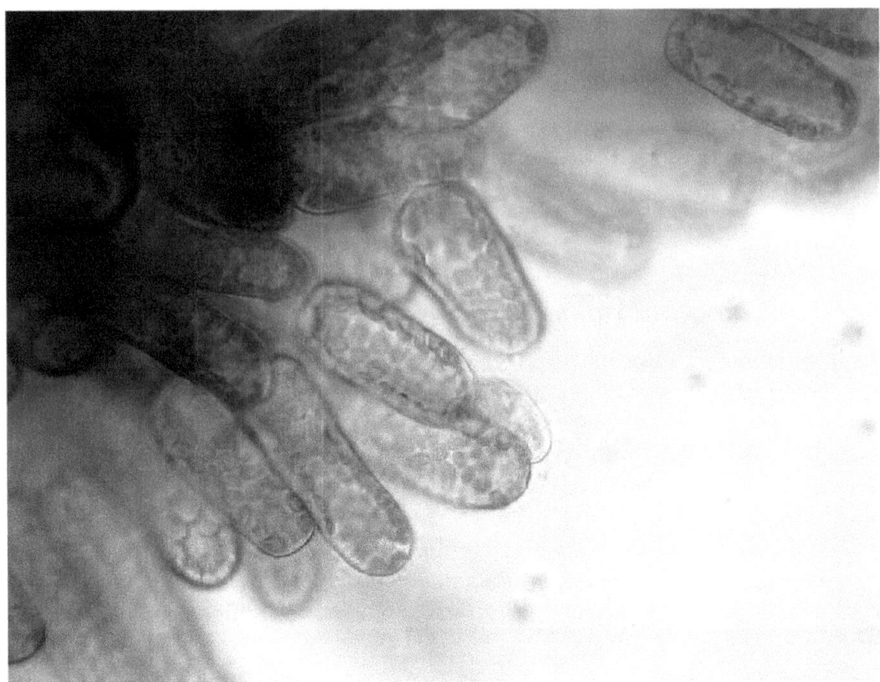

Abb. 17.9 Chlorophyll befindet sich in Pflanzenzellen und verursacht die grüne Farbe

werden. Dadurch wird die Pflanze widerstandsfähiger und verhindert das Eindringen anderer Organismen zu einem späteren Zeitpunkt, zum Beispiel weil die Zellwände der Pflanze dicker werden. Eine dickere Zellwand verhindert, dass angreifende Organismen die Zellen leicht schädigen und in die Zelle eindringen.

So reduzieren endophytische Pilze den Bedarf an chemischen Pestiziden und Insektiziden, da sie die Pflanze stärken und sie in die Lage versetzen, sich selbst zu verteidigen.

17.3.4 Schutz von Pflanzen vor Schädlingen und krankheitserregenden Organismen

Die vierte Möglichkeit, wie endophytische Pilze Pflanzen unterstützen, ist der Schutz der Pflanzen vor Schädlingen und krankheitserregenden Organismen. Sie tun dies, indem sie verschiedene Antibiotika sowie antivirale, antibakterielle und antifungale Moleküle produzieren.

Zum Beispiel produzieren endophytische Pilze Alkaloide, die sich in Pflanzen anreichern und für verschiedene Insektenschädlinge und einige Wirbeltiere giftig sind. Ein bekanntes Beispiel für ein Alkaloid ist Morphin. Ein weniger bekanntes Alkaloid *ist* Nodulisporinsäure. Sie aktiviert eine bestimmte Aminosäure im Insekt, was indirekt zur Lähmung seines Körpers führt. Aminosäuren sind die Bausteine von Proteinen.

So reduzieren endophytische Pilze den Bedarf an chemischen Pestiziden und Insektiziden, da sie Pflanzen auf natürliche Weise schützen.

17.3.5 Schutz vor biotischem und abiotischem Stress

Die fünfte Möglichkeit, wie endophytische Pilze Pflanzen unterstützen, ist der Schutz vor biotischem und abiotischem Stress. Biotischer Stress wird durch Angriffe lebender Organismen verursacht, darunter krankheitserregende Mikroorganismen (Bakterien, Pilze, Viren), Insektenschädlinge, Pflanzenfresser und Würmer. Abiotischer Stress wird durch raue Bedingungen und Schäden verursacht, die durch unbelebte Faktoren wie extreme Temperaturen, Überschwemmungen, Trockenheit, hohe Salzgehalte und Schwermetalltoxizität entstehen. Beide Stressarten können die Pflanze selbst schädigen, aber auch Prozesse in der Pflanze beeinträchtigen.

Endophytische Pilze helfen Pflanzen, mit biotischem Stress durch verschiedene Mechanismen umzugehen, darunter:

- Schaffung von Konkurrenz um Raum und Nährstoffe: Durch das Ausfüllen der Nische bleibt kein Platz für die Besiedlung durch krankheitserregende Organismen und das Wegfressen von Nährstoffen
- Verringerung der Überlebenswahrscheinlichkeit von Milben, die die Pflanze gefressen haben
- Verringerung der Wahrscheinlichkeit, dass parasitäre Fadenwürmer in die Wurzeln eindringen und sich vermehren (siehe Abb. 17.10)

Endophytische Pilze helfen Pflanzen, mit abiotischem Stress durch verschiedene Mechanismen umzugehen, darunter:

- Erhöhung der Toleranz der Pflanze gegenüber Molekülen, die wahrscheinlich mit anderen Molekülen in den Zellen reagieren. Aufgrund dieser höheren Toleranz richten reaktive Moleküle bei ihrer Anhäufung infolge abiotischen Stresses weniger Schaden an
- Veränderung der Struktur der Zellwände der Pflanze, sodass Zellinhalte bei Trockenheit, Hitze und Salzbelastung weniger leicht austreten
- Produktion von Hormonen, die die Expression von Genen verändern, die bestimmen, wie die Pflanze auf abiotischen Stress reagiert
- Produktion von Hormonen, die die Poren der Pflanze schließen, was den übermäßigen Wasserverlust bei Trockenheit verhindert
- Produktion von Hormonen, die bewirken, dass weniger Schwermetalle aus dem Boden in die Pflanze gelangen

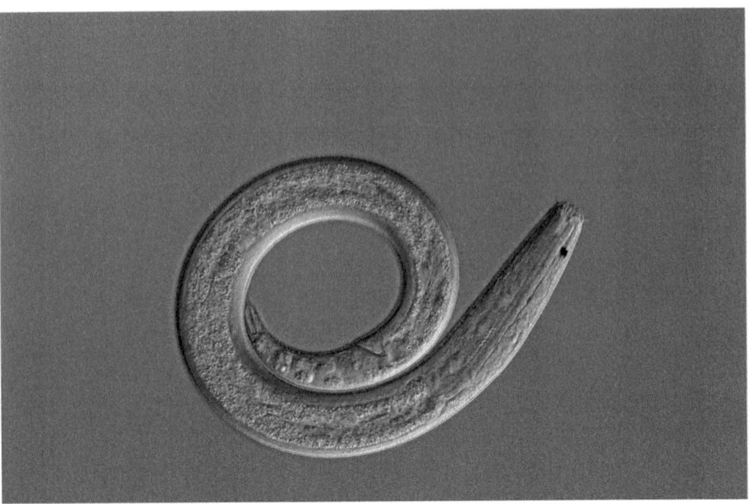

Abb. 17.10 Ein lebender parasitärer Fadenwurm

So reduzieren endophytische Pilze den Bedarf an chemischen Pestiziden, Insektiziden und Düngemitteln, da sie Pflanzen auf natürliche Weise vor allen Arten von Stress schützen.

17.4 Fazit

Pestizide werden von Landwirten seit vielen Jahren eingesetzt, um Nutzpflanzen gesund zu halten. Sie helfen Pflanzen, schädlingsfrei zu bleiben, haben aber auch viele Nachteile. Besonders, wenn zu viel davon verwendet wird. Nicht nur für die besprühten Pflanzen, sondern auch für die darauf lebenden Insekten, für uns, wenn wir Pflanzen mit diesen Chemikalien essen, und für die Umwelt. Zum Beispiel können Pestizide in nahegelegene Flüsse und Seen gelangen und schließlich in unserem Trinkwasser landen. Deshalb ist ein intelligentes Schädlingsmanagement sinnvoll.

Intelligentes Schädlingsmanagement kann ein klimaintelligentes Schädlingsmanagement umfassen, das durch den Einsatz von Präventionsmaßnahmen, Schädlingsüberwachung und -vorhersage mit modernen Technologien, frühzeitiger Diagnose von Krankheiten und Schädlingsbefall sowie wirksamen Eingriffen zur nachhaltigen Landwirtschaft beiträgt.

Auch Laser können die Menge an Pestiziden, die in Obstplantagen und Baumschulen versprüht wird, reduzieren, indem sie die Position, den Abstand, die Größe und die Form der Bäume erfassen. Je nachdem, was erfasst wird, kann die richtige Menge an Pestizid am richtigen Ort ausgebracht werden.

Und sogar endophytische Pilze können eingesetzt werden, um den Pestizideinsatz zu verringern, indem sie Pflanzen bei der Nährstoffaufnahme, der Produktion von Pflanzenhormonen, ihrem Selbstverteidigungsmechanismus und dem Schutz vor Schädlingen, Krankheitserregern und Stress unterstützen.

17.5 Wie wir handeln können

Da Pestizide so schädlich für die Umwelt und verschiedene Organismen sind, ist es wichtig, intelligentes Schädlingsmanagement zu unterstützen und den Pestizideinsatz zu reduzieren. Hier sind einige Ideen, was Sie und ich tun können:

- Bio-Lebensmittel kaufen
- Lebensmittel kaufen, die mit klimaintelligentem Schädlingsmanagement statt mit chemischen Pestiziden angebaut wurden
- Eigene Lebensmittel anbauen
- Staatliche Maßnahmen unterstützen, die den Chemikalieneinsatz in der Lebensmittelproduktion verringern, oder klimaintelligente Schädlingsmanagement-Techniken fördern
- Pilzbasierte Biodünger statt chemischer Dünger kaufen
- So wenig chemischen Dünger und Pestizide wie möglich verwenden

Würdigung

Dieses Kapitel basiert auf

Klimafreundliches Schädlingsmanagement:

Bouri, M., Arslan, K. S., & Şahin, F. (2023). Climate-smart pest management in sustainable agriculture: Promises and challenges. *Sustainability, 15*(5), 4592.

Laser:

Fessler, L., Fulcher, A., Lockwood, D., Wright, W., & Zhu, H. (2020). Advancing sustainability in tree crop pest management: Refining spray application rate with a laser-guided variable-rate sprayer in apple orchards, *HortScience Horts,55*(9), 1522–1530.

Pilze:

Baron, N. C., & Rigobelo, E. C. (2022). Endophytic fungi: A tool for plant growth promotion and sustainable agriculture. *Mycology,13*(1), 39–55.

Abbildungsnachweise

Abb. 17.1	Fotokostic auf Shutterstock
Abb. 17.2	Protasov AN auf Shutterstock
Abb. 17.3	carballo auf Shutterstock
Abb. 17.7	freaktor auf Shutterstock
Abb. 17.9	Barbol auf Shutterstock
Abb. 17.10	F.Neidl auf Shutterstock

Kapitel 18
Biodiversitätslösungen: Initiativen zum Schutz der Biodiversität

Zusammenfassung Die Biodiversität ist in Gefahr, unzählige Arten stehen vor dem Aussterben, was sowohl Ökosysteme als auch unsere Gesundheit bedroht. Um dem entgegenzuwirken, müssen wir verstehen, welche Arten in bestimmten Gebieten vorkommen und wie wir sie effektiv schützen können. Umwelt-DNA (eDNA) bietet eine bahnbrechende, nicht-invasive Methode zur Überwachung der Biodiversität, indem sie DNA-Spuren nachweist, die von Organismen selbst in schwierigen Umgebungen hinterlassen werden. Dieses Kapitel beleuchtet die vielfältigen Anwendungsmöglichkeiten von eDNA – von der Probenahme und Extraktion bis hin zu fortschrittlichen Identifikationstechniken – und stärkt damit den Naturschutz. Darüber hinaus werden innovative Ansätze wie die Nutzung von Solarparks zur Schaffung bestäuberfreundlicher Lebensräume und fortschrittliche Reproduktionstechnologien zur Rettung bedrohter Amphibien vorgestellt. Durch die Nutzung der Potenziale von eDNA und einer gezielten Artenverwaltung können wir entscheidende Schritte zum Erhalt der Biodiversität und zur Sicherung der Zukunft unseres Planeten unternehmen.

Schlüsselwörter Wissenschaft · Wissenschaftskommunikation · Biodiversität · Lösungen für den Biodiversitätsverlust · Umwelt-DNA · eDNA · Artenschutz · Bestäuber · Solarparks · Amphibien · Reproduktionstechnologien · DNA-Barcoding · Lebensraummanagement · Metabarcoding · Fischdiversität · Biodiversitätsmonitoring · aquatische Ökosysteme · Nahrungsressourcen · Beweidung · Flächenmanagement · Nistlebensraum · Mikroklima · Naturschutz · Assistierte Reproduktionstechnologien · Sperma

Die Biodiversität ist derzeit bedroht, da viele Arten aussterben. Dies ist kritisch, weil unsere Gesundheit von der Biodiversität abhängt (weiterführende Literatur: Kap. 13 aus Der Weg zu einem gesünderen Planeten Band 1: „Wie Biodiversität

---

Würdigung: Dieses Kapitel basiert auf drei wissenschaftlichen Artikeln von Ashish Sahu, H. Blaydes und Zara M. Anastas sowie deren Kolleginnen und Kollegen. (Vollständige Quellenangaben am Ende des Kapitels).

E. van Genuchten, *Der Weg zu einem gesünderen Planeten 3*,
https://doi.org/10.1007/978-3-032-14696-0_18

Abb. 18.1

unsere Gesundheit beeinflusst“). Deshalb müssen wir unsere aktuellen Gewohnheiten ändern, um umweltfreundlicher zu leben und Arten zu erhalten. Doch um unsere Gewohnheiten bestmöglich zu ändern und Arten zu schützen, müssen wir zunächst wissen, welche Arten und wie viele Individuen jeder Art in bestimmten Gebieten leben.

Um herauszufinden, wie viele Arten in einem bestimmten Gebiet leben, können verschiedene Methoden eingesetzt werden. Beispielsweise kann Fernerkundung genutzt werden, um Insektenpopulationen zu erfassen (siehe Kap. 16). Auch Umwelt-DNA, die auch als eDNA bezeichnet wird, kann untersucht werden. DNA ist das genetische Material, das jedes Lebewesen in seinen Zellen trägt. Die Untersuchung von eDNA ermöglicht es, das Vorkommen oder Fehlen bestimmter Arten in einem Ökosystem nachzuweisen. Diese Methode wurde zum Beispiel eingesetzt, um festzustellen, ob das Monster von Loch Ness existiert (siehe Abb. 18.1).

18.1 eDNA-Forschung

eDNA ist DNA, die von Pflanzen und Tieren in der Umwelt hinterlassen wird. Wenn wir Menschen uns zum Beispiel bewegen, verlieren wir hier und da Haare oder es lösen sich kleine Hautschuppen. Da all diese Partikel Zellen enthalten, enthalten sie auch DNA. Obwohl diese Partikel winzig sind, enthalten sie genug DNA, um als Ausgangsmaterial zur Überwachung der Biodiversität und zur Feststellung, welche Arten ein Gebiet besucht haben, genutzt zu werden. Bereits eine einzige menschliche Zelle enthält 2 m (6,6 ft) DNA! DNA kann auch in beispielsweise Kot, Urin, Schleim, Keimzellen, Blut und Kadavern gefunden werden.

Die Nutzung von eDNA zur Messung des Umweltzustands als Grundlage für Strategien zum Schutz der Biodiversität bietet viele Vorteile, darunter:

- Es handelt sich um eine nicht-invasive Methode, im Gegensatz zu beispielsweise Fernerkundung, bei der Geräte in einem Gebiet installiert werden müssen. Dadurch wird die Auswirkung auf die Umwelt verringert und Organismen werden nicht beeinträchtigt.

- Es ist nicht erforderlich, dass Tiere anwesend sind, um sie nachzuweisen, was bei der Verwendung von Biomarkern notwendig ist.
- Diese Methode kann in verschiedenen Ökosystemen eingesetzt werden, einschließlich aquatischer Lebensräume und unwirtlicher Umgebungen wie der Arktis.
- Proben können ohne einen Fachexperten und sogar autonom von Robotern entnommen werden.
- Die Analysen können von Nicht-Experten durchgeführt werden, was sowohl die Arbeitskosten senkt als auch die Geschwindigkeit erhöht.
- Es handelt sich um eine sehr genaue Methode zur Identifizierung von Arten.
- Sie ist effizient, da sie das Nachweisen mehrerer Arten in einer einzigen Probe ermöglicht.

Bevor jedoch Schlussfolgerungen für den Biodiversitätsschutz gezogen werden können, sind mehrere Schritte erforderlich. So werden eDNA-Analysen durchgeführt, um zum Schutz der Biodiversität beizutragen:

18.1.1 Probenahme

Der erste Schritt bei der Analyse von eDNA besteht darin, eine Probe aus der Umwelt zu entnehmen. Dies ist ein relativ einfacher Schritt, da beispielsweise schon eine kleine Menge Wasser aus einem See viel Material liefert, mit dem gearbeitet werden kann (siehe Abb. 18.2).

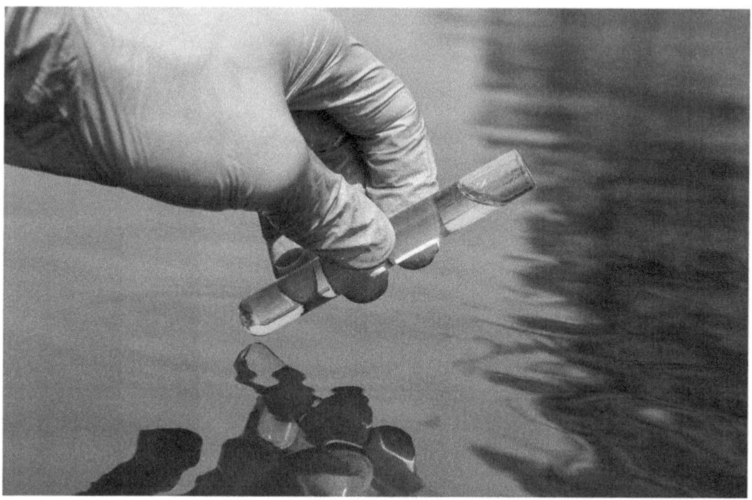

Abb. 18.2 Eine Probe zu entnehmen kann sehr einfach sein

18.1.2 Extraktion

Der zweite Schritt bei der Analyse von eDNA besteht darin, die DNA aus geeigneten Proben zu extrahieren. Die Extraktion kann mit einer oder mehreren dieser drei Methoden erfolgen:

- Filtration: Dies ist die gebräuchlichste Methode und beinhaltet die Verwendung von Filtern, an deren Oberflächen die DNA absorbiert wird
- Fällung: Diese Methode ist nur für die Extraktion von DNA aus kleinen Wassermengen geeignet und erfordert das Hinzufügen anderer Substanzen wie Ethanol, damit die DNA zu Boden sinkt
- Zentrifugation: Diese Methode kann nur für kleine Wassermengen verwendet werden. Durch schnelles Schleudern des Wassers bewegt sich die DNA an den Rand des Behälters, wo sie gesammelt werden kann

Nach der Extraktion kann eDNA beispielsweise durch Einfrieren oder durch Einlegen in eine spezielle Substanz aufbewahrt werden.

18.1.3 Barcoding

Der dritte Schritt bei der Analyse von eDNA ist das sogenannte Barcoding. Barcoding bedeutet, die aus der Probe extrahierten DNA-Fragmente auszulesen. Mit dieser Methode kann entweder eine einzelne Art oder auch mehrere Arten nachgewiesen werden. Im letzteren Fall spricht man von eDNA-Metabarcoding.

Bei der Einzelarten-Analyse wird die Polymerase-Kettenreaktion (PCR) eingesetzt. PCR ist ein Verfahren, bei dem ausgewählte DNA-Abschnitte mehrfach vervielfältigt werden. Das ist wichtig, da ein einzelner DNA-Strang von spezialisierten Geräten nicht nachgewiesen werden kann, viele identische Stränge jedoch schon. Wahrscheinlich ist Ihnen PCR im Zusammenhang mit COVID-19-Tests und der Diagnose von Krankheitserregern zur Identifizierung des Virus bekannt. Die Echtzeit-PCR, auch quantitative PCR genannt, automatisiert diesen Prozess (siehe Abb. 17.4 für die Funktionsweise der PCR und Abb. 17.5 für die Funktionsweise der Echtzeit-PCR).

Bei der Mehrarten-Analyse wird ebenfalls PCR zur Vervielfältigung der DNA eingesetzt. Diesmal werden jedoch viele verschiedene Genfragmente gleichzeitig analysiert, was die Identifizierung vieler Arten anstelle nur einer Art ermöglicht. Neben der Identifizierung mehrerer Arten liefert diese Methode auch Informationen über die Dynamik von Lebensgemeinschaften. Gemeint sind damit Veränderungen in Struktur und Zusammensetzung einer Gemeinschaft im Zeitverlauf. Diese Struktur und Zusammensetzung kann sich beispielsweise durch natürliche Umweltstörungen wie Vulkanausbrüche, Erdbeben, Stürme und Brände, aber auch durch vom Menschen verursachte Störungen wie Klimawandel und Verschmutzung verändern.

>gi|NC_035976.1|ref|NC_035976.1|tax|2033720|Carassius auratus x Megalobrama amblycephala x Carassius cuvieri
GCTAGCGTAGCTTAATACAAAGCATAGCACTGAAGATGCTAAGATGAGACCTAAAAATC
T
CCGCATGCACAAAGGCATGGTCCCGACCTTATTATCAGCTCTAACTCAACTTACACATGC
AAGTCTCCGCACCCCAGTGAATATGCCCTCAATCCCCCTGCCCGGGGACGAGGAGCGGG
CATCAGGCACAAATATTAGCCCAAGACGCCTAGCCGAGCCACACCCCCAAGGGAATTCA
etc.

Abb. 18.3 Der Anfang der DNA-Sequenz eines Goldfischs

18.1.4 Identifizierung

Der vierte Schritt bei der Analyse von eDNA ist die Identifizierung der DNA-Quelle. Die DNA-Quelle kann mithilfe öffentlich zugänglicher Sequenzdaten in Referenzdatenbanken bestimmt werden. Diese Datenbanken enthalten riesige Mengen an DNA-Sequenzen vieler verschiedener Arten. Und diese Zahl wächst weiter, sodass die Identifizierung in Zukunft noch genauer werden kann.

Beispielsweise ist die Gensequenz eines Goldfischs in der MitoFish-Datenbank gespeichert, wie in (siehe Abb. 18.3) gezeigt.

In dieser Sequenz stehen G, T, C und A für die verschiedenen DNA-Bausteine. Diese Bausteine sind die Basen Guanin, Thymin, Cytosin und Adenin (siehe Abb. 18.4). Wenn die in der Probe gefundene DNA mit der DNA aus der Referenzdatenbank übereinstimmt, ist die DNA-Quelle identifiziert.

18.1.5 Analyse

Der fünfte Schritt bei der Analyse von eDNA ist die Auswertung der identifizierten DNA. Das bedeutet, verschiedene statistische Tests anzuwenden. Diese Tests werden mit speziellen Computerprogrammen durchgeführt, um die Biodiversität im beprobten Gebiet zu verstehen. Die am häufigsten verwendeten statistischen Modelle zur Analyse von Fisch-eDNA sind:

- eDNA-Konzentrationsmodelle: Diese Modelle betrachten das Verhältnis zwischen der Neubildung von DNA durch lebende Tiere und dem Abbau von DNA, um abzuschätzen, wie viele Tiere einer bestimmten Art vorhanden sind
- Quantitative Biomasse-Schätzmodelle: Diese Modelle betrachten die Menge an DNA in der Probe, um abzuschätzen, wie viele Tiere einer bestimmten Art vorhanden sind
- Modelle zur Vorhersage der raumzeitlichen Verteilung: Diese Modelle werden verwendet, um zu bewerten und zu verstehen, wo und wann bestimmte Tiere leben

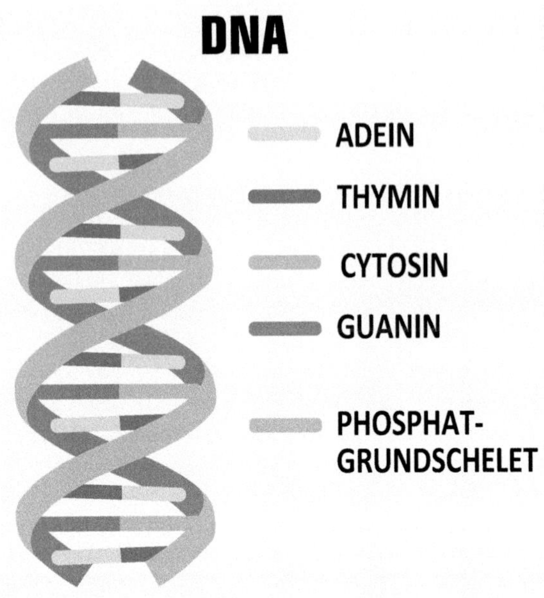

Abb. 18.4 DNA besteht aus vier verschiedenen Basen: G, T, C und A

18.1.6 Schutzstrategie

Der sechste Schritt bei der Analyse von eDNA ist die Entwicklung einer geeigneten Strategie zum Schutz der Biodiversität. Zum Beispiel:

- Wird eine invasive Art identifiziert, kann eine Strategie entwickelt werden, um den Schaden, den diese Art der Umwelt zufügen kann, zu begrenzen. Beispielsweise können Löwenfische als invasive Art in Jagdturnieren bejagt werden (siehe Abschn. 14.1.3 „Auswirkungen auf menschliche Aktivitäten“).
- Wenn die Populationsgröße nachweislich kleiner ist, können die möglichen Ursachen für diesen Rückgang untersucht und Gegenmaßnahmen ergriffen werden. Auch die Folgen können kompensiert werden. Beispielsweise können Solarparks angepasst werden, um Bestäuber zu schützen (siehe Abschn. 18.2).
- Wenn die Anzahl der Individuen einer bestimmten Art stark zurückgegangen ist und kurz vor dem Aussterben steht, kann eine Strategie entwickelt werden, um das Aussterben dieser Art zu verhindern. Beispielsweise kann das Aussterben von Amphibien durch die Lagerung von DNA verhindert werden (siehe Abschn. 18.3).

- Wird ein Krankheitserreger oder schädlicher Mikroorganismus identifiziert, kann eine Strategie entwickelt werden, um die Ausbreitung dieses Schädlings zu verhindern.

Zusammen können diese Strategien – wenn sie umgesetzt werden – einen großen Unterschied für den Erhalt der Biodiversität machen.

18.2 Solarparks zur Rettung von Bestäubern nutzen

Wenn Fernerkundung oder DNA-Forschung zeigt, dass die Größe einer Population kleiner ist, können Maßnahmen ergriffen werden, um diesen Rückgang auszugleichen. Ein Beispiel ist das Bereitstellen eines neuen Lebensraums für Insekten in Solarparks (siehe Abb. 18.5). Solarparks sind großflächige Solarfabriken, in denen viele Solarmodule, meist ebenerdig, in Reihen installiert werden, um große Mengen Strom zu erzeugen. Häufig befinden sie sich in ländlichen Gebieten, entweder auf umgewandeltem Ackerland oder auf ungenutzten Flächen. In der Regel werden Solarparks von großen Unternehmen oder Energieversorgern betrieben.

Abb. 18.5 Ein Solarpark

Die Beliebtheit dieser Parks nimmt rasant zu, um den steigenden Bedarf an erneuerbaren Energien zu decken.

Obwohl diese Solarparks eine wichtige Chance für den Übergang zu erneuerbaren Energien bieten, haben sie auch Nachteile, da sie viel Land beanspruchen, dieses Land beeinflussen und lokale Ökosysteme beeinträchtigen können. Beispielsweise wirken sich Solarparks typischerweise auf Lufttemperatur, Niederschlag und Verdunstung, Populationen von Mikroorganismen, Vegetationsmenge und den Kohlenstoffkreislauf im Boden aus. Kohlenstoffkreislauf bedeutet die Aufnahme und Freisetzung von Kohlenstoff aus dem Boden durch Pflanzen. Werden diese Veränderungen schlecht gemanagt, führt der Verlust von Lebensräumen zu einem Rückgang der Biodiversität.

Glücklicherweise können Solarparks auch das Gegenteil bewirken, nämlich die Biodiversität verbessern: Durch ein gezieltes Management der Biodiversität auf den von ihnen genutzten Flächen können Solarparks lokale Tierpopulationen fördern und gleichzeitig Treibhausgase reduzieren. So können Solarparks gezielt zum Vorteil von Bestäubern bewirtschaftet werden. Bestäuber wie Bienen, Schmetterlinge, Vögel und Fledermäuse sind weltweit für die Nahrungsmittelproduktion unverzichtbar und daher wichtige Bestandteile von Ökosystemen. Im Folgenden werden Möglichkeiten aufgezeigt, wie Solarparks Bestäubern zugutekommen können:

18.2.1 Nahrungsressourcen

Die erste Möglichkeit, wie Solarparks Bestäubern zugutekommen können, ist das Bereitstellen von Nahrungsressourcen. Dies erfordert eine Gestaltung des Solarparks, die auch Bestäubern Nahrung bietet. Die Bereitstellung von Nahrung erfolgt durch das Anpflanzen verschiedener Blühpflanzen. Dies hilft Bestäuberpopulationen zu wachsen und zu gedeihen. Dies kann auf verschiedene Weise erreicht werden, unter anderem durch:

- Anbau einheimischer Blühpflanzen für die in der Region vorkommenden Wildbienen-, Schmetterlings- und Schwebfliegenarten (siehe Abb. 18.6). Ziel ist es nicht, möglichst viele verschiedene Blütenarten zu haben, sondern solche, die den Bestäubern die richtige Nahrung bieten. Das bedeutet, dass die Pflanzen gezielt für jeden Standort ausgewählt werden müssen, damit die Wachstumsbedingungen und die lokalen Bestäuberpopulationen zusammenpassen. Da Blühpflanzen hoch wachsen können, ist es am effektivsten, sie an den Rändern des Parks auszusäen, wo sie keinen Schatten auf die Solarmodule werfen.

- Anpflanzen von Hecken, also Reihen von Sträuchern. Sie werden typischerweise zwischen Feldern und an Standortgrenzen gepflanzt und sind eine wichtige Blütenquelle für Bestäuber. Da sie meist eine Mischung aus Gehölzen und Kräutern sind, verbessert das Anlegen neuer Hecken und die Pflege bestehender

Abb. 18.6 Die Vielfalt einheimischer Wildblumen rund um diese Solarmodule bietet Bestäubern Nahrung

Hecken das Nahrungsangebot für Bestäuber. Am meisten profitieren Bestäuber, wenn Hecken nur selten geschnitten werden.

- Sicherstellen, dass Pflanzen und Hecken während der gesamten Sammelsaison Nahrung bieten. Dies kann durch Saatgutmischungen erreicht werden, die zu unterschiedlichen Zeiten im Jahr blühen. Besonders wichtig sind spätblühende Pflanzen. So wird eine konstante Versorgung mit nahrhaften Blüten gewährleistet und Bestäuberpopulationen werden stabilisiert.

18.2.2 Ressourcen für die Fortpflanzung

Die zweite Möglichkeit, wie Solarparks Bestäubern zugutekommen können, ist das Bereitstellen der für die Fortpflanzung notwendigen Ressourcen, einschließlich Brut- und Nistplätzen. Während künstliche Nistplätze geschaffen werden können, sind natürliche Lebensraumaufwertungen effektiver, um den benötigten Raum für Brut und Nestbau zu bieten. Für einige Arten sind dabei Horste, Böschungen und Gräben sowie Bereiche mit spärlicher Vegetation hilfreich. Ein Horst ist ein kleiner Bereich mit dichterem oder längerem Gras als das umliegende Gras (siehe Abb. 18.7). Für andere Arten ist eine bestimmte Pflanzenart, die die richtigen Brutbedingungen bietet, entscheidend. Diese Bedingungen können an den Rändern von Solarparks geschaffen werden, wo die Vegetation nahezu unberührt bleibt und so das Überleben der Eier bis zur Reife unterstützt.

Abb. 18.7 Horste sind hervorragende Brutplätze für Bestäuber

18.2.3 Flächenmanagement

Die dritte Möglichkeit, wie Solarparks Bestäubern zugutekommen können, ist die Anwendung eines optimalen Flächenmanagements. Optimales Flächenmanagement bedeutet, Beweidungs- und Mähpraktiken so zu steuern, dass die Vegetation eine Höhe behält, die die Solarmodule nicht verschattet. Das ist wichtig, da Schatten die Stromerzeugung der Module verringert. Durch die Steuerung von Beweidung und Mahd können auch Bestäuberpopulationen gefördert werden. Diese Maßnahmen sollten darauf abzielen:

- Die Pflanzenvielfalt zu erhöhen, indem Weidetiere im Frühjahr und Herbst die Vegetation kurzhalten (siehe Abb. 18.8). Schafe scheinen für Solarparks am besten geeignet zu sein, da größere Tiere wie Kühe oder Pferde die Solaranlagen beschädigen können und Schweine sowie Ziegen dazu neigen, Kabel zu zerstören. Während Schafe Schäden minimieren, fressen sie die Vegetation sehr kurz ab, daher hilft der Einsatz von Schafen erst spät in der Vegetationsperiode oder eine Begrenzung der Schafzahl, Schäden durch zu kurzes Abweiden zu vermeiden.
- Die Pflanzen vor den Modulen kurz zu halten, während die Streifen zwischen den Reihen lang genug bleiben, um Bestäubern zu nützen, da höhere Vegetation für Bestäuber vorteilhaft ist.
- Pflanzen möglichst ungeschnitten zu lassen, da insbesondere Schmetterlinge von höheren Pflanzen zur Eiablage profitieren.

Abb. 18.8 Dieser Solarpark wird mit weidenden Schafen bewirtschaftet

- Den Einsatz von Agrochemikalien wie Pestiziden und Herbiziden zu minimieren, da diese für Bestäuber schädlich sind. Außerdem verringern Herbizide die Vielfalt blühender Pflanzen, was Bestäuber indirekt schädigt. Falls Agrochemikalien eingesetzt werden, sollten Techniken verwendet werden, die ihre Wirkung auf Zielbereiche beschränken, wie zum Beispiel Punktbehandlungen (siehe auch Abschn. 17.2 „Laser").

18.2.4 Vernetzung von Lebensräumen

Die vierte Möglichkeit, wie Solarparks Bestäubern zugutekommen können, ist die Vernetzung von Lebensräumen. Die Vernetzung von Lebensräumen stellt sicher, dass Bestäuber leicht zwischen Flächen mit vielen verschiedenen Blühpflanzen wandern können. Dies ist für Bestäuber vorteilhaft und kann erreicht werden durch:

- Nutzung von Solarparks als Rückzugsräume für die Biodiversität, indem Nahrung und Unterschlupf für Bestäuber in angrenzenden landwirtschaftlichen Flächen bereitgestellt werden. Diese Unterstützung kann nicht nur die Zahl der Bestäuber in diesen Feldern erhöhen, sondern auch den Ertrag verbessern.
- Anlegen von Bestäuberkorridoren. Bestäuberkorridore sind zum Beispiel Hecken und Blühstreifen, die Bestäubern helfen, von einem isolierten Lebensraum zum nächsten zu gelangen.

18.2.5 Mikroklimate

Die fünfte Möglichkeit, wie Solarparks Bestäubern zugutekommen können, ist die Schaffung von Mikroklimaten. Ein Mikroklima ist das Klima eines sehr kleinen Bereichs, das sich oft vom Klima der Umgebung unterscheidet. Diese Mikroklimate bieten Bestäubern eine Vielzahl von Temperaturbedingungen. Das ist besonders für Insekten hilfreich, da sie ektotherm sind. Ektotherm bedeutet, dass die Umgebungstemperatur ihre Körpertemperatur bestimmt. Solarparks können Mikroklimate schaffen, indem sie Schatten und Schutz bieten.

18.3 Das Aussterben von Amphibien verhindern

Wenn Fernerkundung oder DNA-Forschung zeigt, dass die Bestände einer bestimmten Art nicht nur abnehmen, sondern dass eine Art ausstirbt, können Maßnahmen ergriffen werden, um das Aussterben zu verhindern. Während die Zahl der Insekten zurückgeht, sind auch andere Tierarten gefährdet. Zum Beispiel stehen Amphibien vor einem ähnlichen Schicksal: Erschreckende 41 % sind vom Aussterben bedroht! Obwohl Amphibien ebenfalls von allen genannten Umweltproblemen betroffen sind, ist die wichtigste Ursache Infektionskrankheiten. Eine dieser Krankheiten ist die Chytridiomykose, verursacht durch den Chytridpilz *(Batrachochytrium dendrobatidis)*. Dieser Pilz schädigt Amphibien, indem er in die Oberfläche ihrer Haut eindringt. Es ist unklar, warum diese Krankheit so häufig geworden ist und warum sie Amphibien tötet, aber es ist möglich, dass Umweltstress – zum Beispiel verursacht durch den Klimawandel oder erhöhte UV-Strahlung – die Widerstandsfähigkeit der Amphibien gegen Infektionen verringert. Diese verringerte Widerstandsfähigkeit ermöglicht es dem Pilz, die normale Funktion der Haut zu stören, was zu einem inneren Ungleichgewicht führt.

Da Amphibien vielen Umweltbedrohungen ausgesetzt sind, reichen Schutzmaßnahmen in ihrem natürlichen Lebensraum möglicherweise nicht aus, um sie vor dem Aussterben zu bewahren. Deshalb sind auch andere Maßnahmen außerhalb ihres natürlichen Lebensraums erforderlich. Eine Möglichkeit ist der Einsatz von Reproduktionstechnologien. Diese Technologien ermöglichen es dem Menschen, die Nachkommenzahl zu erhöhen, die genetische Vielfalt zu verbessern und genetisches Material zwischen in Gefangenschaft und in freier Wildbahn lebenden Tieren auszutauschen. Die genetische Vielfalt kann zum Beispiel abnehmen, wenn Populationen isoliert werden. Der Austausch von genetischem Material ist sogar mit früheren Generationen möglich!

Eine effektive Methode zum Austausch von genetischem Material bei Amphibien ist die Verwendung von Spermien. Spermien lebender Tiere können verwendet werden, aber neueste Fortschritte in der Reproduktionstechnologie ermöglichen es uns, auch Spermien von nicht mehr lebenden Tieren zu nutzen. Dies ist möglich, weil Amphibienspermien nun durch Kühlen für die kurzfristige Lagerung oder durch Einfrieren für die langfristige Lagerung aufbewahrt werden können. Kurzfristig bedeutet in der Regel bis zu etwa einer Woche, gelegentlich bis zu einem Monat; langfristig bis zu mehreren Jahrzehnten oder sogar noch länger. So funktioniert das:

Abb. 18.9 Hormontherapie wird eingesetzt, um die Entwicklung und Freisetzung von Spermienzellen auszulösen

18.3.1 Gewinnung von Amphibienspermien

Der erste Schritt zur Sicherung des zukünftigen Artenschutzes durch die Lagerung von Amphibienspermien ist die Gewinnung von Spermien aus lebenden Tieren. Die Gewinnung von Spermien kann während einer Operation erfolgen, indem die Hoden des männlichen Tieres entnommen werden, was natürlich sehr schädlich is – es sei denn, dies geschieht unmittelbar nach dem natürlichen Tod eines Tieres aus anderen Gründen.

Eine schonendere Methode zur Gewinnung von Spermien ist die Hormontherapie (siehe Abb. 18.9), die dazu führt, dass sich Spermienzellen entwickeln und freigesetzt werden, sodass sie aufgefangen werden können – ähnlich wie eine Frucht vom Baum fällt, wenn sie reif ist und geerntet werden kann. Da die Wirkung der Hormontherapie nur vorübergehend ist und sie eine häufigere Gewinnung von Spermien ermöglicht, ist dies die bevorzugte Methode. Um die Hormontherapie erfolgreich zu machen, ist es wichtig, den optimalen Hormontyp, die Dosis und die Häufigkeit zu wählen, da Männchen verschiedener Amphibienarten unterschiedlich auf Hormone reagieren.

18.3.2 Lagerung von Spermien

Der zweite Schritt zur Sicherung des zukünftigen Artenschutzes durch die Lagerung von Amphibienspermien ist die Aufbewahrung der Spermien. Hierbei müssen die Bedingungen stimmen. Das ist wichtig, weil der Erfolg der Befruchtung hauptsächlich von der Anzahl gesunder Spermienzellen und deren Beweglichkeit abhängt. Das bedeutet, dass die Lagerungsbedingungen so gestaltet sein müssen, dass diese Parameter möglichst erhalten bleiben.

Kurzfristige Lagerung

Eine Lagerungsbedingung, die beeinflusst, ob Spermien kurzfristig intakt bleiben, ist die Osmolalität. Osmolalität ist die Konzentration aller gelösten Teilchen in der Spermienflüssigkeit. Vor der Ejakulation entspricht diese Konzentration derjenigen in der Umgebung. Dadurch bleiben die Spermienzellen an ihrem Platz. Nach der Ejakulation steigt der Konzentrationsunterschied zwischen Spermien und Umgebung plötzlich an. Dies löst chemische Reaktionen in den Spermienzellen aus, die wiederum die Bewegung der Spermien verursachen. Ihre Bewegung verbraucht jedoch schnell die Energiereserven. Das bedeutet, dass es bei der Lagerung von Spermien hilfreich ist, eine hohe Osmolalität beizubehalten, damit die Spermien inaktiv bleiben.

Eine weitere Lagerungsbedingung, die beeinflusst, ob Spermien kurzfristig intakt bleiben, ist die Temperatur. In der Regel sind Temperaturen zwischen 0 und 5 °C (32 bis 41 °F) optimal für die kurzfristige Lagerung von Amphibienspermien, wobei dies je nach Art unterschiedlich sein und auch höher liegen kann. Niedrige Temperaturen verringern den Energieverbrauch der Spermienzellen und hemmen das Bakterienwachstum.

Eine dritte Lagerungsbedingung, die beeinflusst, ob Spermien kurzfristig intakt bleiben, ist die bakterielle Kontamination. Bakterien können Spermien auf verschiedene Weise beeinträchtigen, unter anderem indem sie die Spermienzellen schädigen, deren Beweglichkeit beeinflussen und die physikalischen Eigenschaften der Spermien zu früh verändern – Veränderungen, die normalerweise erst kurz vor der Befruchtung der Eizelle auftreten würden. Bakterielle Kontamination kann durch den Einsatz von Antibiotika reduziert werden.

Eine vierte Lagerungsbedingung, die beeinflusst, ob Spermien kurzfristig intakt bleiben, ist oxidativer Stress. Oxidativer Stress bedeutet ein Ungleichgewicht zwischen der Menge toxischer Moleküle in Zellen und Gewebe und der Fähigkeit, diese Moleküle zu entgiften (siehe Abb. 18.10). Dieser Stress kann durch Bakterien verursacht werden, entsteht aber auch auf natürliche Weise, da diese toxischen Moleküle ein Nebenprodukt der chemischen Prozesse in Zellen sind. Sie können Spermienzellen schädigen oder zum Absterben bringen. Um diese negativen Auswirkungen zu verhindern oder zu verringern, können Antioxidantien eingesetzt werden. Antioxidantien verringern die Anzahl der Enzyme, die die Entgiftung dieser reaktiven Moleküle verhindern, sodass mehr Enzyme zur Entgiftung der schädlichen Moleküle zur Verfügung stehen.

Eine fünfte Lagerungsbedingung, die beeinflusst, ob Spermien kurzfristig intakt bleiben, ist die Sauerstoffversorgung. Sauerstoffversorgung bedeutet den Austausch von Sauerstoff zwischen den gelagerten Spermien und der Atmosphäre,

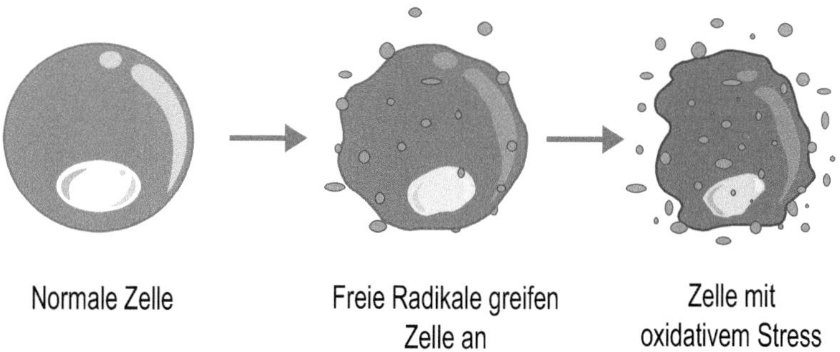

Abb. 18.10 Oxidativer Stress schädigt Zellen

zum Beispiel mit Aquarienpumpen oder durch Schütteln. Dieser Austausch ist wichtig, um einen Mangel oder das Fehlen von Sauerstoff zu vermeiden.

Langfristige Lagerung

Eine Lagerungsbedingung, die beeinflusst, ob Spermien langfristig intakt bleiben, ist das Konservierungsmedium. Das Konservierungsmedium ist die Substanz, die die Spermien während der Lagerung umgibt. Dieses Medium muss mehrere Eigenschaften besitzen, die die Spermien vor Kälte schützen. Dazu gehört, die Eisbildung innerhalb der Spermienzellen zu verhindern und eine Austrocknung zu vermeiden. Außerdem muss das Medium Substanzen wie Antioxidantien und Antibiotika enthalten. Die Zusammensetzung und Konzentration der Bestandteile unterscheiden sich je nach Art, da sie an die physiologischen Eigenschaften der Spermienzellen angepasst werden müssen.

Eine weitere Lagerungsbedingung, die beeinflusst, ob Spermien langfristig intakt bleiben, ist die Gefriermethode. Das Einfrieren bedeutet großen Stress für Spermienzellen. Zu den Stressfaktoren gehören Eisbildung innerhalb der Zellen, eine plötzliche Veränderung der Konzentration des Mediums und Toxizität. Diese Stressfaktoren können Spermienzellen schädigen und sie unfähig machen, eine Eizelle zu befruchten. Um die Schäden so gering wie möglich zu halten, müssen optimale Raten und Bedingungen ermittelt werden. Zum Beispiel, ob eine langsame Abkühlrate von −200 °C (-360 °F) pro Minute oder eine ultraschnelle Abkühlrate von −1000 °C (-1800 °F) pro Minute besser ist. Bei einer ultraschnellen Abkühlrate wird die Bildung von Eiskristallen verhindert, indem Spermien und Medium sofort in einen glasartigen Zustand überführt werden, allerdings stehen nach dem Auftauen deutlich weniger verwendbare Spermienzellen zur Verfügung.

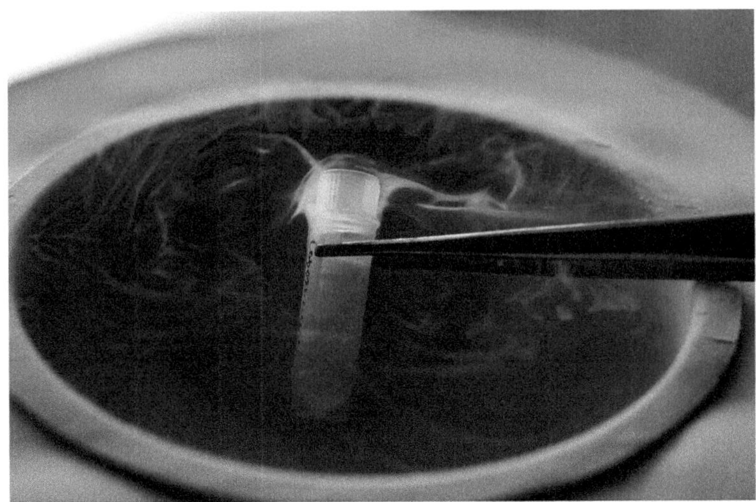

Abb. 18.11 Ein Röhrchen über flüssigem Stickstoff

Die Abkühlung kann mit programmierbaren Gefriergeräten, durch Halten der Spermienproben über der Oberfläche von flüssigem Stickstoff (siehe Abb. 18.11) oder mit einem speziell dafür entwickelten Gerät, dem sogenannten Dry Shipper, erfolgen.

Eine dritte Lagerungsbedingung, die beeinflusst, ob Spermien langfristig intakt bleiben, ist die Auftaumethode. Die optimale Auftaurate entspricht in der Regel der Gefrierrate: Bei schneller Abkühlung ist auch ein schnelles Auftauen erforderlich. Dies geschieht zum Beispiel mit einem Wasserbad von 20–40 °C (68–104 °F).

18.3.3 Verwendung von Spermien

Der dritte Schritt zur Sicherung des zukünftigen Artenschutzes durch die Lagerung von Amphibienspermien besteht darin, die Spermien zur Erzeugung von Nachkommen zu verwenden. Idealerweise handelt es sich dabei um Nachkommen, die sich hinsichtlich Fitness, Entwicklung und Überlebensfähigkeit nicht von natürlich entstandenen Nachkommen unterscheiden und keine Auffälligkeiten aufweisen.

Die künstliche Befruchtung umfasst mehrere Schritte:

1. Eine Eizelle muss von einem weiblichen Amphibium gewonnen werden, entweder durch Massage des Bauches nach Hormonverabreichung, durch Entnahme der Eizelle von einem paarenden Weibchen oder durch Entnahme aus dem Eileiter – dem Schlauch, der vom Eierstock wegführt – unter Narkose.
2. Die Eizelle wird in eine Petrischale gelegt.

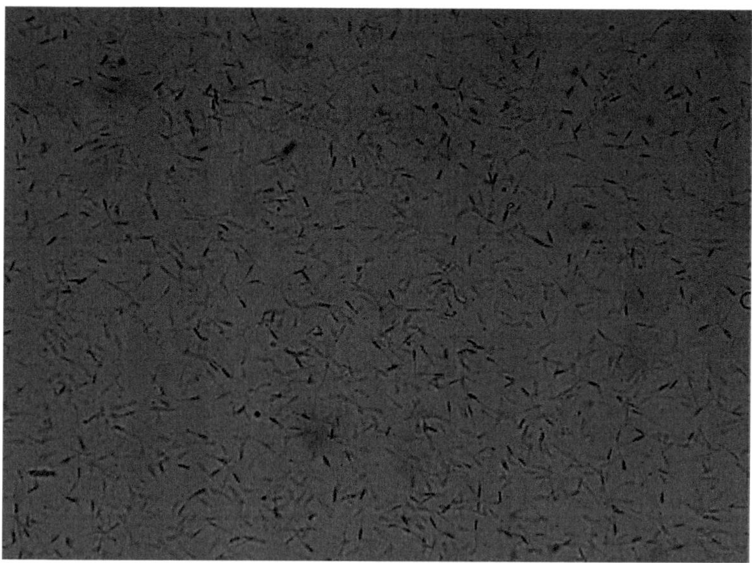

Abb. 18.12 Aufgetaute Spermien unter dem Mikroskop, hier am Beispiel eines Bullen

3. Die reaktivierten, aufgetauten Spermien (siehe Abb. 18.12) und das Lagerungsmedium werden auf die frischen Eizellen in die Petrischale gegeben, um eine künstliche Befruchtung durchzuführen.

Dieser Prozess der künstlichen Befruchtung ist bei einigen Arten im Hinblick auf Schlupferfolg und Larvenüberleben genauso effektiv wie die natürliche Befruchtung, während er bei anderen Arten weniger effektiv ist. Auch das Körpergewicht der Amphibien zur Zeit der Metamorphose und andere Merkmale wie die Länge können je nach Art gleich oder unterschiedlich sein. Die Metamorphose umfasst bei Amphibien die Veränderungen, die für das Leben an Land im Gegensatz zum Leben im Wasser notwendig sind. Ihr Gewicht in diesem Stadium ist wichtig, da es beispielsweise die Fruchtbarkeit und die Fähigkeit zur Nahrungssuche beeinflusst. Und für den Artenschutz besonders bedeutsam: Immer wenn Nachkommen aus gelagerten Spermien die Geschlechtsreife erreichen, können sie eine neue Generation hervorbringen.

18.4 Fazit

Da der Verlust der biologischen Vielfalt weitreichende und tiefgreifende Folgen hat, ist es wichtig, Maßnahmen zu ergreifen, um die Ursachen zu verhindern. Da jedoch einige Arten bereits vom Aussterben bedroht sind, sind auch Schutzstrategien erforderlich.

Um Arten wirksam schützen zu können, ist der erste Schritt die Erfassung des Status quo. Beispielsweise kann die eDNA-Forschung zur Entwicklung von Strategien zum Schutz der biologischen Vielfalt beitragen, indem sie Arten- und Populationsmerkmale analysiert und auf Basis der Ergebnisse eine geeignete Schutzstrategie definiert.

Wenn DNA-Analysen zeigen, dass die Größe einer Population abnimmt, können Maßnahmen ergriffen werden, um diesen Rückgang auszugleichen. So können beispielsweise Solarparks so gestaltet werden, dass sie die Biodiversität von Bestäubern fördern. Dies kann erreicht werden, indem Nahrungsressourcen bereitgestellt, Ressourcen für die Fortpflanzung wie Nist- und Brutplätze geschaffen, Flächenmanagement ermöglicht, die Habitatvernetzung unterstützt und Mikroklimata geschaffen werden.

Wenn Fernerkundung oder DNA-Analysen zeigen, dass die Bestände einer bestimmten Art nicht nur abnehmen, sondern dass eine Art auszusterben droht, können Maßnahmen ergriffen werden, um das Aussterben zu verhindern. So kann beispielsweise die Spermienlagerung genutzt werden, um bedrohte Amphibienarten zu erhalten, indem Amphibienspermien kurz- oder langfristig gelagert werden. Diese Spermien können dann zur künstlichen Befruchtung einer Eizelle verwendet werden, wodurch gesunde Nachkommen entstehen. Diese gesunden Nachkommen können wiederum durch natürliche Fortpflanzungsprozesse die Population der Art vergrößern.

18.5 Wie wir handeln können

Da der Erhalt der biologischen Vielfalt so wichtig ist, hier einige praktische Ideen, was Sie und ich tun können, um die Biodiversität zu schützen:

- Abfälle ordnungsgemäß entsorgen und verhindern, dass sie in die Natur gelangen
- Biologisch erzeugte Lebensmittel kaufen
- Den eigenen ökologischen Fußabdruck verringern, zum Beispiel durch umweltfreundliches Reisen, möglichst wenig Abfall produzieren und so wenig Wasser wie möglich verbrauchen
- Insekten nach draußen bringen, anstatt sie zu töten
- Laub möglichst liegen lassen, anstatt es zu entsorgen
- Pflanzen anpflanzen statt Rasen oder Flächen mit Asphalt/Steinen/Beton zu versiegeln
- Bienen als Imker halten
- Den Wasserverbrauch so weit wie möglich reduzieren, zum Beispiel durch die Installation eines wassersparenden Duschkopfes
- Biologische statt chemische Pflanzenschutz- und Unkrautbekämpfungsmittel verwenden
- Ecoducts (Tierbrücken; siehe Abb. 18.13) bauen, damit Amphibien vielbefahrene Straßen sicher überqueren können

Abb. 18.13 Ecoduct

Würdigung

Dieses Kapitel basiert auf

Umwelt-DNA:

Sahu, A., Kumar, N., Singh, C. P., & Singh, M. (2022). Environmental DNA (eDNA): Powerful technique for biodiversity conservation. *Journal for Nature Conservation,* 126325.

MitoFish:

http://mitofish.aori.u-tokyo.ac.jp/

Solarparks:

Blaydes, H., Potts, S. G., Whyatt, J. D., & Armstrong, A. (2021). Opportunities to enhance pollinator biodiversity in solar parks. *Renewable and Sustainable Energy Reviews, 145,* 111065.

Amphibien:

Anastas, Z. M., Byrne, P. G., O'Brien, J. K., Hobbs, R. J., Upton, R., & Silla, A. J. (2023). The increasing role of short-term sperm storage and cryopreservation in conserving threatened amphibian species. *Animals, 13*(13), 2094.

Abbildungsnachweise

Abb. 18.2 Adragan auf Shutterstock

Abb. 18.3 FASTA-Daten zu Carassius auratus x Megalobrama amblycephala x Carassius cuvieri (Goldfisch) auf MitoFish sind lizenziert unter CC BY 3.0; Daten sind gekürzt
Quelle: http://mitofish.aori.u-tokyo.ac.jp/species/detail/download/?filename=annotation%2F/NC_035976/NC_035976_Carassius_auratus_x_Megalobrama_amblycephala_x_Carassius_cuvieri.fa
Autor: http://mitofish.aori.u-tokyo.ac.jp/species/detail/?genus=Carassius&species=auratus%20x%20Megalobrama%20amblycephala%20x%20Carassius%20cuvieri
Lizenz: https://creativecommons.org/licenses/by/3.0/

Abb. 18.4 ShadeDesign auf Shutterstock

Abb. 18.5 Chee Hoong Loh auf Shutterstock

Abb. 18.6 inacio pires auf Shutterstock

Abb. 18.7 demamiel62 auf Shutterstock

Abb. 18.8 wannapa suwannarat auf Shutterstock

Abb. 18.9 Maria Sbytova auf Shutterstock

Abb. 18.10 Fancy Tapis auf Shutterstock

Abb. 18.11 Elena Pavlovich auf Shutterstock

Abb. 18.12 „Bull Semen Motility“ von Ghadeer Bustani ist lizenziert unter CC BY-SA 4.0
Quelle: https://commons.wikimedia.org/wiki/File:Bull_Semen_Motility.gif
Autor: https://commons.wikimedia.org/w/index.php?title=User:Ghadeer_Bustani
Quelle: https://creativecommons.org/licenses/by-sa/4.0/deed.en

Abb. 18.13 Maarten Zeehandelaar auf Shutterstock

Teil IV Schlussfolgerung

Oft höre ich Menschen fragen: „Warum tut denn niemand etwas?“, wenn sie den miserablen Zustand unseres Planeten betrachten. Diese Frage ist jedoch unbegründet, denn ich begegne immer wieder anderen, wie Wissenschaftlerinnen und Wissenschaftlern sowie Einzelpersonen, die ebenfalls täglich einen positiven Beitrag leisten. Gleichzeitig stimme ich zu, dass noch viel mehr getan werden muss, um die aktuellen drei Krisen zu lösen: Klimawandel, Umweltverschmutzung und Biodiversitätsverlust. Auch auf gesellschaftlicher Ebene gibt es viel Verbesserungspotenzial, etwa bei der Geschlechtergerechtigkeit und Bildung, was einen weiteren Aspekt der Nachhaltigkeit darstellt (siehe Abb. 1). Da unsere Handlungen nicht immer offensichtlich sind, zeige ich Ihnen, wo wir begonnen haben, wohin wir steuern und wo wir aktuell stehen. Dazu gehört eine Methode, um unseren Fortschritt auf dem Weg zu einer nachhaltigeren Zukunft zu bewerten und festzustellen, ob wir uns in die richtige Richtung bewegen.

1.1 Abbildungsnachweise

Abb. 1 D-Krab auf Shutterstock

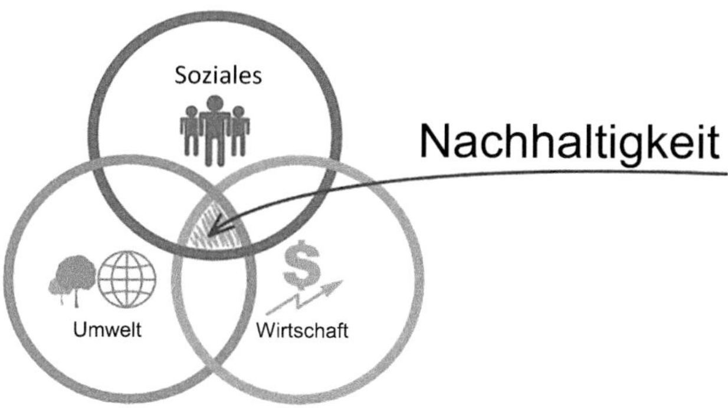

Abb. 1 Die drei Säulen der Nachhaltigkeit

Kapitel 19
Nachhaltige Entwicklung

Zusammenfassung Die Industrielle Revolution ebnete den Weg für eine Welt, die wirtschaftliches Wachstum in den Vordergrund stellte und dabei die sozialen und ökologischen Säulen der Nachhaltigkeit vernachlässigte. Heute bedrohen die Folgen dieses Ungleichgewichts – von Umweltzerstörung bis hin zu sozialer und wirtschaftlicher Instabilität – die Gesundheit und Sicherheit heutiger und zukünftiger Generationen. Um diesen Herausforderungen zu begegnen, betont nachhaltige Entwicklung die Befriedigung gegenwärtiger Bedürfnisse, ohne die Möglichkeiten künftiger Generationen zu gefährden. Dies erfordert einen grundlegenden Wandel in gesellschaftlicher Kultur, Struktur und Praxis. Instrumente wie der Sustainable Society Index (SSI) bieten Einblicke in den globalen Fortschritt, indem sie das soziale, wirtschaftliche und ökologische Wohlergehen messen. Trotz Fortschritten in Bereichen wie erneuerbare Energien und Bildung bestehen erhebliche Herausforderungen fort, etwa der Anstieg der Treibhausgasemissionen. Durch die Analyse von Übergangsmustern und transformativen Strategien unterstreicht dieses Kapitel die Dringlichkeit eines systemischen Wandels und bietet umsetzbare Wege für eine nachhaltige Zukunft.

Schlüsselwörter Transformation zur Nachhaltigkeit · Nachhaltige Entwicklung · Umweltwohlstand · Soziale Stabilität · Wirtschaftswachstum · Nachhaltigkeitsindex der Gesellschaft · Übergangsmuster · Ökologischer Fußabdruck · Urbane Nachhaltigkeit · Klimaschutz

Wir haben in Bezug auf Nachhaltigkeit während der Industriellen Revolution, die 1760 begann, die falsche Abzweigung genommen. Diese Revolution veränderte die Welt unserer Vorfahren grundlegend, da sich unsere Wirtschaften von einer auf Landwirtschaft und Handwerk basierenden Ökonomie in Wirtschaften verwandelten,

Würdigung: Dieses Kapitel basiert auf vier wissenschaftlichen Artikeln von Anna Salomaa, L. Ernst, Jennie Moore und Olivier St Flour sowie deren Kolleginnen und Kollegen und auf Daten des „Sustainable Society Index" der TH Köln. (Vollständige Quellenangaben am Ende des Kapitels).

E. van Genuchten, *Der Weg zu einem gesünderen Planeten 3*,
https://doi.org/10.1007/978-3-032-14696-0_19

Abb. 19.1 Junge arbeitet 1909 in einer Mulespinnerei

die auf groß angelegter, mechanisierter Fertigung in Fabriken beruhen (siehe Abb. 19.1). Da der Fokus hauptsächlich auf der ökonomischen Seite der Nachhaltigkeit lag, wurden die sozialen und ökologischen Aspekte der Nachhaltigkeit oft vernachlässigt.

Aufgrund dieses Fokus auf die Wirtschaft – der auch heute noch in unserer Gesellschaft verbreitet ist – stehen wir heute vor ernsthaften Problemen. Zum Beispiel sind die Ökosysteme, die unser Leben unterstützen, aus dem Gleichgewicht geraten, was zu Umweltzerstörung, wirtschaftlichen Zusammenbrüchen und sozialen Instabilitäten führt. Dies wiederum wirkt sich auf unsere Gesundheit, Sicherheit und sozialen Beziehungen aus.

Um die heutigen Probleme zu lösen, haben viele Nationen nachhaltige Entwicklung eingeführt. Nachhaltige Entwicklung bedeutet, dass unsere Entwicklung unsere gegenwärtigen Bedürfnisse erfüllt, ohne künftigen Generationen die Möglichkeit zu nehmen, dasselbe zu tun. Sie erhält die natürliche Umwelt gesund und bleibt dabei wirtschaftlich und sozial tragfähig.

Um nachhaltig zu entwickeln, sollten Denkweisen, Prozesse und Politiken identifiziert, entwickelt, unterstützt und akzeptiert werden. Wenn diese noch nicht vorhanden sind, bedeutet das, dass eine Nachhaltigkeitstransformation notwendig ist. Nachhaltigkeitstransformation bedeutet, die Wechselwirkungen zwischen Gesellschaft und Umwelt zu verändern. Solche Veränderungen können beispielsweise die Verschmutzung verringern, die globale Erwärmung abmildern und den Verlust der Biodiversität reduzieren. Außerdem können sie sozioökonomische Probleme wie Ernährungsunsicherheit, Wasserknappheit und Armut verbessern.

Unabhängig davon, welche Veränderungen vorgenommen werden, bedeutet eine Nachhaltigkeitstransformation, dass wir uns von einer aktuellen, nicht nachhaltigen Situation (A) zu einer nachhaltigeren Situation (B) bewegen. Um jedoch zu wissen, wo A ist, ob wir auf dem richtigen Weg sind und ob wir B erreicht haben, ist es wichtig, das Ausmaß der Nachhaltigkeit zu verschiedenen Zeitpunkten zu bewerten.

Die Bewertung solcher Transformationen kann mit verschiedenen Instrumenten erfolgen. Mit Hilfe eines Indexes können nicht nur Vergleiche innerhalb eines Landes, sondern auch zwischen Ländern angestellt werden. Ein Beispiel ist der Sustainable Society Index (SSI, Nachhaltige Gesellschaft Index), der uns hilft, zu beurteilen, wo wir aktuell stehen, den Status quo.

19.1 Status quo

Das Ziel des SSI ist es, die Nachhaltigkeit einer Gesellschaft zu messen, indem aktuelle Muster in den sozialen, wirtschaftlichen und ökologischen Dimensionen betrachtet werden. Neben der Erkennung von Mustern kann er genutzt werden, um Wohlstand und Fortschritt zu messen sowie Prioritäten für angemessene und zeitnahe Empfehlungen zu setzen. Die auf diesem Index basierenden Empfehlungen verfolgen einen vorsorgenden Ansatz, sodass die Auswirkungen menschlicher Aktivitäten optimiert werden können.

Der SSI wurde verwendet, um das Nachhaltigkeitsniveau von über 151 Ländern zu bewerten. Da dieser Index auf statistischen Informationen zu 21 Indikatoren basiert, können Länder auf einer Skala von 1 bis 10 bewertet werden.

Zum Beispiel zeigt das Bild in Abb. 19.2, wie sich die Welt zwischen 2005 und 2020 auf den verschiedenen Skalen des SSI entwickelt hat. (Daten aus 2020 werden verwendet, da zum Zeitpunkt des Schreibens aktuellere Daten unvollständig sind.) Wir sehen, dass in vielen Bereichen Verbesserungen erzielt wurden, darunter gesundes Leben, Bildung, sichere sanitäre Einrichtungen, ausreichendes Trinkwasser und Nahrung, ökologischer Landbau, erneuerbare Energien und Energieeinsparungen. Das zeigt, dass die Frage „Warum tut niemand etwas?" nicht gerechtfertigt ist. Dennoch sehen wir auch, dass die Treibhausgase zugenommen haben, was bedeutet, dass noch mehr getan werden muss.

Sie können die Seite des Sustainable Society Index besuchen (Abb. 19.3), um Ihr Land anzusehen (siehe Abb. 19.4).

Es ist auch möglich, verschiedene Länder zu vergleichen. Betrachtet man alle drei Säulen der Nachhaltigkeit (sozial, ökologisch, wirtschaftlich), sind weiterhin große Unterschiede zwischen verschiedenen Teilen der Welt zu erkennen (siehe Abb. 19.4, 19.5 und 19.6).

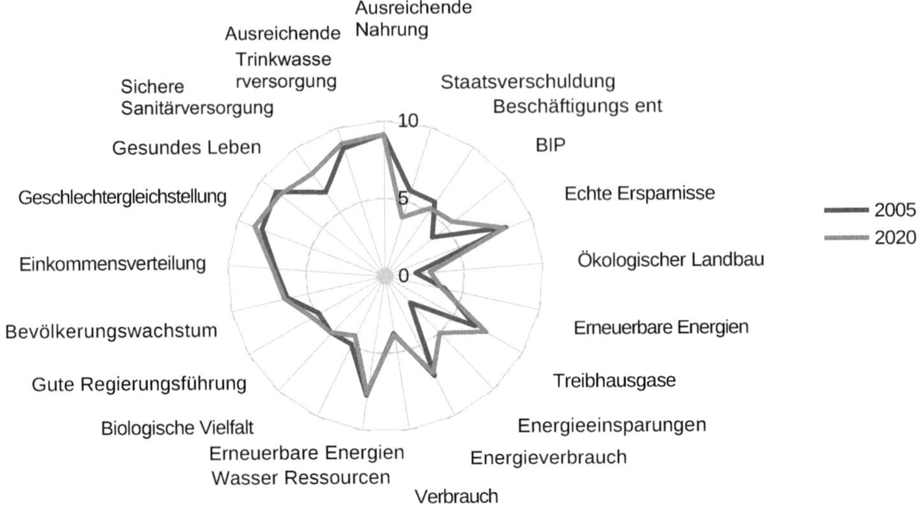

Abb. 19.2 Vergleich des Sustainable Society Index zwischen 2005 und 2020 für die Welt

Abb. 19.3

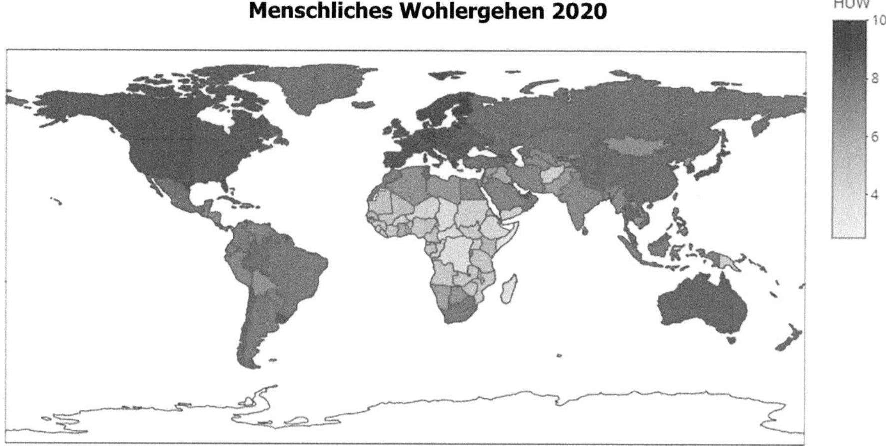

Abb. 19.4 Sustainable Society Index-Werte für das menschliche Wohlergehen weltweit

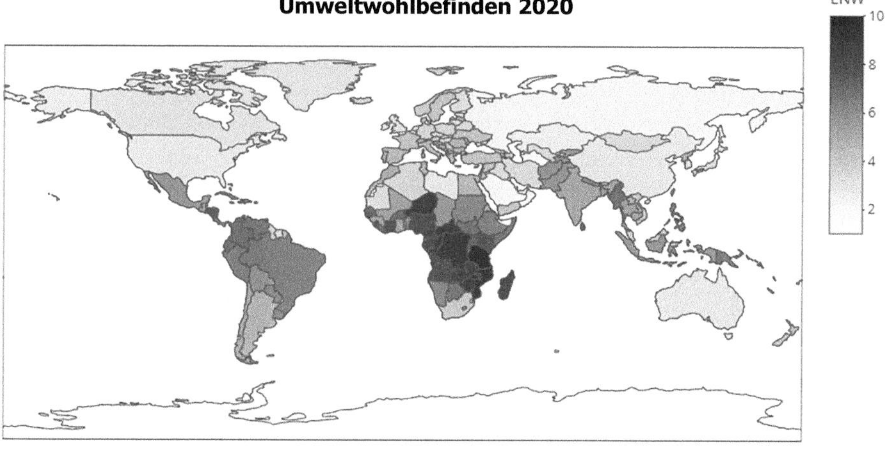

Abb. 19.5 Sustainable Society Index-Werte für das ökologische Wohlergehen weltweit

19.2 Bewertung unserer globalen Transformation zu mehr Nachhaltigkeit

Die SSI-Daten zeigen deutlich, wo wir heute stehen, und machen sichtbar, dass wir Nachhaltigkeit dringend weiter oben auf unsere Agenda setzen müssen. Das bedeutet, dass wir soziale, wirtschaftliche und ökologische Aspekte stärker im

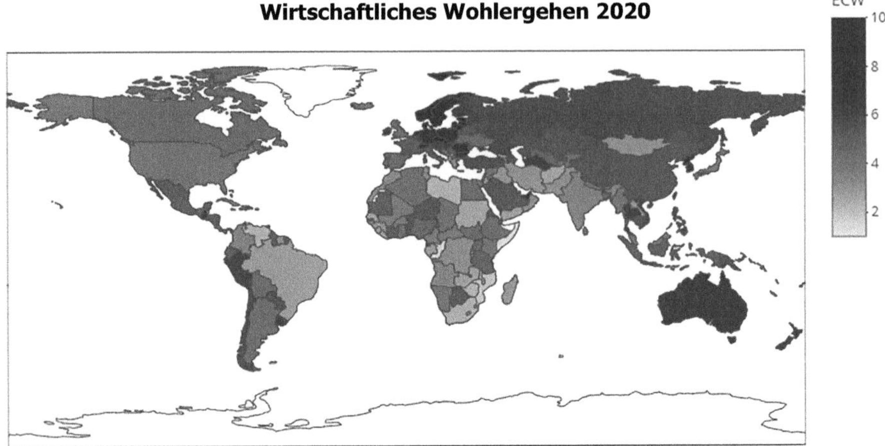

Abb. 19.6 Sustainable Society Index-Werte für das wirtschaftliche Wohlergehen weltweit

Blick behalten und entsprechende Maßnahmen ergreifen müssen. Dies wird uns helfen sicherzustellen, dass wir unsere aktuellen Bedürfnisse erfüllen können, ohne die Fähigkeit künftiger Generationen zu beeinträchtigen, ihre eigenen Bedürfnisse zu erfüllen.

Derzeit erfüllen wir jedoch die Bedürfnisse der heutigen Generation und gefährden damit uns selbst in der Zukunft sowie kommende Generationen. Dies zeigt sich zum Beispiel daran, dass der Earth Overshoot Day bereits weniger als zur Hälfte des Jahres erreicht ist. Der Earth Overshoot Day markiert den Tag im Jahr, an dem wir mehr Ressourcen verbraucht haben, als die Natur im selben Zeitraum regenerieren kann. Im Jahr 2024 war dies der 27. Mai. Um nachhaltiger zu werden und sicherzustellen, dass dieser Tag wieder später im Jahr liegt, ist es entscheidend, durch eine Nachhaltigkeitstransformation nachhaltiger zu werden.

Eine Nachhaltigkeitstransformation erfordert grundlegende Veränderungen in der Kultur, Struktur und den Praktiken einer Gesellschaft (siehe Abb. 19.7). Die Kultur einer Gesellschaft besteht aus Werten, Normen und Ethik. Ihre Strukturen umfassen standardisierte Routinen, Regeln und Gesetze. Und ihre Praktiken sind die erbrachten Produkte und Dienstleistungen. Diese grundlegenden Veränderungen können auf lokaler oder regionaler Ebene stattfinden, auch wenn sich Transformation auf Veränderungen auf globaler Ebene bezieht. Dies liegt daran, dass die globale Degradierung die Summe der lokalen und regionalen Degradierung ist. Und der Zeitrahmen kann variieren, von Wochen, Jahren, Jahrzehnten bis hin zu Jahrtausenden: Übergänge können anhand der Vergangenheit, als aktuelle Veränderung über die Zeit oder als Prognosen gemessen werden.

Wenn eine Nachhaltigkeitstransformation angestoßen wird, können verschiedene Übergangsmuster auftreten:

Abb. 19.7 Eine Nachhaltigkeitstransformation erfordert grundlegende Veränderungen.

- *Ermächtigende Übergangsmuster* bedeuten, dass eine kleine Gruppe von Akteuren die Transformation initiiert. Diese Muster können sein:
  - Rekonfiguration, bei der diese kleine Gruppe wächst und dann vom Regierungssystem unterstützt wird
  - Substitution, bei der diese Gruppe wächst und trotz der Governance-Struktur ermächtigt wird
  - Backlash, bei dem diese Gruppe zunächst ermächtigt wird, aber nicht zum Mainstream wird.
- *Rekonstellierende Übergangsmuster* bedeuten, dass ein neues Regierungssystem installiert wird. Diese Muster können sein:
  - Radikale Reform, bei der das Regierungssystem auf Basis externer Kulturen und Strukturen reformiert wird
  - Revolution, bei der externe Akteure das Regierungssystem übernehmen und ersetzen
  - Kollaps, bei dem die Rekonstellation nicht zu einer neuen stabilen Gesellschaft führt
- *Eingeengte Übergangsmuster* bedeuten, dass sowohl eine kleine Gruppe von Akteuren als auch das Regierungssystem die Transformation beeinflussen. Diese Muster können sein:

- Teleologisch, bei dem das Regierungssystem externen Akteuren erlaubt, seine Konstellation zu beeinflussen und gleichzeitig aktuelle Prozesse verändert
- Emergent, bei dem diese kleine Gruppe und externe Akteure ohne aktive Unterstützung des Regierungssystems zusammenarbeiten
- Lock-in, bei dem eine Gruppe von Akteuren großen Einfluss in der Gesellschaft gewinnt, das Regierungssystem jedoch nicht ersetzt, sodass beide koexistieren

Diese Übergangsmuster helfen, Veränderungen im Zeitverlauf zu messen, um zu verfolgen, ob diese Transformation tatsächlich stattfindet, ob sie uns unseren Nachhaltigkeitszielen näherbringt und wie schnell dies geschieht.

Leider haben bisher nur wenige wissenschaftliche Studien Nachhaltigkeitstransformationen gemessen (siehe Abb. 19.8). Vielleicht liegt das daran, dass Messungen auf verschiedenen Ebenen erforderlich sind, die schwer in Zahlen zu fassen sind, einschließlich institutioneller Strukturen und Prozesse sowie Werte und Überzeugungen. Hier sind Beispiele für wegweisende Studien, die Nachhaltigkeitstransformationen gemessen haben:

Abb. 19.8 Wissenschaftliche Studien können zeigen, ob wir unseren Planeten für zukünftige Generationen schützen oder nicht

19.2.1 Nachhaltigkeitstransformation in urbanen Räumen

Die erste Beispielstudie hat die Nachhaltigkeitstransformation mit Fokus auf urbane Räume gemessen. Ein nachhaltiger Wandel ist in vielen Städten wichtig, da die Herausforderungen der urbanen Nachhaltigkeit vielfältig sind. Soziale Probleme umfassen hygienische Missstände, wachsende soziale Spannungen und Überbevölkerung. Wirtschaftliche Probleme sind Armut und schlechte Wohnverhältnisse. Umweltprobleme sind schlechte Wasserqualität, hoher Energieverbrauch und unkontrollierte Verschmutzung.

Aufgrund der Vielzahl möglicher Probleme und der vielen Wechselwirkungen ist es komplex, einen urbanen Raum nachhaltiger zu gestalten. Besonders auch, weil es keine eindeutigen Lösungen gibt und wenig Gelegenheit besteht, durch Versuch und Irrtum zu lernen. Zudem ändern sich die Anforderungen oft, und wenn eine Lösung umgesetzt wird, müssen große Summen investiert werden, während weiterhin hohe Risiken bestehen.

Um die Nachhaltigkeitstransformation zu messen, untersuchte diese Studie:

- *nachhaltige urbane Räume* und deren nachhaltiges Management und Nutzung. Nachhaltiges Management und Nutzung bedeutet, die natürliche Umwelt zu schützen und den Verbrauch nicht erneuerbarer Ressourcen zu minimieren, während gleichzeitig wirtschaftliches und soziales Wohlergehen geschaffen wird
- *die Nachhaltigkeitstransformation hin* zu einer Kultur, Struktur und Praxis, die nachhaltige Stadtentwicklung unterstützt, und
- *verwandte Nachhaltigkeitstransitionen,* wie etwa Transformationen im Energie- und Verkehrssektor.

Für ihre Fallstudie betrachteten sie ein lokales Gebiet, einen alten Hafen in Rotterdam, Niederlande. Um die Entwicklungen in diesem Gebiet zu bewerten, untersuchten sie öffentliche Quellen und Publikationen und validierten ihre Ergebnisse durch Interviews.

Durch die Analyse dieser Dokumente und die Durchführung von Interviews stellten sie beispielsweise fest, dass der Floating Pavilion (siehe Abb. 19.9) ein Beispielprojekt mit Substitutionsmuster war, gefolgt von einem Backlash. Dieser Pavillon wurde gebaut, um ein nachhaltiges städtisches Wassermanagement zu unterstützen, indem die natürlichen Ressourcen rund um das schwimmende Gebäude genutzt wurden. Das Projekt förderte eine Kultur der Mitgestaltung, Kommunikation und Zusammenarbeit und unterstützte Innovation, obwohl das Regierungssystem sein Wachstum behinderte. Letztlich wurden weder temporäre schwimmende Objekte noch schwimmende Häuser gebaut, sodass das Projekt nicht zum Mainstream wurde. Und das geschah trotz mehrerer günstiger verwandter Transformationen, wie etwa wirtschaftlicher Veränderungen nach der Finanz- und Wirtschaftskrise 2007.

Abb. 19.9 Der Floating Pavilion in Rotterdam, Niederlande

19.2.2 Nachhaltigkeitstransformation in urbanen Lebensstilen

Die zweite Beispielstudie hat die Nachhaltigkeitstransformation mit Fokus auf urbane Lebensstile gemessen. Während der Fokus bei urbanen Nachhaltigkeitstransformationen oft auf der gebauten Umwelt liegt, ist es ebenso wichtig, die Konsumgewohnheiten der Bewohner zu berücksichtigen. Denn beispielsweise beeinflussen die Größe und Infrastruktur einer Stadt, ob die Bewohner ein motorisiertes Fahrzeug besitzen, aber auch das Einkommensniveau, persönliche Werte und die Kultur spielen eine Rolle. Und was wir essen, hängt vor allem von kulturellen und sozioökonomischen Merkmalen ab.

Um die Nachhaltigkeitstransformation zu messen, untersuchte diese Studie:

- *Konsumgewohnheiten von Haushalten in Bezug auf* Lebensmittel, Gebäude, Konsumgüter, Transport und Wasser
- die *Konsum-Kapazitäts-Lücke,* um zu sehen, wie weit wir davon entfernt sind, dass der World Overshoot Day auf den 31. Dezember fällt
- den *Transformationsbedarf,* um dieses Ziel zu erreichen

Für ihre Studie betrachteten sie typische Lebensstilbeispiele und kombinierten dies mit einer Analyse des ökologischen Fußabdrucks. Die Analyse des ökologischen Fußabdrucks ist ein Instrument, um abzuschätzen, wie viele Ressourcen eine Bevölkerung verbraucht und wie viel Abfall sie erzeugt.

Durch die Untersuchung von Beispielen und Analysen des ökologischen Fußabdrucks in mehreren Ländern stellten sie beispielsweise fest, dass die Weltgemeinschaft ihren ökologischen Fußabdruck im Durchschnitt um 24 % bis 34 % reduzieren muss. Gesellschaften mit relativ hohem Konsumniveau müssen jedoch ihren Energieverbrauch im Haushalt um 73 %, die mit motorisierten Fahrzeugen zurückgelegten Kilometer um 78 % und die per Flugzeug zurückgelegten Kilometer um 79 % senken. Da der Ressourcenverbrauch in Städten jedoch weiter steigt, sind die Veränderungen nicht radikal genug, sodass keine Nachhaltigkeitstransformation stattfindet.

19.2.3 Fazit

Auch wenn wir mit Blick auf den Schutz unseres Planeten während der industriellen Revolution in die falsche Richtung gestartet sind, wird heute viel für eine nachhaltigere Zukunft getan und erreicht. Das bedeutet, dass die Frage „Warum tut niemand etwas?" ungerechtfertigt ist. Dennoch muss noch viel mehr getan werden, um die drei Umweltkrisen zu lösen: Klimawandel, Verschmutzung und Biodiversität.

Insbesondere ist eine Nachhaltigkeitstransformation notwendig, die grundlegende Veränderungen in der Kultur, Struktur und den Praktiken der Gesellschaft umfasst. Da eine solche Transformation zu Veränderungen in einer Vielzahl von Faktoren und Aspekten führt, handelt es sich nicht um eine triviale Veränderung. Auch die Messung unseres Fortschritts ist eine Herausforderung. Dennoch ist es hilfreich, den Fortschritt zu messen, um weiterhin im Blick zu behalten, wo wir stehen, und positive Veränderungen fortzusetzen.

Würdigung

Dieses Kapitel basiert auf

Transformation:

St Flour, P. O., & Bokhoree, C. (2021). Sustainability assessment methodologies: Implications and challenges for SIDS. *Ecologies, 2*(3), 285–304.

Sustainable Society Index, https://ssi.wi.th-koeln.de/

Bewertung von Transformation:

Salomaa, A., & Juhola, S. (2020). Wie lassen sich Nachhaltigkeitstransformationen bewerten: Ein Überblick. *Global Sustainability, 3,* e24.

Ernst, L., de Graaf-Van Dinther, R. E., Peek, G. J., & Loorbach, D. A. (2016). Nachhaltige urbane Transformation und Nachhaltigkeitstransitionen; konzeptioneller Rahmen und Fallstudie. *Journal of Cleaner Production, 112,* 2988–2999.

Moore, J. (2015). Ecological footprints and lifestyle archetypes: Exploring dimensions of consumption and the transformation needed to achieve urban sustainability. *Sustainability, 7*(4), 4747–4763.

Abbildungsnachweise

Abb. 19.1 Everett Collection auf Shutterstock
Abb. 19.2 Abbildung erstellt auf Basis von Daten des Sustainable Society Index, Ausgabe 2024, heruntergeladen am 13. Januar 2025 von https://ssi.wi.th-koeln.de
Abb. 19.4 Sustainable Society Index, Ausgabe 2024, 2020-huw-map, heruntergeladen am 13. Januar 2025 von https://ssi.wi.th-koeln.de
Abb. 19.5 Sustainable Society Index, Ausgabe 2024, 2020-enw-map, heruntergeladen am 13. Januar 2025 von https://ssi.wi.th-koeln.de
Abb. 19.6 Sustainable Society Index, Ausgabe 2024, 2020-ecw-map, heruntergeladen am 13. Januar 2025 von https://ssi.wi.th-koeln.de
Abb. 19.7 Anton Vierietin auf Shutterstock
Abb. 19.8 maxstockphoto auf Shutterstock
Abb. 19.9 trabantos auf Shutterstock

Kapitel 20
Wie wir aktiv werden können

Zusammenfassung Dieses Kapitel zeigt auf, wie grundlegende Veränderungen hin zu mehr Nachhaltigkeit mit einfachen, alltäglichen Handlungen beginnen können. Ermächtigende Übergangsmuster entstehen, wenn Einzelpersonen praktische Schritte unternehmen, um ihr tägliches Leben zu verändern. Ob durch die Wahl umweltfreundlicherer Gewohnheiten, die Teilnahme an einer Nachhaltigkeits-Challenge oder die Wiederverbindung mit der Natur – jede Handlung trägt zu einem umfassenderen gesellschaftlichen Wandel bei. Indem wir diese Schritte gehen, fördern wir nicht nur die individuelle Transformation, sondern ebnen auch den Weg für eine nachhaltigere Welt.

Obwohl eine nachhaltige Transformation grundlegende Veränderungen erfordert, können wir durch Veränderungen in unserem eigenen Alltag dazu beitragen, Übergangsmuster zu stärken. Hier sind praktische Ideen, was Sie und ich tun können, um unsere eigene Nachhaltigkeitstransformation zu beginnen oder fortzusetzen:

- Eine Veränderung finden und umsetzen, die das eigene Leben umweltfreundlicher macht
- Eine Nachhaltigkeits-Challenge durchführen, bei der Sie Ihr tägliches Leben eine Woche, einen Monat, ein Jahr usw. lang jeden Tag umweltfreundlicher gestalten
- Mehr Kontakt zur Natur suchen, um die Transformation zu erleichtern, da unsere Entfremdung von der Natur die Hauptursache für nicht-nachhaltiges Verhalten ist
- Mit dem Fahrrad statt mit dem Auto fahren
- Vegetarische oder vegane Mahlzeiten konsumieren
- Lebensmittelverschwendung vermeiden
- Mit dem Zug statt mit dem Flugzeug reisen
- Den Energieverbrauch im Haushalt reduzieren

E. van Genuchten, *Der Weg zu einem gesünderen Planeten 3*,
https://doi.org/10.1007/978-3-032-14696-0_20